U0244037

甘利华　王春儒　著

富勒烯及其衍生物的结构、性质和应用

Structures, Properties and Applications of
Fullerenes and Their Derivatives

 化学工业出版社

·北京·

该书结合作者 20 年来在经典富勒烯、内嵌富勒烯、富勒烯衍生物和非经典富勒烯领域的研究成果，依次阐释了各个分支领域的研究重点和进展。第 1 章详细介绍了内嵌金属富勒烯的合成、提取和分离方法；第 2 章详细阐述了富勒烯的构造方法和性质后，简要介绍了富勒烯的应用。第 3 章在概述内嵌富勒烯的结构和性质基础上，阐述了内嵌富勒烯的系统研究方法和结构演化关系；第 4 章介绍了富勒烯衍生物的结构、性质和应用；第 5 章阐述了非经典富勒烯的结构和性质以及未来发展方向。附录介绍了整个富勒烯科学的研究力量分布，指出了各个分支领域的发展方向和未来前景。

该书适合从事纳米材料研究及应用的科研人员和高校师生参考。

图书在版编目（CIP）数据

富勒烯及其衍生物的结构、性质和应用/甘利华，王春儒著．
北京：化学工业出版社，2019.3
ISBN 978-7-122-33913-3

Ⅰ.①富…　Ⅱ.①甘…②王…　Ⅲ.①碳-纳米材料-研究
Ⅳ.①TB383

中国版本图书馆 CIP 数据核字（2019）第 029703 号

责任编辑：赵卫娟　　　　　　　　　文字编辑：陈　雨
责任校对：张雨彤　　　　　　　　　装帧设计：王晓宇

出版发行：化学工业出版社（北京市东城区青年湖南街 13 号　邮政编码 100011）
印　　装：中煤（北京）印务有限公司
710mm×1000mm　1/16　印张 15¼　字数 251 千字　2019 年 6 月北京第 1 版第 1 次印刷

购书咨询：010-64518888　　售后服务：010-64518899
网　　址：http://www.cip.com.cn
凡购买本书，如有缺损质量问题，本社销售中心负责调换。

定　　价：98.00 元

前言
Preface

 1985年富勒烯 C_{60} 的发现开创了碳元素研究的新时代。以 C_{60} 为代表的富勒烯及其相关结构，如内嵌富勒烯、富勒烯衍生物和非经典富勒烯受到来自世界范围内的科学家的广泛关注和持续研究，这些研究活动直接促进了纳米科学研究热潮的到来。目前，富勒烯科学已经成为涉及化学、材料学和物理学等的新兴交叉学科。大量的富勒烯、内嵌富勒烯以及富勒烯衍生物已经得到合成和结构表征。富勒烯科学正从以新物质的合成和结构表征为主要研究内容的基础研究阶段，过渡到面向富勒烯及其相关材料在应用时可能涉及的科学技术问题为主要研究内容的应用基础研究阶段。

 基于著者对富勒烯科学的认识，从结构上将富勒烯科学划分为富勒烯、内嵌富勒烯、富勒烯衍生物和非经典富勒烯四大分支领域。在此基础上，依次阐释了各个分支领域的主要研究内容和进展，并指出了各个分支领域之间的联系。另外，在阐述各个分支领域的研究进展时，将著者的研究成果和研究思想融合了进去。这样的安排确保了本书结构上层次分明，内容上系统而富有特色。

 本书第1章简要介绍富勒烯的发现历史和合成方法后，结合著者的研究实践，详细介绍了内嵌金属富勒烯的合成、提取和分离方法，并指出了合成、提取和分离过程中的注意事项。第2章详细阐述了富勒烯的构造方法和性质后，简要介绍了富勒烯的应用。第3章在概述了内嵌富勒烯的结构和性质基础上，结合著者的研究成果，阐述了内嵌金属富勒烯的系统研究方法和结构演化关系，最后简要介绍了内嵌金属富勒烯的应用研究现状。第 4 章介绍了富勒烯衍生物的结构、性质和应用。第 5章阐述了非经典富勒烯的结构和性质以及未来发展方向。附录介绍了整个富勒烯科学领域的主要研究机构及其主要贡献。

希望本书对从事富勒烯及相关材料研究的科研人员和学生有所帮助，也希望本书有助于广大社会公众了解富勒烯科学的研究进展，吸引更多的人参与富勒烯科学领域的研究和开发，促使富勒烯及相关材料早日应用于生产生活中，造福于人类。

在本书即将出版之际，感慨良多。感谢 2002 年以来实验室各位学生的辛勤劳动！感谢国家自然科学基金委员会的经费支持！ 由于水平所限，书中疏漏之处，殷切希望来自同行和读者的批评指正和交流讨论，以利我们改进和提高。

著者
2019 年 1 月

目录

Contents

第 1 章
富勒烯、内嵌富勒
烯和富勒烯衍生物
的合成与分离

001

第2章
富勒烯的结构、性质和应用

021 —————

第2章
富勒烯的结构、性质和应用

021 ——————

第3章
金属富勒烯的结构、性质和应用

061 ——————

第3章
金属富勒烯的结构、性质和应用
061 ——————

第4章
富勒烯衍生物的结构、性质和应用
146 ——————

第 **5** 章
非经典富勒烯的结构和性质

181

第1章 富勒烯、内嵌富勒烯和富勒烯衍生物的合成与分离

1.1 引言

　　早在 20 世纪 70 年代，理论研究者就预测了笼状全碳分子 C_{60} 存在的可能性。1985 年，H. W. Kroto 等在激光气化石墨的实验中发现了 C_{60}[1]，这种分子的结构既不同于金刚石，也不同于石墨，而是碳的第三种同素异形体。这一发现不但开创了碳元素研究的新时代，而且直接促进了纳米科学研究热潮的到来。正是因为这一分子独特的电子、几何结构以及对纳米科学研究的促进作用，1991 年国际权威杂志 Science 将其评选为该年度的"明星分子"，其主要发现者 H. W. Kroto，R. F. Curl 和 R. E. Smalley 也因此获得了 1996 年的诺贝尔化学奖[2]。

　　C_{60} 一经发现，科学家们就被这种结构新奇的分子所吸引，然而，因合成与分离极其困难，实验研究并不广泛。1990 年电弧放电法的发明使得富勒烯的宏量合成得以实现[3]，相应地，对富勒烯的研究得以广泛展开。

　　自从富勒烯 C_{60} 被报道后，因其独特的中空笼状结构，科学家们试图将原子或小分子嵌入碳笼之中，从而得到内嵌富勒烯。在富勒烯科学研究的早期，科学家们通过离子注入法将惰性气体原子以及氮等原子嵌入碳笼之中，但是产率很低。1990 年电弧放电法的发明，不但解决了富勒烯的宏量合成问题，同时也解决了内嵌富勒烯的宏量合成问题，该方法也成为目前最高效、最常用的合成内嵌富勒烯和富勒烯衍生物的方法。激光气化法也是比较常用的合成内嵌富勒烯的方法。大量的合成实验表明，内嵌富勒烯的主体是内嵌金属富勒烯。无论是电弧放电法还是激光气化法，都涉及固体碳在惰性气体 He 或 Ar 保护下的气化过程。两种方法都同时生产出多种空心富勒烯和多种内嵌金属富勒烯，而且内嵌金属富勒烯的含量相对于空心富勒烯而言都是很低的。因此，要想得到某个特定的富勒烯或内嵌金属富勒烯，必须将

它们从这些混合物中提取、分离出来。

1.2 合成方法

1.2.1 激光气化法

激光气化法是首次人工合成富勒烯所采用的方法，实际上也是首次合成金属富勒烯所采用的方法。早在 1985 年，J. R. Heath 等用激光气化掺有 $LaCl_3$ 的石墨靶时就在质谱中发现了 LaC_{60} [4]。1991 年，他们利用这种方法合成了一系列含 La 的金属富勒烯，发现只有 LaC_{82}（在那时金属原子的内嵌属性并没有得到证实，因此在当时不能写为 $La@C_{82}$）可以被甲苯从烟灰中提取出来[5]。由于激光气化法很难得到宏量的产物，所以并不适于大量制备金属富勒烯。另外，设备昂贵、操作复杂等因素也限制了激光法的应用。图 1-1 为激光气化法制备富勒烯和金属富勒烯的装置示意图，它不仅需要价格昂贵的激光器，而且在实验中还需要在反应器外部加热至 1200℃左右。

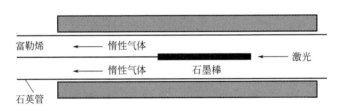

图 1-1　激光气化法制备富勒烯及金属富勒烯的装置示意图

F. G. Hopwood 等利用激光气化炭黑和 La_2O_3 的混合物，在质谱中发现了多种含 La 的内嵌富勒烯，发展了利用炭黑合成内嵌金属富勒烯的新方法[6]。T. Kimura 等在激光气化金属碳化物的实验中发现金属离子"核"的形成是内嵌金属富勒烯团簇形成的关键环节[7]。由于可以方便地调节激光的频率，从而能够获得富勒烯和金属富勒烯形成的势垒等重要信息，因此，激光气化法常用于研究富勒烯和金属富勒烯的形成机理并用于合成某些不常见的内嵌富勒烯。

1.2.2 离子注入法

离子注入法主要用于内嵌非金属富勒烯形成机理的研究，要求首先得到富勒烯，再将富勒烯作为反应原料，通过高能离子的注入形成内嵌富勒烯。该方法可以将惰性气体以及 N、P 等非金属原子内嵌入碳笼之中。由于富勒烯的五边形和六边形尺寸小，离子穿透富勒烯的壁时需要克服的势垒高，有时甚至导致富勒烯破损。总的结果是，这种方法的产率低。因此，这种方法通常只是在研究内嵌富勒烯的形成机理时使用，不用于内嵌富勒烯的常规生产。

1.2.3　电弧放电法

电弧放电法由于具有产量高、设备简单、安全可靠及造价低等优点而成为富勒烯和内嵌金属富勒烯最常用的合成方法，1990 年 W. Kratschmer 等首先用电弧放电法来合成富勒烯[3]，此后人们采用这种方法合成多种内嵌金属富勒烯。图 1-2 是中国科学院化学研究所王春儒研究员课题组所用电弧炉的结构示意图。放电室内有两个与电极相连的石墨棒，放电室外部利用低温循环水冷却气化后的石墨及产物。在电弧放电之前，先将金属合金粉和石墨粉按照一定比例（碳原子：金属原子的比例大致为 10：1）填充到中空的石墨棒中，然后将填充后的石墨棒安装在此装置的阳极位置。在 He 保护下，通过直流电弧放电来气化石墨棒。通常气化一根石墨棒需要 3h。放电完毕后，将烟灰收集起来，用合适的有机溶剂提取就可以得到含有富勒烯和内嵌金属富勒烯的溶液。

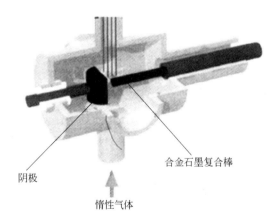

阴极

合金石墨复合棒

惰性气体

图 1-2　直流电弧放电法的装置示意图

研究发现，富勒烯或金属富勒烯的种类和产率与电弧放电的具体条件有关，因此可以通过优化这些条件来提高富勒烯或内嵌金属富勒烯的产率。但是由于装置不同，每个研究组的最优化条件并不相同。总的来说，不论采用什么条件，与富勒烯相比，内嵌金属富勒烯的产率都很低，在电弧放电得到的烟灰中金属富勒烯最高只占 5‰ 的含量。

目前利用电弧放电法能够合成出多种内嵌金属富勒烯，如稀土内嵌金属富勒烯、碱土内嵌金属富勒烯及某些过渡金属内嵌富勒烯。虽然很多研究组都对电弧放电法的合成条件及内嵌金属富勒烯的形成机理进行了一定的研究，但对于形成机理，至今尚无明确结论。因此，在弄清富勒烯、内嵌金属富勒烯的形成机理的基础上，开发新的高产率合成内嵌金属富勒烯的方法仍然是当前研究的热点之一。北京大学顾镇南、施祖进教授课题组在这些方面做了有意义的尝试，他们以稀土金属与 Co、Ni 等的合金代替常用的金属氧化物来填充石墨棒，发现金属富勒烯的产率得到较大程度的提高[8]。他们利用 $LaNi_2$ 为金属源，发现金属 Ni 的存在不但可以大大提高内嵌金属富勒烯的产量，同时还会改变 $La@C_{82}$ 两种异构体的相对含量，后一现象表明即使采用同样的生产方法，也可以通过改变条件选择性地合成需要的产物。

目前，合成金属富勒烯的最常用方法是电弧放电法，合成的金属富勒烯中，有单金属内嵌富勒烯、双金属内嵌富勒烯和各种内嵌金属团簇富勒烯。实验发现，在金属富勒烯中，单金属富勒烯 $Y@C_{82}$ 的产率是相对很高的，而 $Sc_3C_2@C_{80}$ 的产率在内嵌金属团簇富勒烯中是很低的。由于富勒烯衍生物的电弧放电法合成与单金属富勒烯和金属团簇富勒烯的合成方法类似，在此不做说明。下面以 $Y@C_{82}$ 和 $Sc_3C_2@C_{80}$ 的电弧放电法合成为例，介绍金属富勒烯和金属团簇富勒烯的具体合成方法。

（1）实验试剂与仪器

YNi_2 合金

$ScNi_2$ 合金

石墨棒

二硫化碳

甲苯

N,N'-二甲基甲酰胺

直流电弧放电仪

高压釜

高效液相色谱仪

（2）操作及注意事项

① 沿着石墨棒的轴心钻孔到适当的深度，将含有目标填充元素 Y 的合金 YNi_2 粉末与石墨粉末按照一定的原子比混合均匀，并填充到已经钻孔的石墨棒中，压实。如果混合粉末没有被压实，反应时就会溅射而出，导致反应极不充分，因而烟灰中的内嵌金属富勒烯含量极少。

② 将填有合金/石墨粉末的石墨棒安装到电弧炉的阳极并固定，转动电弧炉的步进电机使得石墨棒与阴极接触，关闭反应炉，开启真空泵对反应炉进行抽气。当炉内的气体压强小于 10.0Pa 时，开启冷却循环水，开启电路上的电焊机对石墨棒进行预热。由于此时的石墨棒与阴极是相连的，此时并无放电反应发生。但同时石墨棒与阴极板之间的接触电阻较大，因而通电时会发热（发热功率 $P=I^2R$，I 为电路电流；R 为电阻。由于阴极与阳极的接触电阻是整个电路电阻的绝对主导部分，发热基本集中在阴极与阳极的接触处），石墨棒从接触处开始变红并向阳极延伸。预热 20min 以便于将复合石墨棒中的氧气排出。

③ 向电弧炉中充入一定量的氦气，关闭气阀后，再对电弧炉抽气，重复 1~2 次，这样做的目的是尽可能地将炉内残留的氧气和氮气置换为氦气。

④ 关闭抽气阀，向电弧炉充入 600Torr（1Torr=133.322Pa）的氦气。打开反应电路上的电焊机，慢慢地转动步进电机使得石墨棒远离阴极板。由于移开石墨棒之后，阴极与阳极之间断开，此时电路电阻迅速增大，而此时阴极与阳极之间的距离又很小，两极之间形成强电场而放电。放电时，两极之间发出耀眼的蓝光，此时反应区域的温度可以达到 5000K 以上，这样的温度能使石墨和合金粉末气化。在气化形成的原子飞离反应区域的过程中，由于存在极大的温度梯度和碰撞频率，富勒烯以及内嵌金属富勒烯就形成了。

⑤ 当放电反应发生后，逐渐将阳极石墨棒后退使得两极之间的距离约为 1.0cm。距离过大时，电弧会淬灭；距离太小时，反应温度偏低且反应区域过小，不利于富勒烯、内嵌富勒烯的生成。

（3）实验方法优化

为了得到优化的实验条件，需要进行对比实验。首先，进行金属原子比为 Y∶Ni=1∶9 的实验。由质谱图可以看出，得到的烟灰中含有的金属富勒烯 $Y@C_{82}$ 很少。导致这种低产率的原因有三个：①由于 Ni 占了绝大多数，合金仍然有很大的延展性，研磨时得到的不是粉状合金而是直径为 2~3mm 的颗粒状合金，因此"合金粉末"与石墨之间的混合不充分，反应时碳蒸气与金属原子接触也就不充分；②尽管以前的大量实验表明 Ni 对内嵌金属富勒烯的生成具有催化作用[9]，但是当 Ni 的原子数目远大于 Y 的原子数目时，金属 Ni 很可能干扰金属 Y 原子的嵌入；③在实验中发现，当金属的颗粒大时，放电反应的电弧不稳定且伴随有金属颗粒飞溅的现象，实际上在反应后收集的烟灰中发现了大量的金属合金颗粒，这显示大多数的金属颗粒没有来得及气化为金属原子时就脱离了反应的高温区域，因此所生成的金属富勒烯的量很少。

当合金的原子比改为 Y：Ni＝1：2 时，由于此时的合金中没有任何一种金属元素的量是占绝对主导地位，这样的合金脆性很高，粉碎可得到 300 目以下的粉末。按照上面的操作方法和反应参数生产含富勒烯、内嵌富勒烯的烟灰。将烟灰用二硫化碳提取，过滤之后取少量的溶液进行质谱测试。结果显示，这种比例下得到的金属富勒烯 $Y@C_{82}$ 的含量大大地提高了。

对于 $Sc_3C_2@C_{80}$ 的合成，流程与合成金属富勒烯 $Y@C_{82}$ 的一样，只需要改变金属原料和适当调整反应条件即可，在此不赘述。

1.3 提取方法及优化

1.3.1 提取方法

电弧放电反应完毕后，冷却炉体，收集反应得到的烟灰。将电弧反应得到的烟灰放置到烧杯中，加入二硫化碳（CS_2），超声 20min，静置 10h，过滤得到滤液，取出少量滤液直接进行质谱测试；在证明合成的烟灰中含有目标产物后，将滤液蒸干，加入甲苯到烧瓶之中得到富勒烯、内嵌金属富勒烯的甲苯溶液，对得到的甲苯溶液进行过滤、离心处理，取离心管的上层液体作为高效液相色谱（high performance liquid chromatogram，HPLC）分离的样品。

实验中发现，二硫化碳不但能够有效地提取金属富勒烯，而且能非常充分地提取空心富勒烯，这导致分离工作量甚至大于整个制备与提取的工作量。为了减小分离工作量，最好采用对单金属富勒烯具有选择性提取能力的二甲基甲酰胺（DMF）为溶剂，在 170℃ 的高温条件下提取原烟灰共计三次，每次 12h。当提取罐冷却后，旋开并对含烟灰的 DMF 溶液进行过滤，将过滤得到的溶液蒸干并向瓶中加入甲苯溶剂，超声、离心后取离心管中的上层溶液作为 HPLC 分离的样品。图 1-3 是制备、提取以及分离的整个流程图。

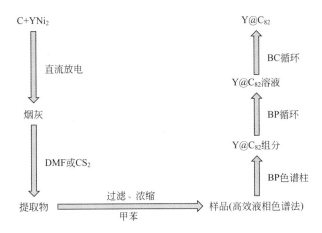

图 1-3　内嵌金属富勒烯 $Y@C_{82}$ 的制备、提取以及分离流程图

1.3.2　提取方法优化

在富勒烯和金属富勒烯的提取和分离过程中，常用的溶剂有甲苯、二硫化碳和 N,N'-二甲基甲酰胺等。不同溶剂有各自的特色和优势，在溶剂选择时，需要根据提取和分离的目标物进行选择。下面介绍三种常用溶剂的特点。

（1）甲苯

由于甲苯是分离富勒烯、内嵌金属富勒烯时的流动相，利用甲苯作为提取溶剂时，不需要将提取溶液气化干后再溶解，因此减少了工作量。但是甲苯对单金属富勒烯的提取效率不是很理想；对空心富勒烯的提取效率较高，不过仍然不如二硫化碳。

（2）二硫化碳

二硫化碳（CS_2）对空心富勒烯以及内嵌金属富勒烯的提取效率都很高，实际上在提取过程中，根本就不需要索式提取，只需要将溶解有烟灰的二硫化碳溶液超声 $20\sim30min$，静置数小时就可以了。然而这一溶剂也有两个不利的因素：一是由于对富勒烯以及内嵌富勒烯的提取无选择性，分离时工作量自然加大；二是二硫化碳是剧毒而且容易燃烧的物质，使用过程中需要非常小心。

（3）二甲基甲酰胺

二甲基甲酰胺（DMF）的毒性比二硫化碳小，沸点也高，因此使用中的危险性相对小；同时，利用这一溶剂对原烟灰进行提取时，它能够高选择性地提取出单金属富勒烯，而对于直流放电条件下产生的大量空心富勒烯如 C_{60}、C_{70} 以及 C_{84} 等的提取效率很低，在实验中，甚至发现提取溶液中，金属富勒烯与 C_{70} 的含量相当而远远大于 C_{84}（如果用甲苯或二硫化碳进行提取的话，C_{84} 的量比 $Y@C_{82}$ 的大得多）。

经验规律是，如果拟提取的是富勒烯，优选溶剂是二硫化碳；如果拟提取金属富勒烯，优选溶剂是 DMF。

1.4　高效液相色谱分离

1.4.1　方法及优化

由于直流电弧放电法合成的烟灰中，含有的富勒烯、金属富勒烯的种类繁多，因此，为了得到单一组分的富勒烯或金属富勒烯，必须对烟灰的提取液进行分离。最常用的分离方法是高效液相色谱技术（HPLC），利用富勒烯、金属富勒烯各个组分在色谱柱中的保留时间不一样的特点将各个组分分离开来。必要的时候，利用分离特性不同的两种或多种色谱柱进行分离。

（1）色谱柱

最常用的分离富勒烯、内嵌金属富勒烯的色谱柱是 Buckyprep（BP）和 Buckyclutcher（BC）。其中，富勒烯、内嵌金属富勒烯在 Buckyprep 色谱柱的分离特性如下：体积/分子量越大，保留时间越长；极性越大，保留时间越长；同样的分子量、同样极性的时候，球形的保留时间短。具体组分的保留时间是上面三个因素共同作用的结果，对保留时间的影响力依次降低。对于 Buckyprep 柱，在通常的操作条件下，提取溶液中主要组分的保留时间是 10～60min，目标产物金属富勒烯在 50～60min，因此，通常选这样的色谱柱对提取溶液进行第一步分离。对于 Buckyclutcher 柱，富勒烯、内嵌金属富勒烯的分离特性如下：极性越大，保留时间越长；体积/分子量越大，保留时间越长；同样分子量、极性的时候，球形的保留时间短。上面三个因素中，第一个因素对保留时间起到绝对主导作用。对于 Buckyclutcher 柱，在通常的分离参数下，组分的保留时间在 14～18min，也就是说各个组分的保留时间范围远远小于在 Buckyprep 中的范围，因此，这样的柱子不适宜分离样品中含有多个组分的体系。但是由于各个组分在这种柱子之中的保留时间比在 Buckyprep 柱中的短得多，所以利用这样的柱子进行循环分离时会有很高的工作效率。结合以上分析，在 $Y@C_{82}$ 的分离中，先用 Buckyprep 柱进行初次分离（将空心富勒烯和内嵌金属富勒烯分开），后用 Buckyclutcher 柱进行循环分离。

（2）进样量

尽管 HPLC 每次进样量可以到达 20mL，但是根据经验，每次进样12mL 时的综合分离效果最佳，因此将每次进样量控制为 12mL。当然，根据分离阶段、样品浓度、分离要求的不同，可以适当改变进样量从而获得最佳分离方案。

（3）流速

当流速大时，完成一次进样分离时间会短；流速小时，完成一次进样的分离时间会变长。但是并不意味着流速大就有利于提高工作效率，因为流速太大的话，所有物质的保留时间都会相应地减小，组分之间的保留时间差也相应地减小，这不利于组分之间的分离；当流速太小时，当然工作效率太低。综合以上因素，在分离过程中，将流速设定为 12mL/min。在这样的操作参数下，各个主要组分的保留时间见表 1-1。

表 1-1 主要组分在通常操作参数下的保留时间（Buckyprep 柱）

组分	C_{60}	C_{70}	$C_{76} \sim C_{78}$	C_{84}	C_{86}	$Y@C_{82}/C_{90}$
保留时间/min	12	20	26~33	35~42	46~48	52~56

由表 1-1 可以看出，C_{60}、C_{70} 是非常容易分离开的；C_{76} 与 C_{78} 则有一些重叠，要完全分离开来，则要经过循环操作才行；对于 C_{84}，由于它本身有多个异构体且含量也仅仅次于 C_{70}，因此峰宽很大，要实现对 C_{84} 的各种异构体的分离，也需要通过循环分离的操作才能够实现；C_{86} 的量比 C_{84} 少得多，如果用对金属富勒烯有选择性提取性能的 DMF 试剂的话，在色谱图上几乎看不见 C_{86}；$Y@C_{82}$ 是目标产物，因此较详细地讨论。尽管 $Y@C_{82}$ 的碳笼的原子数目小于 C_{84}，但是由于内嵌了 Y 原子，分子量大于 C_{86}，且这一分子有很强的极性。因此，其保留时间甚至比 C_{86} 的都长，而几乎与 C_{90} 的保留时间一样。

（4）样品收集

为了将 $Y@C_{82}$ 与 C_{90} 分离开来，收集这一区间的组分，将其浓缩到适当的浓度作为下一级分离的样品。实验经验表明，尽管收集的目标产物的区间是含 C_{90} 和 $Y@C_{82}$ 的，但经过质谱或 HPLC 测试都显示里面仍然含有少量的 C_{84}，甚至 C_{60}、C_{70} 等空心富勒烯。为了减小这些空心富勒烯对下一级分离操作的干扰，需将浓缩的样品再次用 Buckyprep 柱进行分离，这次分离就能

够非常有效地除去 C_{60}、C_{70}、C_{84} 等空心富勒烯，而所收集的区间就几乎只有 C_{90} 与 Y@C_{82} 了。

（5）循环分离

经过上一阶段的分离，收集的溶液中主要含 C_{90} 和金属富勒烯 Y@C_{82}，因此本阶段的分离采用 Buckyclutcher 柱。具体操作：将第一阶段分离得到的样品浓缩到适当的浓度作为进样；由于现在的总进样量远远少于第一阶段的进样量，分离的总时间也会远少于第一阶段所耗的时间，而实验的根本目的是得到高纯度的 Y@C_{82} 样品，因此，完全可以将进样量以及流动相的流速都设定小一些从而最大限度地发挥色谱柱的分离效能。实际的流速设定为 9.0mL/min，进样量为 8.0mL。在这些操作条件下，Y@C_{82} 与 C_{90} 都大约在 16min 出现，此时两种物质没有任何分开的迹象，而且峰的强度很大。当看到色谱曲线（紫外吸收强度）开始较快地上升时，不要收集，点击"Recycle"继续进行循环分离，照此进行，待到第三个循环时，在 Y@C_{82} 主峰的前面出现较矮的平滑的峰或拐点（由于 Y@C_{82} 的极性比 C_{90} 的大，保留时间大于后者），此时将这一峰切除（也就是说将其收集而不进行进一步的循环），继续循环后面的主峰，同样切除前面的小拐点。待第五个循环时，切除主峰后面的拖尾部分，并再次循环。到第七个循环时就可收集到较高纯度的 Y@C_{82}，估计此时的纯度可以达到 99%。若要得到更高的纯度，将收集的样品浓缩之后再次用 Buckyclutcher 循环就可以得到纯度为 99.5% 的样品。图 1-4 是经过上述分离操作之后得到的样品的质谱图，图中插图是 Y@C_{82} 的同位素分布图，实验分布与理论分布完全一致。结果显示，得到的 Y@C_{82} 样品的纯度是非常高的。将分离得到的样品蒸干，加入二硫化碳低温保存。

需要指出的是，金属富勒烯的制备、提取以及分离操作是一个非常烦琐而耗时的工作，而且也没有一个通用的最优方案。因此，必须结合目标产物的特性，综合考虑各个环节耗费的时间以及分离效率来确定具体的操作方法。

由于金属 Sc 的内嵌富勒烯的种类比其他任何元素的都多，分离过程相当繁杂，而目标产物 Sc_3C_2@C_{80} 的含量又极低，分离困难。因此，我们同样利用多级分离方法实现对 Sc_3C_2@C_{80} 的分离。第一步：利用 Buckyprep 分离柱将大量的空心富勒烯 C_{60}、C_{70} 除去；第二步：利用 Buckyprep 分离柱将 Sc@C_{82} 以及一些与目标产物有较大保留时间差异的 Sc_2@C_{2n}（$2n = 76 \sim 82$）等分离开；第三步：利用 Buckyclutcher 柱进行循环分离，除去与 Sc_3C_2@C_{80}

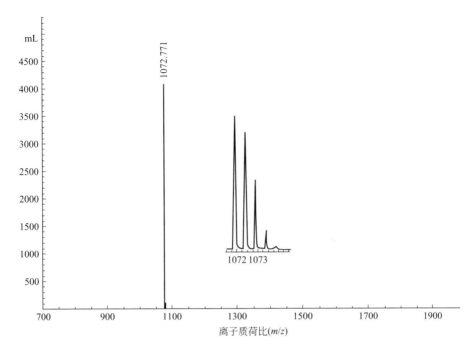

图 1-4　Y@C$_{82}$ 的质谱图

插图为 Y@C$_{82}$ 同位素分布图

具有非常接近保留时间的 C$_{90}$ 和 Sc$_2$@C$_{84}$，从而得到高纯度的 Sc$_3$C$_2$@C$_{80}$。图 1-5 是利用 HPLC 进行分离的最后一级色谱图。

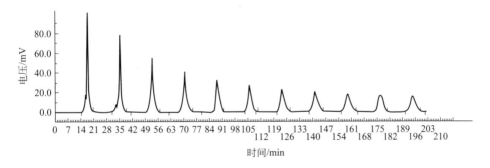

图 1-5　Sc$_3$C$_2$@C$_{80}$ 分离的最后一级色谱图

流速为 9.0 mL/min，色谱柱为 Buckyclutcher

从色谱图中可以看出，第一、二个峰的前部都有小尖峰，表明有杂质存在。在具体的操作中，从第二个循环时开始就将小峰去掉，只循环主峰。到第三个循环时，可以看出已经没有小峰出现，但此时并不意味着色谱柱里只

有 $Sc_3C_2@C_{80}$。从第三个循环开始，尽管没有看到其他小峰的出现，仍对主峰的前后都切除一点，到第七个循环时，发现峰形已接近标准的高斯分布曲线，停止切除，继续循环。直到第十个循环时仍然没有发现任何杂质峰的出现，到第十一个循环时进行收集。将收集的样品浓缩，装入试剂瓶之中，取少量进行质谱测试以确定分离样品的纯度，将剩余的样品浓缩并保存在二硫化碳中备用。

1.4.2 分离中的注意事项

① 在进行初次分离时，一定要收集各个流出时间段的样品并对它们进行质谱测试，比较准确地确定特定操作条件下的目标产物的保留时间以确保收集时收集的区域不是太宽，这样能够使得后续分离中的组分数目少而利于分离。

② 进行循环分离之前，一定要对 Buckyclutcher 色谱柱清洗 2h 以上，当然包含用蒸馏后的新甲苯溶剂作为进样的清洗。很多人容易忽略后一操作，实际上，后一操作能够清洗整个管路，而单纯的启动流动相是不能够清洗全部管路的。

③ 保证色谱仪工作时环境温度基本恒定且不要有快的空气流动。实验中发现，色谱曲线与分离时的周围环境有较大的联系，当有风或分离过程中前后温差太大时，曲线基线容易漂移，因而影响循环分离中切除操作的准确性。

1.4.3 质谱测试时的注意事项

① 一定要用正离子方法和负离子方法都测试。一般地，金属富勒烯比空心富勒烯更容易被氧化，而空心富勒烯是很容易被还原的。因此在质谱测试中，利用正离子方法时，金属富勒烯的响应是强烈的。如果此时的质谱图显示只有一个对应于金属富勒烯的分子离子峰，并不意味样品一定是高纯度的，因为很可能是空心富勒烯的信号没有显示出来。利用负离子方法，会有相反的问题。因此，只有当两种方法测试的结果显示只有目标分离物的分子离子峰时，才可以认为所分离得到的样品是高纯度的。

② 信号取值范围一定要大，一般取 $700\sim1400$ 为宜。因为直流电弧放电法得到的最丰富的产物是 C_{60}，其质谱信号位置是 720，当检测区域大于720 时，就可能漏掉 C_{60} 的检测；而当检测信号区域只比目标信号大一点时，会检测不到可能存在的高分子量的金属富勒烯。

1.5　非色谱分离法

高效液相色谱法是分离富勒烯和金属富勒烯的常规方法，也是能够获得高纯度的富勒烯、金属富勒烯和富勒烯衍生物的分离方法。实际上，目前为止，绝大多数的富勒烯、金属富勒烯和富勒烯衍生物都是通过这样的方法得到分离和纯化，进而进行结构表征的。然而，这种分离方法的弊端也是非常明显的，是一个费时费力的过程，不能实现快速而大规模的分离；另外，色谱设备昂贵，技术实用性差。可以说，从基础研究角度看，高效液相色谱分离法是适用而有效的；然而，从应用角度看，因为需要大量的富勒烯、金属富勒烯和富勒烯衍生物，高效液相色谱法难以满足需求。因此，当要进行大规模分离时，必须开发新的方法。在这个问题上，经过各国研究者的努力，目前已经取得了重要进展。下面介绍利用富勒烯、金属富勒烯的性质差异而进行的非色谱分离方法。这些分离方法包括用 Lewis 酸与富勒烯进行络合的分离、基于化学性质差异的分离、电解辅助分离、使用具有氧化还原活性的溶剂进行的分离以及使用氧化还原试剂的分离等。

1.5.1　使用 Lewis 酸分离富勒烯和金属富勒烯

20 世纪 90 年代起，G. A. Olah 等进行了 Lewis 酸催化富勒烯的功能化反应。这些实验中，在 $AlCl_3$ 催化下，富勒烯与其溶剂发生反应而产生多芳香烃富勒烯。结果显示，只有相对较强的 Lewis 酸才能催化这种反应，较弱的 $SnCl_4$ 和 $TiCl_4$ 不能催化该反应[10]。他们对 Lewis 酸催化富勒烯功能化反应的一个关键成果是发现 C_{60} 和 C_{70} 之间的反应性差异。I. Bucsi 等[11]将 C_{60} 和 C_{70} 的化学反应活性差异转化为分离方法。在用 CS_2 和 $AlCl_3$ 溶解富勒烯提取物时，反应活性更高的 C_{70} 沉淀下来而惰性较强的 C_{60} 仍在溶液中。过滤后，滤液经纯化可以得到纯度大于 99.8% 的 C_{60}，回收率可以达到 73%。这个方法也可以用于 C_{70} 的纯化。

2009 年，S. Stevenson 等对金属富勒烯与 Lewis 酸的反应特性进行了研究。他们重点考察了金属氮化物和金属氧化物富勒烯与 Lewis 酸的反应。结果显示，这些金属富勒烯比 C_{60} 和 C_{70} 具有更强的反应活性，金属富勒烯反应活性遵循如下顺序：$Sc_4O_2@C_{80} > Sc_3N@C_{78} > Sc_3N@C_{68} > Sc_3N@D_{5h}\text{-}C_{80} > Sc_3N@I_h\text{-}C_{80}$。这种富勒烯与金属富勒烯之间的巨大反应活性差异可以将金属富勒烯从富勒烯中分离出来，不同金属富勒烯间的活性差异可以实

现单个金属富勒烯 $Sc_3N@C_{80}$ 的分离与纯化[12]。作为一种非色谱方法，该方法不需要特殊的色谱柱，也不需要收集高效液相色谱的组分。通常，使用 Lewis 酸纯化方法是有利的。通过调整反应时间和改变 Lewis 酸，可以将金属富勒烯提取物分成一系列不同类型的金属富勒烯。

2012 年，K. Akiyama 等[13]研究了 Lewis 酸对其他类型金属富勒烯的反应。他们聚焦于研究纯金属富勒烯（$M_x@C_n$，$x=1$、2、$n>70$）和金属碳化物富勒烯（$M_yC_2@C_{n-2}$，$y=2$、3、4；$n-2>68$）与 Lewis 酸的反应。结果显示，Lewis 酸 $TiCl_4$ 可与金属富勒烯快速和选择性地反应。在 10min 内，金属富勒烯就会与 $TiCl_4$ 发生复合而沉淀，从而实现与未反应的较低分子量的空笼富勒烯分离。更为重要的是，$TiCl_4$ 与金属富勒烯形成的复合物很容易分解而得到纯金属富勒烯。

2012 年，Z. Wang 等[14]报道了金属富勒烯与 $TiCl_4$ 的反应机理。他们发现，富勒烯和内嵌富勒烯与 $TiCl_4$ 的反应活性差异与这些物种的第一氧化电位有关。氧化电位越低，反应活性越高。研究显示，所有第一氧化电位低于 0.62V 的金属富勒烯都可以用 Lewis 酸法实现与富勒烯的分离。紫外-可见吸收光谱研究显示，金属富勒烯向 Lewis 酸转移了电子，这个实验现象解释了金属富勒烯反应活性差异与氧化电位的关系。

2013，Z. Wang 等[15]进一步证明了 $TiCl_4$ 可用于分离高活性、小带隙的金属富勒烯衍生物。尽管这些高活性、小带隙的金属富勒烯的产率高，但是不溶于通常的富勒烯的溶剂——甲苯或二硫化碳，而以聚合物的形式存在于烟灰中。他们通过调整电弧放电法的反应物，生成了稳定、可溶的三氟甲基功能化的金属富勒烯衍生物。在此基础上，选择性地将功能化的金属富勒烯衍生物 $Y@C_{2n}(CH_3)_m$ 与 $TiCl_4$ 络合来纯化 $Y@C_{2n}(CF_3)_m$，从烟灰提取物中分离得到 $Y@C_{72}(CF_3)_m$ 和 $Y@C_{74}(CF_3)_m$（$m=1$，3）的几个异构体。这种分离方法为不可溶的金属富勒烯的分离提供了机会。

2013 年，S. Stevenson 等[16]的研究显示，Lewis 酸 $CuCl_2$ 倾向于与金属富勒烯强烈反应并沉淀出大多数金属富勒烯。$CuCl_2$ 的优点是它能够将沉降电位从 0.62V 降低到大约 0.19V。优先沉淀第一氧化电位小于 0.19V 的金属富勒烯，可以实现高活性金属富勒烯与活性较低（即沉降电位大于 0.19V）的金属富勒烯之间的分离。$CuCl_2$ 还可以分离不同类别的内嵌金属富勒烯。例如，利用 $CuCl_2$，可以将 $Sc_4O_2@C_{80}$ 从其他金属氧化物富勒烯和金属氮化物富勒烯中分离出来。$Sc_3N@C_{78}$（0.12V）可从与 $Sc_3N@C_{68}$（0.33V）以及 $Sc_3N@C_{80}$-D_{5h}（0.34V）和 $Sc_3N@C_{80}$-I_h（0.62eV）形成的混合物中分离出来。$CuCl_2$ 还可以分离出 $Er_2@C_{82}$ 的结构异构体。

Gd 基内嵌金属富勒烯作为磁共振成像造影剂很有意义，因此，对 Gd 基内嵌金属富勒烯进行高效分离尤为重要。2014 年，S. Stevenson 等[17] 用 11 种不同的 Lewis 酸对其反应性进行了评价。目标是确定一系列的沉淀阈值，以便实现内嵌金属富勒烯的选择性沉淀、分离。他们发现 $CaCl_2$ 在 11 种被测 Lewis 酸中的反应活性最低，但是选择性最高，只沉淀那些具有最低氧化电位的内嵌金属富勒烯。$CaCl_2$ 与 $Gd_3N@C_{88}$ 的第一氧化电位（只有 0.06 V）相匹配，使 Gd 烟灰提取物中 $Gd_3N@C_{88}$ 易于沉淀。在 $ZnCl_2$ 过量较大的情况下，经过数天的反应，得到了以 $Gd_3N@C_{84}$（第一氧化电位 0.32 V）为主要组分的金属富勒烯。留在溶液中的主要成分是较低分子量的空笼富勒烯以及 $Gd_3N@C_{86}$（0.35V）和 $Gd_3N@C_{80}$（0.58V）。实验研究显示，Lewis 酸的反应活性自左至右依次增强：$CaCl_2 < ZnCl_2 < NiCl_2 < MgCl_2 < MnCl_2 < CuCl_2 < WCl_4 \ll WCl_6 < ZrCl_4 < AlCl_3 < FeCl_3$，而选择性则遵循相反的顺序。

因为 Gd-金属富勒烯的沉淀阈值介于最低和最高的第一氧化电位之间，弱 Lewis 酸可以将不同 Gd-金属富勒烯从提取物中分离出来。如果使用较弱的（如 $CaCl_2$、$ZnCl_2$、$NiCl_2$）Lewis 酸，$Gd_3N@C_{88}$ 可能是沉淀的优势物种。换句话说，只有活性最高的金属富勒烯才能用这种"弱 Lewis 酸"方法进行沉淀分离。

2015 年，S. Stevenson 等[18] 开发了一种分离混合金属氮化物富勒烯 $CeLu_2N@C_{80}$ 的方法。这种分离方法的第一阶段是使用一种弱的 Lewis 酸 $MgCl_2$，选择性地沉淀那些具有极低的第一氧化电位的烟灰提取物（如 $Ce_2LuN@C_{80}$ 和 $CeLu_2N@C_{80}$）。由于 $CeLu_2N@C_{80}$ 的电位低（0.1 V），是用 Lewis 酸法沉淀的优势物种。此时，大多数金属富勒烯和空富勒烯仍然在溶液中。因为在 Lewis 酸富集 $CeLu_2N@C_{80}$ 样品中有少量的共沉淀的内嵌金属富勒烯，所以，在第二阶段的分离中，通过添加干燥的氨基硅胶到富集的 $CeLu_2N@C_{80}$ 样品中，让第一阶段时残留到样品中的金属富勒烯和空富勒烯吸附到氨基硅胶上。过滤反应浆后，滤液中含有未反应的 $CeLu_2N@C_{80}$。以类似的方式，使纯 $Gd_3N@C_{88}$ 的非色谱分离成为可能。

1.5.2　基于化学性质差异的分离

在过去十多年中，对金属富勒烯化学性质的研究取得了巨大的进展，结果显示，它们的化学反应活性与空富勒烯的相比有很大的差异。不同的反应类型可以用于富勒烯、金属富勒烯的分离[19]。研究显示，不同的富勒烯进行 Diels-Alder 环加成反应时，富勒烯的反应活性差异大。利用这种环加成特性，采用环戊二烯基功能化树脂的自填充柱，可以实现大规模的分离。研究表明，偶极环加成反应以及吡咯烷基的加成和消除能够简化氮化物团簇富勒烯的分离[20]。从原理上讲，利用富勒烯和金属富勒烯以及金属富勒烯之间的化学反应特性差异进行分离是很有优势的，然而，化学反应必然导致目标富勒烯或金属富勒烯连上新的基团，去除这种化学键连接的基团通常是比较困难的，因此，用这种方法制备纯金属富勒烯是没有竞争力的。但是，如果最终目标是获得富勒烯或金属富勒烯的衍生物，将纯化过程与衍生化过程合二为一却是很有前景的。

1.5.3　电解辅助分离

金属富勒烯的电化学行为与富勒烯的电化学行为有显著差异。因此，可以利用这种差异对金属富勒烯进行选择性还原或氧化而将其从富勒烯混合物中分离出来。

第一种基于电解而分离金属富勒烯的方法是由 M. D. Diener 和 J. M. Alford 于 1998 年提出的[21]。他们采用电弧放电法合成了 Gd 基内嵌金属富勒烯，并采用升华技术从烟灰中分离出富勒烯和金属富勒烯，然后用邻二甲苯溶解升华物。然而，升华物的相当一部分并没有溶解（约 20% 的 Gd 基内嵌金属富勒烯和 10% 的空富勒烯）。对初始升华物进行质谱分析，检测到常规有机溶剂提取物中没有检测到的一些富勒烯物种，也就是说，因部分富勒烯和金属富勒烯不溶于有机溶剂中，烟灰中含有的富勒烯和金属富勒烯物种的数量多于有机溶剂提取而得到的物种数。因此，一些特殊的空富勒烯（最突出的是 C_{74}）和不溶于有机溶剂的金属富勒烯 $Gd@C_{60}$ 和 $Gd@C_{74}$ 可以通过这种升华方法得到分离。

在 $-1.0V$（$Ag/AgNO_3$ 参比）下进行电解还原，悬浮在苯腈中的 98% 的不溶颗粒溶解。对溶解后的溶液的质谱测试显示，溶液中含有空富勒烯 C_{74} 以及金属富勒烯 $Gd@C_{60}$ 和 $Gd@C_{74}$。在 0.4V 下进行再氧化时，不溶性小带隙空富勒烯和 Gd 基金属富勒烯在 Pt 工作电极上聚合，从而与保留在苯腈溶液中的大带隙富勒烯分离。因为电极上的膜可以溶解在新鲜的苯腈中，电化学过程是可逆的。用亚铁盐对电解还原得到的阴离子进行再氧化，得到了以 Gd 基金属富勒烯为主的沉淀。重要的是，这种方法所提供的富勒烯是标准提取技术所无法获得的，而且也是可以规模化进行的。

2004 年，T. Tsuchiya 等根据富勒烯和金属富勒烯的电化学还原电位不同而开发了一种有效的电解还原分离技术[22]。在他们的试验中，单金属和双金属富勒烯（如 La@C_{82} 和 La$_2$@C_{80}）被还原，而具有更多负还原电位的空富勒烯仍未被还原。电解后将溶剂蒸发。未电解的富勒烯用丙酮/CS_2 混合物进行处理，富勒烯溶于 CS_2 中，而金属富勒烯负离子则溶于丙酮/CS_2 中。滤液在丙酮/CS_2 溶液中用弱酸 $CHCl_2COOH$ 进行再氧化，生成内嵌金属富勒烯的棕黑色固体。这里产生的棕黑色固体可以用二氧化硫进行提取。

1.5.4 使用氧化还原活性溶剂和试剂的分离

使用氧化还原试剂，甚至是富勒烯提取的溶剂，实现金属富勒烯的选择性还原或氧化，从而实现金属富勒烯的分离。自金属富勒烯研究的早期开始，研究人员发现，利用二甲基甲酰胺（DMF）、吡啶和苯胺等含氮有机溶剂来提取金属富勒烯是一种有效的方法[23]。这些溶剂的特殊作用机理是以电荷转移为基础的。不带电的富勒烯在 DMF 中溶解度较差，而带负电的金属富勒烯的溶解度较高。由于这种行为上的差异，可以用来改进金属富勒烯的提取。此外，该方法允许提取标准溶剂不能提取的金属富勒烯。例如，M@C_{60} 被苯胺有效地提取[24]。DMF 以中性形式提取空笼富勒烯，而 La 基金属富勒烯以阴离子的形式被提取出来。在溶剂蒸发前，在 DMF 溶液中加入盐，确保金属富勒烯在溶剂中保持阴离子状态。然后，带负电的金属富勒烯可以溶解在丙酮/CS_2 混合物中，并以类似于电解辅助分离的方式处理。

J. W. Raebiger 等开发了利用一系列氧化剂对金属富勒烯进行选择性氧化而实现高效选择性分离的方法[25]，并成功地应用于 Gd 基和 Tm 基金属富勒烯的分离中。其方法的原理是，在极性溶剂中，富勒烯和金属富勒烯具有不同的氧化电位和溶解度。首先，将电弧放电的升华物用邻二氯苯进行溶解和索氏提取，分为可溶性和不溶性两部分。将不溶部分用环己烷和四氢呋喃进行冲洗并蒸干得到固体；将邻二氯苯溶液蒸干得到固体。将邻二氯苯溶液蒸干得到的固体分散到二氯甲烷和 AgSbF$_6$ 中，搅拌让其反应，过滤并用 CH_3CN、环己烷和甲苯冲洗，对所获得的固体进行质谱测试显示，里面主要是 Gd@C_{82}。

Li@C_{60} 的产率极低，分离相当困难。实际上，自从金属富勒烯受到广泛研究以来，Li@C_{60} 并未得到宏量合成和精确的实验表征。2010 年，S.

Aoyagi 等开发了选择性氧化内嵌金属富勒烯以实现 Li@C_{60} 的分离[26]。在他们的工作中，将 Li@C_{60} 氧化为 [Li@C_{60}]($SbCl_6$)，长出单晶并进行了单晶 X 射线衍射研究，首次确定了 Li@C_{60} 的分子结构，发现金属原子位于碳笼内的偏离中心的位置。

    B. Elliott 等首次用氧化还原试剂分离了金属富勒烯的异构体[27]。研究发现，具有 D_{5h} 对称性的 $Sc_3N@C_{80}$ 异构体（次要）的氧化电位比 I_h 对称性的异构体（主要）的氧化电位低 0.27V，并提出用合适的氧化还原试剂选择性氧化 D_{5h} 异构体可用于异构体的分离。M. R. Cerón 等在 2013 年进一步改进了这种方法[28]，他们使用乙酰基二茂铁[Fe(COCH$_3$C$_5$H$_4$)Cp]盐氧化金属富勒烯。分离出的富勒烯混合物中含有 $Sc_3N@C_{68}$、$Sc_3N@C_{78}$、I_h-和 D_{5h}-$Sc_3N@C_{80}$ 以及一些空的富勒烯。他们将富勒烯提取物溶于二硫化碳与过量[Fe(COCH$_3$C$_5$H$_4$)Cp]盐中并进行超声。混合物被沉积在硅胶柱上，用非极性的 CS_2 溶剂洗脱含有富勒烯杂质的中性 $Sc_3N@C_{80}$-I_h，而氧化的 $Sc_3N@C_{2n}$ 金属富勒烯则黏附在硅胶上。该氧化组分随后在甲醇中被 CH_3SNa 还原，然后用 CS_2 洗脱。在不同的富勒烯/盐比下重复了三次。M. R. Cerón 等描述的方法可以将 $Sc_3N@C_{80}$-I_h、$Sc_3N@C_{78}$、$Sc_3N@C_{80}$-D_{5h} 和 $Sc_3N@C_{68}$ 混合物分离开来。

参 考 文 献

[1] Kroto H W，Heath J R，O'Brien S C，et al. C_{60}：Buckminsterfullerene. Nature，1985，318：162-163.

[2] [日] 矢沢科学事务所. 诺贝尔奖中的科学：化学奖卷. 郑涛，宋天译，译. 北京：科学出版社，2011.

[3] Kratschmer W，Lamb L D，Fostiropoulos K，et al. Solid C_{60}：a new form of carbon. Nature，1990，347：354-358.

[4] Heath J R，O'Brien S C，Zhang Q，et al. Lanthanum complexes of spheroidal carbon shells. J Am Chem Soc，1985，107：7779-7780.

[5] Chai Y，Guo T，Jin C M，et al. Fullerenes with metals inside. J Phys Chem，1991，95：7564-7568.

[6] Hopwood F G，Fisher K J，Greenhill P，et al. Carbon black：a precursor for fullerene and metal-lofullerene production. J Phys Chem B，1997，101：10704-10708.

[7] Kimura T，Sugai T，Shinohara H. Production and mass spectroscopic characterization of metallocarbon clusters incorporating Sc，Y，and Ca atoms. Int J Mass Spectrometry，1999，188：225-232.

[8] Lian Y F，Shi Z J，Zhou X H，et al. High-yield preparation of endohedral metallofullerenes by an

improved DC arc-discharge method. Carbon，2000，38：2117-2121.

[9]　Bubnov V P，Laukhina E E，Kareev I E，et al. Endohedral metallofullerenes：a convenient gram-scale preparation. Chem Mater，2002，14：1004-1008.

[10]　Olah G A，Bucsi I，Aniszfeld R，et al. Chemical reactivity and functionalization of C_{60} and C_{70} fullerenes. Carbon，1992，30：1203-1211.

[11]　Bucsi I，Aniszfeld R，Shamma T，et al. Convenient separation of high-purity C_{60} from crude fullerene extract by selective complexation with $AlCl_3$. Proc Natl Acad Sci，1994，91：9019-9021.

[12]　Stevenson S，Mackey M A，Pickens J E，et al. Selective complexation and reactivity of metallic nitride and oxometallic fullerenes with lewis acids and use as an effective purification method. Inorg Chem，2009，48：11685-11690.

[13]　Akiyama K，Hamano T，Nakanishi Y，et al. Non-HPLC rapid separation of metallofullerenes and empty cages with $TiCl_4$ lewis acid. J Am Chem Soc，2012，134：9762-9767.

[14]　Wang Z Y，Nakanishi Y，Noda S，et al. The origin and mechanism of non-HPLC purification of metallofullerenes with $TiCl_4$. J Phys Chem C，2012，116：25563-25567.

[15]　Wang Z Y，Nakanishi Y，Noda S，et al. Missing small-bandgap metallofullerenes：their isolation and electronic properties. Angew Chem Int Ed，2013，52：11770-11774.

[16]　Stevenson S，Rottinger K A. $CuCl_2$ for the isolation of a broad array of endohedral fullerenes containing metallic，metallic carbide，metallic nitride，and metallic oxide clusters，and separation of their structural isomers. Inorg Chem，2013，52：9606-9612.

[17]　Stevenson S，Rottinger K A，Fahim M，et al. Tuning the selectivity of Gd_3N cluster endohedral metallofullerene reactions with lewis acids. Inorg Chem，2014，53：12939-12946.

[18]　Stevenson S，Thompson H R，Arvola K D，et al. Isolation of $CeLu_2N@I_h$-C_{80} through a non-chromatographic，two-step chemical process and crystallographic characterization of the pyramidalized $CeLu_2N$ within the icosahedral cage. Chem Eur J，2015，21：10362-10368.

[19]　Tsuchiya T，Sato K，Kurihara H，et al. Host-guest complexation of endohedral metallofullerene with azacrown ether and its application. J Am Chem Soc，2006，128：6699-6703.

[20]　Wu B，Wang T S，Zhang Z X，et al. An effective retro-cycloaddition of $M_3N@C_{80}$ (M＝Sc，Lu，Ho) metallofulleropyrrolidines. Chem Commun，2013，49：10489-10491.

[21]　Diener M D，Alford J M. Isolation and properties of small-bandgap fullerenes. Nature，1998，393：668-671.

[22]　Tsuchiya T，Wakahara T，Shirakura S，et al. Reduction of endohedral metallofullerenes：a convenient method for isolation. Chem Mater，2004，16：4343-4346.

[23]　Sun D Y，Liu Z Y，Guo X H，et al. High-yield extraction of endohedral rare-earth fullerenes. J Phys Chem B，1997，101：3927-3930.

[24]　Kubozono Y，Maeda H，Takabayashi Y，et al. Extractions of $Y@C_{60}$，$Ba@C_{60}$，$La@C_{60}$，$Ce@C_{60}$，$Pr@C_{60}$，$Nd@C_{60}$ and $Gd@C_{60}$ with aniline. J Am Chem Soc，1996，118：6998-6999.

[25] Raebiger J W, Bolskar R D. Improved production and separation processes for gadolinium metal-lofullerenes. J Phys Chem C, 2008, 112: 6605-6612.

[26] Aoyagi S, Nishibori E, Sawa H, et al. A layered ionic crystal of polar Li@C_{60} superatoms. Nat Chem, 2010, 2: 678-683.

[27] Elliott B, Yu L, Echegoyen L. A simple isomeric separation of D_{5h} and I_h $Sc_3N@C_{80}$ by selective chemical oxidation. J Am Chem Soc, 2005, 127: 10885-10888.

[28] Cerón M R, Li F F, Echegoyen L. An eficient method to separate $Sc_3N@C_{80}$ I_h and D_{5h} isomers and $Sc_3N@C_{78}$ by selective oxidation with acetylferrocenium $[Fe(COCH_3C_5H_4)Cp]^+$. Chem Eur J, 2013, 19: 7410-7415.

第2章 富勒烯的结构、性质和应用

富勒烯 C_{60} 既不同于金刚石，也不同于石墨，而是碳元素的一种崭新的存在形态[1]。1990 年电弧放电法的发明使得以 C_{60} 为代表的富勒烯能够大量地合成。目前，已经报道了数十种富勒烯，这些富勒烯的最显著的特征之一是结构的多样性。表现为两个层面：一个是构成富勒烯分子的碳原子数可在很大范围内变化；另外一个是同样的碳原子数可以形成数以千计甚至数以万计的异构体，如 C_{60} 有 1812 个异构体，C_{90} 则有 99918 个异构体。因此，要对富勒烯进行系统研究，第一个任务是确定每个碳笼 C_n 可能的富勒烯异构体数以及具体的结构。下面首先介绍富勒烯的结构表示以及结构构造方法，接下来介绍富勒烯的性质和应用。

2.1 富勒烯的结构表示

2.1.1 顶点、边、面的数量及其依赖关系

众所周知，富勒烯 C_{60} 是由 20 个六边形（hexagons）和 12 个互不相邻的五边形（pentagons）组成，60 个碳原子完全等价，分子点群是 I_h。该分子是目前报道的最高对称性的分子。C_{60} 中存在一种顶点，即由一个五边形和两个六边形共用的顶点，称之为 V_{566}。C_{70} 及以上的满足独立五边形原则（isolated pentagon rule，IPR，即每个五边形都被六边形所包围）的富勒烯具有两种顶点：一种为 V_{566}；另一种是由三个六边形共用的顶点，即 V_{666}。对于 non-IPR 异构体，根据尺寸等情况的不同，具有 V_{555}、V_{556}、V_{566} 或 V_{666} 这些种类的顶点。

IPR-C_{60} 存在两种类型的键：一种是五边形与六边形所共用的，称为 B_{56} 键；另一种是六边形与六边形所共用的，称为 B_{66} 键。C_{60} 中 B_{66} 和 B_{56} 的键长分别为 139.1pm 和 145.5pm，介于 C-C 单键（154pm）和 C＝C 双键

（134pm）的键长之间，这说明碳与碳间形成的键并不是单纯的单键或双键，而是与苯分子中的键相似，是一种介于单键和双键之间的一种特殊键。对于 non-IPR 富勒烯，除了具有 B_{66} 和 B_{56} 键外，还有由两个五边形共用的边，称为 B_{55} 键。

因为碳原子的杂化方式介于石墨的 sp^2 杂化和金刚石的 sp^3 杂化之间，分子杂化轨道理论指出，富勒烯的碳原子以 $sp^{2.28}$ 杂化形成杂化轨道，并与其他三个碳原子成键，余下的 p 轨道在碳笼的内壁和外围形成大 π 键，π 电子云垂直分布在球面两侧。所以，C_{60} 是一个三维球形分子。因为每个碳原子与笼心的平均距离约为 355pm，即碳笼的直径约为 710pm，体积约为 $1.8 \times 10^{-22} cm^3$。对于富勒烯 $C_n (n \geqslant 70)$，其体积和内部空间都大于 C_{60} 的体积和内部空间。所以，富勒烯球内存在一定的空间，可以嵌入原子或团簇，形成内嵌富勒烯。

从数学上讲，富勒烯可以看作凸多面体。凸多面体满足欧拉定理（Euler theorem），即对于含有 n 个顶点、e 条边和 f 个面的凸多面体满足如下关系：$n+f=e+2$，$f=n/2+2$。其中，因棱（$e=3n/2$）必须为整数，富勒烯的顶点数只能为偶数。

经典的富勒烯是仅由五边形和六边形组成凸多面体，假设五边形有 p 个，六边形有 h 个，那么该富勒烯的棱为 $e=(5p+6h)/2$，总顶点数 $v=(5p+6h)/3$，总面数为 $p+h=v/2+2$。解得 $p=12$，$h=v/2-10$，即任何一个经典富勒烯都由 12 个五边形和 $v/2-10$ 个六边形组成。对于每一个偶数顶点 $v \geqslant 20(n \neq 22)$，都至少存在一个这样的富勒烯多面体，并且随着顶点数增加，富勒烯多面体的数目会出现迅速暴增的趋势。

2.1.2 三维图

富勒烯结构的最常见表示方式是三维图，也就是对每个顶点原子赋予笛卡尔坐标，用图形软件显示出来就得到三维图。除了常见的三维图以外，还有 Schlegel 图（为了方便起见，本书中称之为二维图）、螺旋序列以及邻接矩阵等。任何一个富勒烯异构体均可以用上述四种方法来表示，但最为常用的是三维图，其次是二维图，再次是螺旋序列，邻接矩阵的使用相对较少。

富勒烯的三维图就是直观能够看到的结构，这种图能明了地呈现碳笼的形状，但不能看到富勒烯的所有面，C_{60} 的三维结构图如图 2-1(a) 所示，从图中可以明显看出 C_{60} 是球形笼状结构。

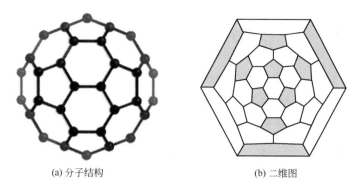

(a) 分子结构　　　　　　　　　(b) 二维图

图 2-1　富勒烯 C_{60} 的分子结构和二维图

2.1.3　二维图

　　将富勒烯三维图中所有键的连接关系都在平面上表示出来，就是二维图或者平面图。二维图中的直线仅在顶点处相交，其中直线表示富勒烯多面体的棱，也就是化学键，直线的交点表示碳原子，那么由直线围成的多边形就表示富勒烯的面。如果可以拉伸富勒烯三维图中的棱，那么任何一个面都可以被拉伸到二维图的外部，作为二维图最外层的多边形。例如 C_{60} 的二维图如图 2-1(b) 所示，图中灰色区域的 12 个多边形表示五边形，其余多边形表示 20 个等价的六边形，对其中任意一个六边形进行拉伸，就可以得到二维图最外层的六边形。对于任意一个富勒烯而言，其 $n/2+2$ 个面中的任何一个面都可以被拉伸作为二维图的最外层多边形，因此，每个富勒烯均有多种不同的二维图。这些二维图不能直接转化为相同的平面图，但它们表示的结构是相同的。二维图的优点是可以简单清晰地表示键的连接关系，但无法呈现碳笼的形状。

2.1.4　三维图和二维图的转化

　　如上所述，富勒烯二维图能够更清楚地看出原子之间的键连关系，而三维图能够更清晰地看出分子的立体结构。在富勒烯的结构研究过程中，时常需要对两种类型的结构表示进行转化。这两种结构表示之间的系统转化方法已经被数学家们开发出来。在此，著者提供一个自己摸索出来的有效而直观的经验方法。

　　将三维立体图转化为二维平面图的可操作的思路和方法是这样的，即选定拟转换的富勒烯的某个面，将这个面对应的键长等比例放大后固定下来，将这个形状有些不合理的结构进行局部优化（为了快速，半经验方法即可），即固定放大的面的键长或这个面涉及的几个原子的坐标，其他原子的坐标完全放松。经过第一轮优化后，继续等比例扩大这个面涉及的键长，再次优化，反复进行下去，直到欲撕开的环对应的原子已经位于所有其他原子的外围时停止上述操作。最后，将所有原子投影到选定面所在的平面上并根据原始的键连关系将原子连接起来，这样就得到了二维的平面图。这类似于对小圆口的口袋进行扩口过程。

另外一个方法是直接进行坐标改造，具体流程如下。

① 选定某个环，并进行坐标平移和旋转，使得此环位于 XY 面，即确保该环上的原子中有三个非连续的原子的 Z 坐标为 0，余下的所有五边形和六边形的 Z 坐标为正。

② 根据各个原子的 Z 坐标，确定除了选定的环之外的其他原子的 X、Y 坐标的扩大倍数，并扩大这些原子的 X、Y 坐标。

③ 调整扩大倍数，待与选定环距离最远的环位于整个图形的外围时停止调整。

④ 将所有原子的 Z 坐标统一改为 0，用绘图软件（如 Chem 3D、GaussianViews 等）打开就得到相应的二维图。

反之，如果需要将二维平面图转化为三维立体图，则需要得到二维平面图的坐标。将二维平面图放置到 XY 平面上，即 Z 坐标为 0。选定最外边几个原子并将其 Z 坐标从 0 统一改为一个适当的正数或负数并对这些原子的所有坐标进行一定比例的收缩，进行限制这些原子坐标条件下的几何优化；反复进行，直到二维平面图的最外边的几个原子收缩成为三维立体图的最前面的一个面。这类似于将广口的口袋进行收口过程。

需要说明的是，这个方法不能自动化地处理一系列异构体，需要一个一个地执行，在大批量处理时，效率低，不适合从事理论计算的研究者。但是，对结构已经明确的富勒烯进行个别处理时，非常直观简单，比重新学习转化软件省时省力多了，特别适合从事合成实验的研究者。另外，使用该方法时，能够根据绘图者的意愿实现富勒烯的任何面在二维图的外面或里面，而程序化的方法通常只能实现程序默认的面在二维图中处于里面或外面。最后，使用上述方法进行图形的维度转换能够深化对富勒烯结构的理解。

2.2　富勒烯的结构构造

对于对称性高的富勒烯异构体，构造相对简单，一个较为系统的构造高对称富勒烯的方法是 Coxeter 法，这个方法可以拓展到低对称结构的构造中，但是需要引入的参数随着对称性的降低而增加，构造难度亦增加，不适合系统地构造富勒烯的结构。

这里主要介绍和讨论由英国谢菲尔德大学 P. W. Fowler 教授和牛津大学 D. E. Manolopoulos 教授开发的环螺旋算法[2]。该方法的基本思想是将富勒烯曲面看作是由五边形、六边形螺旋式卷曲而成的。这种方法在生成富勒烯过程中还可以用于判断该异构体的对称性，当原子数少时，使用也很简单快速。目前，已经报道的富勒烯中，绝大多数的原子数处于 60～96 之间且每个尺寸下的富勒烯的异构体数目多且绝大多数的对称性低，采用 Coxeter 方法的构造效率很低，实际上环螺旋算法通常比 Coxeter 方法更有用。因为生成的每个富勒烯异构体表示为简单的五边形、六边形的一维螺旋代码，是从更复杂的三维结构直接改造的。环螺旋算法的附加优点是简单直观，利于初学者学习和掌握。

2.2.1　富勒烯多面体

区分一个分子的结构是看它的键的连接关系，讨论富勒烯结构与讨论它们的键的连接关系是等效的。富勒烯的每个碳原子与另外三个原子相连给出了一个由五边形和六边形组成的封闭伪球形笼。这种连接框架形成了多面体，每个原子是一个顶点，每个键就是一个边，每个环就是一个面。因此富勒烯结构是那些仅仅包含五边形和六边形的三价（图论术语，在这里三价指的是某个原子与邻近三个原子直接相连）球形多面体。

多面体最著名的性质之一就是满足欧拉定理，即满足公式（2-1）所反映的顶点数（v）、棱数（e）、面数（f）的关系。

$$v+f=e+2 \tag{2-1}$$

对应于富勒烯多面体 C_n，顶点数 $v=n$，棱数 $e=3n/2$，因此，面数 $f=n/2+2$。然而，在定义五边形的数目为 p 以及六边形的数目为 h 后，这个关系式可以进一步写为式（2-2）和式（2-3），即：

$$(5p+6h)/3=n \tag{2-2}$$

以及总的面数：

$$p+h=n/2+2 \qquad\qquad (2\text{-}3)$$

求解上述两个方程可以得到 $p=12$，$h=n/2-10$。因此，所有的 C_n 富勒烯包含 12 个五边形和 $n/2-10$ 个六边形。满足 $p=12$ 和 $h=n/2-10$ 的三价多面体形成了 Goldberg 多面体的一个子集。对于每个偶顶点数 $n\geqslant20$，至少有一个这样的富勒烯多面体，唯一的例外是 $n=22$。具体的构造实验表明，不可能构建含 12 个五边形和 1 个六边形的 22 个顶点的多面体，而且这个结果很容易通过数学证明。因为棱 $e=3n/2$ 必须是整数，所以，奇数顶点的三价多面体是不可能构建出来的，当然也就没有奇数顶点的富勒烯。最小的富勒烯多面体是正十二面体，这是顶点数 $n=20$ 时的唯一的异构体。然而，当顶点数 $n\geqslant24$ 时，富勒烯异构体数随着给定的顶点数的增加而迅速增加。

简言之，富勒烯异构体问题就是对所有给定顶点数 $v=n$ 的富勒烯多面体进行识别和分类的问题。这个问题本质上是一个数学问题，它不因异构体在自然界中是否存在而存在，也不因这些异构体是否满足某些理论而存在。

需要说明的是，在富勒烯科学研究中以及在整个化学实验研究中，研究人员在确定分子结构时，通常借助于紫外、红外、拉曼、核磁共振以及 X 射线衍射等技术。在数学家看来，所考察的分子（具有特定键连关系的若干原子的聚集体）只是所研究的若干原子的所有键连关系中极其微小的一部分。换句话说，从数学的角度来研究富勒烯时，其抽象的程度和覆盖的广度远远超过实际所需。

2.2.2 富勒烯对偶

富勒烯多面体的面对应于其对偶的顶点，反之亦然。一个多面体的边与其对偶多面体的面心的连线相对应，而富勒烯多面体的顶点就是对偶多面体的面心。对偶操作是它自己的反操作，保留了多面体的点群对称性。实际上，这个操作对应的是顶点 v 和面 f 在欧拉定理中的相互转换，与此同时，边 e 不变。最常被引用的对偶例子是二十面体与十二面体、八面体与立方体以及四面体与其本身，这些多面体一起组成了一整套的柏拉图体。其中，四面体是唯一的自偶多面体。在述及富勒烯多面体的构造方案之前，需要知道多面体的通性，即所有的多面体都有对偶多面体。

富勒烯的对偶多面体是由三角面组成的多面体。根据上述讨论，很容易理解 n 个顶点的富勒烯的对偶多面体有 n 个三角面和 12 个五价以及 $n/2-10$ 个六价顶点。这使它可以被看成巨型封闭硼烷的骨架。富勒烯对偶最简单的例子是正十二面体（C_{20}-I_h富勒烯）与正二十面体的对偶，如图 2-2 所示。取正十二面体的 12 个面心为顶点并将相邻的顶点连接起来就得到正二十面体；反之，取正二十面体的 20 个面心为顶点并将相邻的顶点连接起来就得到正十二面体。另外，正八面体和正六面体互为对偶关系，正四面体与自身形成对偶关系。

(a) 正十二面体   (b) 正二十面体

图 2-2　互为对偶关系的正十二面体和正二十面体

　　富勒烯对偶引起大家的兴趣的其中一个原因是通常很容易通过构建富勒烯的对偶多面体来构建一个富勒烯异构体。这个技巧形成了下面讨论的构建富勒烯异构体的基础。因为富勒烯的对偶多面体的每组三个相互邻接的顶点围成了一个三角形，而这个三角形的中心对应于富勒烯多面体的一个顶点，一旦知道富勒烯的对偶多面体，就能很容易构造出富勒烯的结构来。换句话说，富勒烯的对偶不能有任何分离的三角形，这是富勒烯对偶的一个有用的特性。需要注意的是，包含四边形和三角形面的三价多面体的对偶不具有上述特性。由此可见，富勒烯的每个顶点可确定性地与它的对偶多面体的三个相邻的顶点关联起来，此外，当且仅当相关的三个对偶的顶点中的两个相同时，两个富勒烯顶点才会相邻。这些事实可使我们根据富勒烯的对偶的一系列相邻顶点获得富勒烯的一系列相邻顶点，相当于执行一种重建。根据以上思路编写的富勒烯结构构造的子程序可在 P. W. Fowler 和 D. E. Manolo-poulos 的书的附录中获得[2]。

2.2.3　螺旋猜想

　　螺旋猜想可以用于构建富勒烯或其对偶。事实证明，对偶结构更容易通过电脑程序构建出来。螺旋猜想的大意是，富勒烯的表面可以螺旋式解开为五边形和六边形，并满足螺旋线通过最后一个面时仍然有一出口。具体点说就是螺旋中的第一个面可以是富勒烯的任意一个面，螺旋线可以穿过第一个选定面的任何一条边；第二面可以是与第一个面有共边的面中的任何一个，第三面可以是与第一个和第二个面有共边的两个面中的任何一个。一旦前面的三个面都选定了，则后面的所有面出现的顺序就已经按照螺旋线的走向确定了。因此，螺旋式地解开任何富勒烯的方式有 $6n$ 种：

$$12 \times 5 \times 2 + (n/2 - 10) \times 6 \times 2 = 6n \qquad (2\text{-}4)$$

其中，因富勒烯具有一定的对称性，许多解开方式都是等价的。需要注意的是，有时会出现以某个面开始时，不能完全解开整个富勒烯表面的情况，即解螺旋失败。因此，$6n$ 是能成功解开富勒烯表面的方式的上限。

下面，通过一些具体例子来理解以螺旋方式解开富勒烯表面的方法。对于正十二面体 C_{20}，12 个五边形中的任何一个都可以作为解开的初始环，且螺旋线可以穿过五边形的任何一边，当穿过第一个面之后可以向左旋转也可以向右旋转，所以，总共有 120 种解开方式（$12 \times 5 \times 2$）。因对称性高，所有的 12 个五边形都是等价的，相应地，所有的解开方式也是等价的，解开得到的螺旋序列就是 12 个 5 组成的一串儿数字 555555555555。图 2-3 展示了 $I_h\text{-}C_{20}$ 的解螺旋过程。

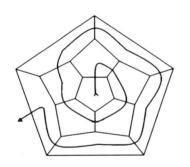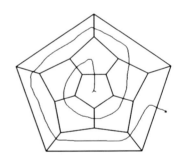

图 2-3　$I_h\text{-}C_{20}$ 的 120 种等效的解螺旋方式中的两种

图 2-4 展示了 $I_h\text{-}C_{60}$ 的三类不同解开方式，第一类是以五边形为起始环，紧邻的第二个环是六边形；第二类是以六边形为起始环，紧邻的第二个是五边形；第三类是以六边形为起始环，紧邻的第二个环为六边形。以 12 个五边形中的任意一个为起始环则所有解开方式都与第一类等效；如果以 20 个六边形中的任意一个为起始环，紧邻的第二个环是五边形则所有的解开方式都与第二类等效；如果以 20 个六边形中的任意一个为起始环，紧邻的第二个环是六边形则所有的解开方式都与第三类等效。

对于 $D_{5h}\text{-}C_{70}$，由于对称性稍低，总共有 21 种不等效的解螺旋方式。所

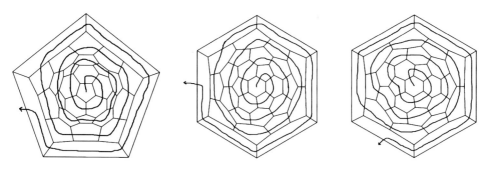

图 2-4　I_h-C_{60} 的三类不同的解螺旋方式

有的这些都能成功解开，图 2-5 是绕五重轴螺旋式解开 D_{5h}-C_{70} 的示意图。

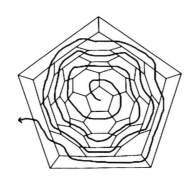

图 2-5　D_{5h}-C_{70} 的一种解螺旋方式（绕五重轴）

对于富勒烯，绝大多数解螺旋方式都能够成功将其表面解开，但是，仍然有少数方式不能够成功解开。D_2-C_{28} 是有解螺旋方式失败的最小富勒烯。富勒烯 C_{28} 总共有 168 种解螺旋方式，合并等效方式，尚有 42 种方式是互不相同的。在这 42 种不同的解螺旋方式中，有 41 种能成功解开富勒烯表面，有一种不能够成功解开，不能够解开的方式参见图 2-6(a)。从图可以看出，当螺旋线进入最后一面时就进入了一个死胡同而不能够走出。为了便于理解，图中也显示了一个成功解螺旋方式，参见图 2-6(b)。

在这些例子中，解螺旋方式遵循一个简单的数学关系。如果富勒烯的解螺旋方式总的数量是 N_t，对称不同的解螺旋数目是 N_s，富勒烯的点群的阶是 $|G|$，则：

$$N_t = N_s |G| \tag{2-5}$$

例如，正十二面体 C_{20} 可以解螺旋的方式的总数是 120，对称不同的解螺旋数是 $N_s=1$，而 I_h 点群的阶是 120。图 2-6 中 D_2-C_{28} 可以成功解螺旋的方式总数为 164，对称不同的解螺旋方式是 41，D_2 点群的阶是 4。

(a) 解螺旋失败   (b) 解螺旋成功

图 2-6 D_2-C_{28}解螺旋失败和成功示意图

2.2.4 螺旋算法

在螺旋猜想中，富勒烯异构体问题是直接解决的。生成所有可能的由五边形和六边形组成的一维数字序列，并将它们螺旋式缠绕为富勒烯。如果某个序列缠绕后得不到封闭的富勒烯，则将该序列废弃。

第一件值得注意的事情是富勒烯可以用五边形和六边形的一维螺旋序列表示出来。例如，图 2-3 所示的正十二面体可以用下面的序列代表：

$$555555555555 \tag{2-6}$$

图 2-4 的 C_{60}可以通过以下序列代表：

$$5666665656565656566565656565666665 \tag{2-7}$$

$$6565656665665656566566565656566 \tag{2-8}$$

$$6656565656566566565666566565656 \tag{2-9}$$

图 2-5 中 C_{70}的螺旋序列可以通过以下序列代表：

$$5666665656565656566666666666656565656565 \tag{2-10}$$

第二件值得注意的事是，由于所有的富勒烯有 $n/2+2$ 个面，其中的 12 个是五边形，剩余的 $n/2-10$ 个是六边形，它们的组合数为：

$$\frac{(n/2+2)!}{12!(n/2-10)!} \tag{2-11}$$

一旦得到由 5 和 6 组成的数字序列，下一个任务就是检查是否能够缠绕成富勒烯。实际上，正如上面提到的，通过构建富勒烯对偶来检验是更容易做到的。这种对偶在电脑中可以用一系列邻接顶点来表示，这些顶点与富勒烯的面相对应。因为有时富勒烯顶点不能够以螺旋的方式解开，所以，直接构建富勒烯的邻接顶点更困难。例如，在图 2-7 中的 I_h-C_{80}富勒烯的顶点不能够螺旋式解开。但是其面可以螺旋式展开，也就是说其对偶图的顶点可以螺旋式展开。

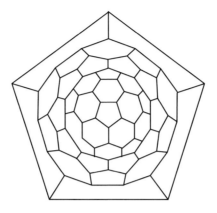

图 2-7　I_h-C_{80}富勒烯的二维平面图

在这个图中，顶点可分为不同对称的两类：属于三个六边形的有 20 个，属于两个六边形和一个五边形的有 60 个。把这些顶点分别称为 A 和 B。由于该分子的对称性高，只有 ABB、BBA、BAB 和 BBB 四种不同开始方式的顶点螺旋。很容易从图中显示这四种螺旋方式不能够解开富勒烯表面。以上解释了在螺旋算法中为什么通过构建对偶图的顶点而不是富勒烯的顶点来检验一维序列是否能够卷曲为富勒烯。

给出一种可以接受的富勒烯对偶，仍然必须检查它的唯一性。式(2-7)～式(2-9)中所有的三个螺旋序列都能够卷曲为同样的富勒烯 C_{60}，因此，所有的三个螺旋序列都是等价的。然而，如果将序列看成数字的话，式(2-7)＜式(2-8)＜式(2-9)。因此，将数值最小的螺旋序列式(2-7) 定义为正则螺旋序列，并用这个序列来代表相应的富勒烯异构体。

正则螺旋序列的定义解决了螺旋序列与富勒烯异构体之间的一一对应关系问题。假设生成了对偶图，解开对偶图的表面而得到序列，依次比较这些序列并保留较小的序列而抛弃较大的序列，重复以上操作直到所有的 $6n$ 种解螺旋方式得到的序列都比较完成，此时留下的序列就是所有序列中最小的，这个序列就称作正则螺旋序列。此时，正则螺旋序列就与富勒烯异构体一一对应了，也就是说，富勒烯的异构体数就是该富勒烯的顶点数决定的正则螺旋序列的个数。

按照上述方法构造得到的富勒烯被称作经典富勒烯，这些富勒烯中，有部分异构体的结构有一个鲜明的特征，即所有 12 个五边形都是相互分离的。这些特殊的富勒烯比含有五边形邻接的更稳定。最小的五边形分离富勒烯是 I_h-C_{60}，也是通常的富勒烯合成实验中产率最高的。之所以在这里提及五边形分离的富勒烯，是因为只要对上述螺旋算法进行微小的修改，就可以选择性地构建五边形分离的富勒烯。由于五边形分离的富勒烯只是经典富勒烯中极其微小的一部分，修改后的算法能够更快生成更大尺寸的满足五边形分离原则的富勒烯异构体。

值得提及的是，螺旋算法生成富勒烯的正则螺旋序列的同时，可以同时输出多面体的对称性以及相关性质。只要在输入文件中输入限制性条件，就可以利用螺旋算法直接生成满足五边形分离的富勒烯的结构。

2.2.5 富勒烯的异构体数

对于特定顶点数的富勒烯，用螺旋算法能够生成多少种多面体是个重要的问题。对于所有的富勒烯 C_n，螺旋算法得到的异构体可能不是完整的。然而，现有的证据表明，在实验所及的范围内，这种算法能够得到所有可能的异构体。换句话说，在目前实验可及的范围内，螺旋算法是可靠的。

表 2-1 为顶点数为 $20\sim96$ 时富勒烯的异构体数，表中将对映体看作一个。从表 2-1 中看到，通过螺旋算法发现的富勒烯异构体的数量随着 n 的增加而迅速增加。

表 2-1　C_n 富勒烯的异构体数

碳原子数	异构体数	碳原子数	异构体数	碳原子数	异构体数
20	1	46	116	72	11158
22	0	48	199	74	14246
24	1	50	271	76	19151
26	1	52	437	78	24109
28	2	54	580	80	31924
30	3	56	924	82	39718
32	6	58	1205	84	51592
34	6	60	1812	86	63761
36	15	62	2385	88	81677
38	17	64	3450	90	99918
40	40	66	4478	92	126409
42	45	68	6332	94	153493
44	89	70	8149	96	191839

当要求五边形相互分离时，结果显示在表 2-2 中，该表列出了通过螺旋

算法发现的 n 在 60～120 范围内的五边形分离的富勒烯异构体数量。比较这两个表可以发现，限制五边形分离极大地减少了特定顶点数 n 的异构体的数量。

表 2-1 和表 2-2 只是简单地列举了通过螺旋算法发现的富勒烯的异构体数，这些异构体的形状和其他相关性质也可以直接计算出来。

表 2-2　富勒烯 C_n（$n \leqslant 120$）的 IPR 异构体数

碳原子数	异构体数	碳原子数	异构体数	碳原子数	异构体数
60	1	86	19	104	823
70	1	88	35	106	1233
72	1	90	46	108	1799
74	1	92	86	110	2355
76	2	94	134	112	3342
78	5	96	187	114	4468
80	7	98	259	116	6063
82	9	100	450	118	8148
84	24	102	616	120	10774

从表中可以看出，富勒烯的 IPR 异构体数随着 n 的增大而快速增大，但是仍然比同等尺寸下的经典异构体数少很多。

2.2.6　螺旋算法程序结构

为便于理解，将螺旋算法的思想提炼并将构造过程概括为如图 2-8 所示的五个模块。第一个模块被称作序列发生器，这个模块的功能就是产生 12 个 5 和 $n/2-10$ 个 6 的所有可能的排列组合。第二个模块被称作卷曲模块，这个模块的功能是依次将产生的所有序列进行卷曲检验，如果能够卷曲得到封闭的笼状结构则序列得以保留，第一阶段的序列经过这一阶段的处理后，所有能够卷曲为笼状的组合都得到保留。不过，在被保留的这些序列中，有些序列是等价的，即都卷曲为同样的异构体。第三个模块被称作解螺旋模块，它的功能是将得到的所有封闭的碳笼螺旋式解开，对于同一个异构体的每一种解开方式都得到一个序列，比较这些序列，保留最小的序列并称该序列为正则螺旋序列。经过这一阶段的处理，每一个异构体和正则螺旋序列就是一一对应的。第四个模块被称作邻接矩阵发生器，这个模块的功能是将正则螺旋序列（5 和 6 构成的一维数字串）转化为邻接矩阵，即将异构体的各个顶点的邻接关系以表格的形式显示出来，相邻则取值为 1，否则为 0。第五个模块被称作坐标发生器，功能就是将邻接矩阵反映的键连关系转化为异构体的三维坐标。

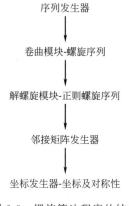

序列发生器

↓

卷曲模块-螺旋序列

↓

解螺旋模块-正则螺旋序列

↓

邻接矩阵发生器

↓

坐标发生器-坐标及对称性

图 2-8　螺旋算法程序的结构

2.2.7　非螺旋的富勒烯

由于螺旋算法只是基于一种猜想，检查它的结果是否完备是很重要的。当顶点数 n 很大时，螺旋算法确实是不完备的，也就是说不能够生成所有的富勒烯异构体。对于 100 个原子以内的富勒烯，没有证据显示螺旋算法不能产生所有的异构体。

T-C_{380} 有 4 组三个五边形融合的结构单元。对于这个富勒烯异构体，无论从哪一个面开始，螺旋线都会进入死胡同而不能够解开富勒烯。这类不能够螺旋式解开的富勒烯异构体称为非螺旋异构体。实际上，T-C_{380} 只是 T 对称的非螺旋异构体中的第一个，当 $n = 404$ 时，T-C_{404} 也是非螺旋的，n 为 1000 范围之内，这样的异构体还有 26 个。需要提及的是，当施加限制性条件，即要求生成五边形分离的异构体时，T-C_{380} 以及其他的有融合五边形的 T 对称的结构都被排除在外，因此，要在分离五边形富勒烯异构体中找到非螺旋异构体是更难的，相应的最低原子数自然比 380 要大。尽管非螺旋异构体已经大大超出了实验研究的范围，但是，从数学的角度看，非螺旋异构体的存在要求开发更完备的富勒烯结构构造方法。

2.2.8　螺旋算法应用现状及展望

以上讨论了生成富勒烯异构体的方法，即螺旋算法。在碳笼原子数小于

380 时，该算法可以得到所有异构体。然而，当碳笼原子数≥380 时，有的异构体是非螺旋的，也就是说这样的异构体是不能够通过螺旋算法构造出来的。不过，目前的实验发现，最常见的富勒烯或内嵌富勒烯或富勒烯衍生物的碳笼的原子数目远远小于 380，所以，螺旋算法在实际应用范围内是安全可靠的，也可以说是系统而完备的。

螺旋算法不是生成富勒烯异构体的唯一方法。然而，一般而言比较成功的方法可能都被视为螺旋算法的推广。

关于富勒烯的结构构造，英国谢菲尔德大学 P. W. Fowler 教授和牛津大学 D. E. Manolopoulos 教授在 1995 年开发出螺旋算法程序后，一直试图证明该算法在数学上是完备而没有遗漏的，他们也发现当原子数达到 380 时，开始出现非螺旋富勒烯，这样的富勒烯结构是螺旋算法无法构造的。2006 年，在他们的专著修订出版时，问题仍然悬而未决。2014 年，著者之一的甘利华博士到谢菲尔德大学做访问学者，与 P. W. Fowler 教授讨论后，修改了原有程序的代码，从逻辑上证明了新的螺旋算法程序能够系统而完备地产生所有的富勒烯异构体。至此，富勒烯的结构构造在技术上和理论上已经成熟，图 2-8 是新的螺旋算法程序的结构。

同时，随着原子数的增加，富勒烯异构体数快速增加。理论上讲，螺旋算法是完全有效和正确的。然而，要得到所有的异构体，耗费的机时也成倍增加。在 C_{120} 时，异构体的数达到 1663376 个，生成异构体就耗费 50h。原子数继续增加时，异构体数大致以指数形式增加。更为严重的是，由于异构体数巨大，其相应的结构（以直角坐标的形式表示出来）文件占用的硬盘空间甚至可完全塞满整个计算机的硬盘而使机器瘫痪。即使得到了巨型富勒烯的所有异构体，由于数量巨大，也根本不可能进行系统的计算研究。因此，对于巨型富勒烯，即便是进行理论研究，也需要在构造坐标的时候就施加限制性条件，选择性产生其结构，只有这样才可能进行后续计算研究。

2.3　高对称富勒烯的构造

对于对称性高的富勒烯异构体，其结构构造相对简单，有时通过手动构造就可以实现；不过，手动方法在构造低对称性的富勒烯异构体时就显得相当无力，不系统且特别耗费时间。

正如前述提及，当富勒烯的原子数增加到 120 以上时，即使是效率较高的螺旋算法也是难以胜任的。不过，通常也不需要对巨型富勒烯的异构体进行全面的计算研究。在实践中，研究人员通常是通过研究巨型富勒烯的高对称异构体来窥视这些巨型富勒烯的结构和性质。为此，研究人员开发了一些方法用于高对称异构体的构造。现在提供一种构造 I_h 对称富勒烯的方法，该方法不涉及程序设计而只需要在简单的数值运算基础上，通过搭积木的方式构造高对称的富勒烯[3]。

2.3.1 确定富勒烯的半径

富勒烯是由 12 个五边形和若干个六边形围成的笼状分子，富勒烯的表面，尤其是 I_h 对称的富勒烯的表面可以近似看作球面，相应地，球面的面积等于 12 个五边形的面积和若干个六边形的面积之和：

$$4\pi R^2 = 12 S_5 + x S_6 \tag{2-12}$$

$$R = \sqrt{\frac{12 S_5 + x S_6}{4\pi}} \tag{2-13}$$

$$x = \frac{3n - 60}{6} \tag{2-14}$$

式中，S_5 和 S_6 分别表示一个五边形和一个六边形的面积；x 是富勒烯结构中六边形的数目；n 是富勒烯的碳原子数。从公式可以看出，富勒烯球的半径 R 实际上与富勒烯的碳原子数或富勒烯的六边形的数目直接相关。石墨的 C-C 长度为 1.42Å（$1Å = 10^{-10}$ m），因此五边形和六边形的面积分别为 3.47Å^2 和 5.24Å^2。据此，可以得到 I_h 对称的富勒烯的半径：

$$R_{20} = 1.82Å$$
$$R_{60} = 3.41Å$$
$$R_{80} = 3.98Å$$
$$R_{180} = 6.06Å$$
$$R_{240} = 7.01Å$$
$$R_{320} = 8.12Å$$
$$R_{500} = 10.17Å$$
$$R_{540} = 10.57Å$$

对于小富勒烯，五边形和六边形的面积之和明显小于相同半径（碳原子与几何中心的距离）球体的面积，因此，上述公式计算得到的半径低估了 C_{20} 和 C_{60} 的半径。然而，对于中等及以上尺寸的富勒烯，因其表面逐渐接近石墨面，相应富勒烯的半径的计算精度逐渐提高。

2.3.2 构建 I_h-C_{12} 和 I_h-C_{20}

① 构造一个五边形，（C-C 距离为 1.42Å，∠CCC 角度为 108.0°）参见图 2-9(a)。

② 构建一个类似于房顶的结构，参见图 2-9(b)。

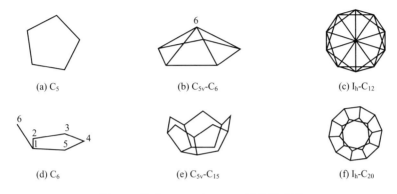

(a) C_5 (b) C_{5v}-C_6 (c) I_h-C_{12}

(d) C_6 (e) C_{5v}-C_{15} (f) I_h-C_{20}

图 2-9 构造 I_h-C_{12} 和 I_h-C_{20} 过程示意图

③ 由于五边形的所有顶点都在一个面上，图 2-9(b) 的五边形的任何两个不相邻的碳原子加上顶部碳原子（总共 3 个原子）能够确定一个新的五边形。基于图 2-9(b) 所示的 C_{5v} 结构，可以确定其他所有原子的位置而得到 I_h-C_{12}，参见图 2-9(c)。

④ 构建一个五边形，增加一个碳原子，确保 ∠$C_6C_1C_5$ = ∠$C_6C_1C_2$ = 108.0°，参见图 2-9(d)。基于 $C_6C_1C_5$ 可以得到新的五边形，按照此思路继续执行可以得到图 2-9(e) 和图 2-9(f) 而得到 I_h-C_{20}。

2.3.3 构造 I_h 对称的富勒烯

从几何特征上讲，I_h 对称的富勒烯可以分为两类[4,5]。一类的原子数是 $20k^2$（$k=1,2,\cdots$）；另外一类的原子数是 $60k^2$（$k=1,2,\cdots$）。对于前者，任何两个最近的五边形的边是平行的；对于后者，任何两个最近的五边形的最近的边之间形成 60°的夹角。

为了构造第一类 I_h 对称的富勒烯，只需要将 I_h-C_{12} 的半径增大后，使用这 12 个碳原子作为新的 I_h 对称的富勒烯的五边形的中心，并调整角度，保证任何两个靠近的五边形的最近的两边是平行的即可，这样就得到了相应富勒烯的骨架结构。图 2-10(a) 显示了 C_{80} 的骨架，在此骨架的基础上，在每三个靠近的五边形的最近的顶点（3 个）的中心增加碳原子就得到 I_h-C_{80}，如图 2-10(b) 所示。当然，C_{180}、C_{320} 和 C_{500} 等可以通过类似的方法构造，如图 2-10(c)～(e) 所示，只是在这些分子的构造过程中，需要填充更多的不同种类的等价碳原子在五边形形成的骨架中。

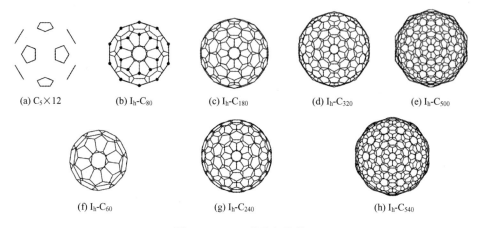

(a) $C_5 \times 12$ (b) I_h-C_{80} (c) I_h-C_{180} (d) I_h-C_{320} (e) I_h-C_{500}

(f) I_h-C_{60} (g) I_h-C_{240} (h) I_h-C_{540}

图 2-10 I_h-C_n 的几何结构

第一排结构对应于 $20k^2$（$k=2$～5）；第二排结构对应于 $60k^2$（$k=1$～3）

对于另外一类 I_h 对称的富勒烯，可以在 I_h-C_{20} 基础上构造，基本的思路与第一类的一样，即将 12 个五边形向外沿着球心与五边形中心方向移动到适当的距离（具体数值根据目标富勒烯的计算半径而定），接下来，填充不同数量的等价原子即可。按照此方法构造的 C_{60}、C_{240}、C_{540} 如图 2-10(f)～(h)所示。

以上方法所蕴含的思想可以推广应用于其他高对称富勒烯的构造中。如构造 T_d 对称的富勒烯，可以先构建一个最简单的四面体对称的 C_4 单元，将 C_4 单元的半径增大，并将每一个顶点替换为三个五边形融合的结构单元，或一个六边形与三个不相邻五边形形成的结构单元，就可以得到 T_d 对称的 non-IPR C_n 和 IPR C_n 的核心骨架。基于目标碳笼的尺寸而得到球体的适合半径，扩充半径就得到目标富勒烯结构的合适骨架。最后，填充不同种类的等价原子就可以得到 T_d-C_n。与 I_h-C_n 的构造过程一样，当目标富勒烯的尺寸越大时，需要填充的等价原子的种类越多，数目也越多。但是，由于这些富勒烯结构的对称性高，这里所述及的方法可以程序化而大大加快构造速度。

2.3.4 D_{5h}-C_n 和 D_{5d}-C_n 富勒烯的构造

在发现富勒烯后不久，碳纳米管的研究也成为热点，其热度在最近十多年中甚至超过富勒烯本身。实验研究和理论研究都发现，小尺寸碳纳米管如 $D_{5h}\text{-}C_{70}$ 和 $D_{5d}\text{-}C_{80}$ 的稳定性不高，实验制备的碳纳米管的尺寸往往比富勒烯大一个或以上的数量级，碳纳米管的结构多样性远胜于富勒烯的结构多样性。另外，对于开口或有缺陷的碳纳米管，开口或缺陷处的活性通常较高，变化也很复杂，不容易得到具有可比性的结果。因此，要通过理论计算的方法系统研究碳纳米管的结构和性质是有挑战性的。实际的做法是研究具有高对称性的封闭碳纳米管的结构和性质，以实现窥豹一斑[6]。

　　从数学上讲，封闭的碳纳米管就是富勒烯。以上提及的 I_h 对称富勒烯的构造方法可为封闭碳纳米管的构造提供基础。可以将得到的 I_h 对称的富勒烯结构沿着垂直于五重轴的方向一分为二而得到两个半球，将两个半球用于封闭开口的碳纳米管，就得到了封闭的碳纳米管或高对称（D_{5h} 或 D_{5d}）的巨型富勒烯（具体尺寸可以通过改变开口碳纳米管的长度而实现）。图 2-11 是基于这样的思路构建的 [5,5]、[9,0] 和 [10,10] 碳纳米管的示意图。前两种碳纳米管的封口端采用的是 $I_h\text{-}C_{60}$ 的两个半球，而第三种碳纳米管的封口端采用的是 $I_h\text{-}C_{240}$ 的两个半球。

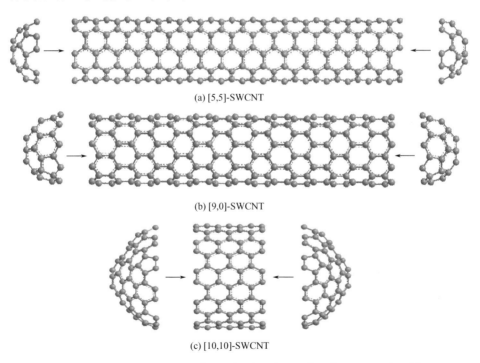

(a) [5,5]-SWCNT

(b) [9,0]-SWCNT

(c) [10,10]-SWCNT

图 2-11　[5,5]、[9,0] 和 [10,10] 单壁碳纳米管的构造过程示意图[6]

2.4 富勒烯的稳定性

从定义上讲，最小的富勒烯是 C_{20}，即由 12 个五边形围成的封闭碳笼。这个碳笼的顶点是 20 个，边数是 30 条。这个分子中，所有的边都是五边形-五边形共享的，因此，这些边对应的碳原子都是高活性的。接下来，最小的富勒烯应该是 C_{22}，即 1 个六边形和 12 个五边形围成的碳笼。由于 1 个六边形和 12 个五边形在几何上无法形成封闭的碳笼，因此，根本不存在经典意义上的 C_{22} 富勒烯。真正意义上的最小富勒烯是 C_{24}，由 2 个六边形和 12 个五边形围成。由于构成分子的面中，五边形占据多数，五边形-五边形共享的边数达到 24 条，这些边上对应的碳原子具有高的活性，因此，整个分子是不稳定的。自从 C_{24} 以后，每一个 n 都有多个异构体，并随着 n 的增加，异构体数快速增加。由于五边形的个数是固定的 12 个，因此，随着 n 的增加，实际上是六边形的数目逐渐增加，相伴的现象是五边形-五边形间共边数逐渐减小。当 $n=60$ 时，第一次出现所有五边形被六边形分开的情况，即富勒烯结构第一次满足 IPR 原则；此后，五边形-五边形共享边又在 $n=62\sim68$ 时继续不可避免地出现。当 $n=70$ 时，第二次出现五边形完全被六边形分开的情况。自从 C_{70} 以后，每一个 n 都含有五边形完全被六边形分开的异构体，且这样的异构体的数目随着 n 的增大也快速增加。异构体数随 n 的增加情况参见表 2-3 的第 2、5、8 列；IPR 异构体数随着 n 的增加情

表 2-3　富勒烯的异构体数、最小 B_{55} 键数以及 IPR 异构体数

富勒烯	异构体数	B_{55} 键数	富勒烯	异构体数	B_{55} 键数	富勒烯	异构体数	B_{55} 键数	IPR
C_{20}	1	30	C_{40}	40	10	C_{60}	1812	0	1
C_{22}	0		C_{42}	45	9	C_{62}	2385	3	0
C_{24}	1	24	C_{44}	89	8	C_{64}	3450	3	0
C_{26}	1	21	C_{46}	116	8	C_{66}	4478	2	0
C_{28}	2	18	C_{48}	199	7	C_{68}	6332	2	0
C_{30}	3	17	C_{50}	271	5	C_{70}	8149	0	1
C_{32}	6	15	C_{52}	437	5	C_{72}	11158	0	1
C_{34}	6	14	C_{54}	580	4	C_{80}	31924	0	7
C_{36}	15	12	C_{56}	924	4	C_{90}	99918	0	46
C_{38}	17	11	C_{58}	1205	3	C_{100}	285438	0	450

注：$C_{20}\sim C_{58}$ 没有 IPR 异构体。

况参见表 2-3 的最后一列。

从表中可以看出，富勒烯异构体数随着原子数的增加而快速增加，结合实验上分离得到的最小富勒烯是 C_{60}，而数学上 C_{60} 经典异构体达到 1812 个这些事实，要理解富勒烯的稳定性以及产率差异巨大等实验现象，需要寻找控制富勒烯稳定性的因素或找到评估富勒烯稳定性的判据。

2.4.1 IPR 和 PAPR

富勒烯异构体数随着组成原子数的增加而快速增加，当原子数为 60 时，异构体数已经达到 1812 个。然而，这仅仅是实验上报道的最小的裸富勒烯。当原子数为 90 时，异构体数达到 99918 个。尽管富勒烯的异构体有如此之多，然而，只有极小比例的异构体是可以实验合成的。从实验或应用的角度讲，其实也没有必要知道那些不稳定的、根本不能够合成的异构体。如何快速鉴定、判别哪些异构体是稳定的，哪些异构体是高活性的就成为重要问题。

在这一点上，H. W. Kroto 做出了关键性的贡献。他在富勒烯 C_{60} 报道后不久就指出了富勒烯结构相对于石墨而言，富勒烯中的五边形是张力之源泉，且张力按照图 2-12 所示的顺序依次增大[7]。也就是说，在稳定富勒烯中，五边形相互分离是最优的，即稳定的富勒烯满足独立五边形原则（isolated pentagon rule，IPR）。这个思想在后来的文献中被五边形比邻能量惩罚原则（pentagon adjacency penalty rule，PAPR）半定量地继承了下来[8,9]，也就是说，对于可以实现五边形相互分离的富勒烯，其五边形分离的异构体是能量上最优的；对于不能够实现五边形相互分离的富勒烯，五边形比邻数越少的异构体其能量越低。总的来说，就是五边形比邻数尽可能小，每增加一组比邻的五边形，异构体的能量增加大约 $10 \sim 20$ kcal/mol（1cal＝4.1840J）。有了 IPR 和 PAPR 原则，研究人员只需要从形貌上一眼就可以判断富勒烯异构体是否稳定。有 IPR 的异构体，能量上是有利的；如果没有，融合五边形数最小的是最有利的。也就是说，对于给定的富勒烯的所有异构体，可以根据这两个判据对它们进行稳定性排序。

由于其方便性和快捷性，这两个形貌判据是富勒烯科学中最常用的两个判据，其判断结果的准确性也是极高的。实际上，只有极个别的异构体不遵循上述判据，而且，即使与这两个判据得到的顺序不一致，也仅仅是出现在五边形比邻数相近的异构体之间，整体趋势上，富勒烯异构体是遵循 IPR 和 PAPR 原则的。

 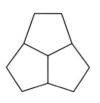 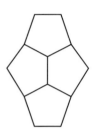

图 2-12　富勒烯结构中张力顺序（从小到大）

2.4.2　芳香性

IPR 和 PAPR 可以对富勒烯的稳定性进行排序，然而，有少数异构体，如含有 0 组五边形-五边形融合单元的 IPR-C_{72} 和含有 5 组五边形-五边形融合单元（B_{55}）的 D_{5h}-C_{50}，分别比 non-IPR C_{72}（含有 1 组 B_{55}）和 non-IPR C_{50}（含有 6 组五边形-五边形融合单元）的能量更高，也就是说这两个异构体分别违反 IPR 和 PAPR 原则。另外，对于那些含有相同 B_{55} 的异构体，PAPR 或 IPR 无法对它们进行排序。此时，需要更进一步研究富勒烯稳定性的控制因素，找到更精细的判据或方法。IPR 和 PAPR 这种形貌角度基于几何结构的判据显然是粗糙的，为此，需要开发基于电子结构的判据。在这个问题上，结合富勒烯的碳原子都有剩余的 π 电子，根据这些 π 电子在整个富勒烯表面离域的事实，有研究人员借用了有机化学中的芳香性概念并指出，芳香性高的异构体，稳定性高。在这个思想的指引下，认为可以在求算富勒烯异构体的笼中心的核独立化学位移（NICS）基础上根据 NICS 值判断稳定性[10]。由于影响 NICS 值的因素多且微妙，这个判据在使用时不是很可靠，且要得到 NICS 值，需要进行耗时的计算。因此，这个判据不如 IPR 或 PAPR 那样经常使用，只是在形貌判据难以处理的时候才使用。

2.4.3　HOMO 和 LUMO 能级

关于分子的稳定性，通常都是指热力学意义上的稳定性，或者说是用分子的总能量作为衡量指标的。实际上，这种评判方法是片面的。分子的稳定性不仅仅决定于总能量，还决定于与分子轨道相对应的能级分布，尤其是分子的前线轨道能级。对于富勒烯分子，通常认为，分子的 HOMO-LUMO 能级差达到 1.0eV 时，该分子才具有一定的化学稳定性。大的能级差意味着分子的 HOMO 能级上的电子跃迁进入 LUMO 时更难，或者意味着

LUMO 能级高，难以接受电子，相应分子的反应活性差。因此，分子的 HOMO、LUMO 能级可以作为衡量富勒烯分子化学活性的指标。实际上，实验报道的裸富勒烯都具有较大的 HOMO-LUMO 能级差。

然而，要使用分子轨道判据时，首先需要优化分子的几何结构，才能够得到分子轨道能级的数值。而且，分子轨道能级的具体数值对计算方法的依赖性较大，同样的方法计算的结果之间才有比较意义。总之，使用起来不太方便快捷。

2.4.4 锥化角

如上所述，通常使用的芳香性判据是通过计算笼中心的 NICS 实现的，然而，既然是笼中心的，这些数值就是整体上的。因为富勒烯的表面上的碳原子的环境不一样，化学活性也不一样，而富勒烯的化学反应特性往往决定于局部区域的碳原子。用整体的综合效应来代替局部的碳原子是不适合的。在这种情况下，开发能够表征局部结构的参数就显得很重要。因为富勒烯表面是弯曲的，每个原子的 π 轨道与富勒烯球面之间不是如石墨中的 90° 而是锥化的（大于 90°）。弯曲度越大，锥化程度越大，越远离平面石墨结构。因此，锥化角就是一个描述个别碳原子几何特性的合适参数[11]。实验也表明，在富勒烯衍生物中，处于比邻五边形上的碳原子的锥化角大于其他碳原子的锥化角，反应活性也高于其他碳原子。实验测试显示，稳定的富勒烯衍生物中，这些碳原子都被外部加成原子钝化了。

实质上，锥化角是从电子结构角度分析而得到的一个几何结构参数，包含了几何结构和电子结构因素。因此，在判断富勒烯稳定性时，是比较可靠的。不过，要得到锥化角，首先要得到相应异构体的优化结构，为此，需要进行耗时的计算，这一点与芳香性判据是一样的。另外，不同锥化角的碳原子对整个富勒烯稳定性的贡献怎么确定也是一个难以处理的问题。总之，在定性判定上是很方便的，但是在定量使用时是比较麻烦的。

芳香性判据和锥化角判据都需要先优化富勒烯结构。实际上，结构优化的过程也是能量最小化的过程，也就是说，得到优化结构的同时，已经得到相应异构体的能量，因此，可以直接用异构体的能量进行比较，从而确定哪些异构体是热力学上更有利的，而大大弱化了使用锥化角和芳香性参数的必要性。当然，锥化角是对富勒烯表面的局部结构的描述；芳香性计算中，如果是计算环芳香性，也可以用于讨论富勒烯结构的局部区域的性质。在这些情况下，使用这两个判据是必要的。

2.4.5 正球性

经典富勒烯通常是遵循五边形比邻能量惩罚原则的，即五边形之间比邻数越多，相应异构体的能量越高，稳定性越低。平面的芳烃或稠环芳烃的稳定性通常也可以用芳香性概念进行解释。实际上，正如前面提及，芳香性概念已经用于判别富勒烯的稳定性。然而，最近的计算显示[12]，具有 15 组 B_{55} 的 C_{60}:288 的能量低于任何具有 14 组 B_{55} 的 C_{60}，因此，这个异构体违反五边形比邻能量惩罚原则，相关结构参见图 2-13。

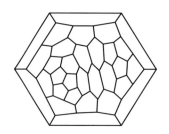 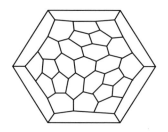

(a) 能量最低的C_{60}:37(3.78kcal/mol)　　　(b) 能量最低的C_{60}:288(0.00kcal/mol)

图 2-13　具有 14 组 B_{55} 的能量最低的 C_{60}:37 和具有 15 组 B_{55} 的能量最低的 C_{60}:288 的二维平面图及其相对能量 （B3LYP/6-311＋G*）

NICS 计算显示，C_{60}:288 笼中心以及大多数环的中心的 NICS 值都是正的，显示了反芳香性特征，也就是说，该异构体违反芳香性原则，参见图 2-14。

(a) C_{60}:1812　　　　　　　　　　　　(b) C_{60}:288

图 2-14　C_{60}:1812 和 C_{60}:288 的 NICS 值（B3LYP/6-31G*）分析图
深色环的 NICS 值是正的，其他的环的 NICS 数值是负的

由上可以看出，芳香性原则和 PAPR 原则都不能够解释 C_{60}:288 的稳定性。前已述及，富勒烯的碳原子的杂化方式是近似的 sp^2，锥化角是一个良

好的参数，但是难以确定锥化程度与因锥化而导致的张力能之间的定量关系。因此，要通过这个参数来衡量富勒烯结构的稳定性时并不方便。因此，寻找一个既能反映局域又能兼顾整体特征的参数是必要的。目前，已经找到了这样的参数，那就是正球性参数。通俗点讲，富勒烯异构体越圆，通常其稳定性越高。正球形 $SP^{[13]}$ 定义为：

$$SP = \sqrt{(A-B)^2 + (A-C)^2 + (B-C)^2}\qquad(2\text{-}15)$$

式中，A、B 和 C 是旋转常数，在使用 Gaussian 软件进行几何优化计算时，会输出这些常数。计算结果显示，C_{60}:288 的 SP 是 5.95，比所有具有 14 组 B_{55} 的 C_{60} 的 SP 都小。具有 6 组 B_{55} 的 C_{50}:270 和 1 组 B_{55} 的 C_{72}:11188 的 SP 也比相应的同分异构体的 SP 小，因此，SP 可以评估相同尺寸的 C_n 异构体的相对稳定性。

从本质上讲，正球形参数也只是几何参数，但是，该参数对几何结构的描述比只是根据五边形比邻数的描述要精细一些，所以，能够处理那些具有相同 B_{55} 键数以及相近 B_{55} 键数的异构体。当然，与锥化角参数和分子轨道能级参数的获取过程一样，要得到 SP，也需要进行相对耗费时间的几何优化计算。因此，SP 参数的使用不是很方便。

2.4.6　其他原则

如前所述，C_{50}:270 和 C_{72}:11188 违反五边形比邻能量惩罚原则，但是这两个异构体的这种反常行为可以用球形原则和芳香性原则来解释。然而，C_{60}:288 违反五边形比邻能量惩罚原则，但是不能通过芳香性原则来解释。最近，为预测金属富勒烯的结构和稳定性，A. Rodriguez-Fortea 等提出了五边形最大分离原则。该原则指出，金属富勒烯结构中，内嵌金属或团簇优先趋向于嵌入五边形分离得好的富勒烯异构体中[14]。虽然这个原则的初始目的是用于解释或预测金属富勒烯的有利碳笼，现将此原则应用于具有 15 组 B_{55} 的 C_{60}：288。如图 2-14 所示，在这个 D_3 对称的分子中，12 个五边形平均分为 3 组相同的结构单元（4 个五边形融合）。对于具有 14 组 B_{55} 的所有异构体和其他所有的具有 15 组 B_{55} 的 C_{60} 异构体，至少含有一个具有五个或以上五边形融合单元，换句话说，后面这些异构体的五边形分离得没有 C_{60}：288 的那么良好。所以，在富勒烯中，当五边形比邻能量惩罚原则无法使用时，原本用于金属富勒烯的五边形最大分离原则，也可以用于评估或衡量富勒烯异构体的相对稳定性。

2.5 富勒烯的形成机理

2.5.1 自下而上

富勒烯的合成通常涉及到 $2500\sim5000K$ 的高温，在这样的高温条件下，碳源（通常是石墨）会变成碎片，甚至变为原子。因此，富勒烯的形成过程就是碳的原子或碎片组装为富勒烯团簇的过程。从这个意义上讲，富勒烯的形成就是从小到大的增长过程（bottom-up）。赵翔等的理论研究也显示，从 C_{24} 开始，只需要不断的 C_2 插入就可以形成富勒烯 C_{60}，如图 2-15 所示；而且在插入过程中，所形成的中间结构也是能量最有利的或在高温时摩尔分数最高的[15]。

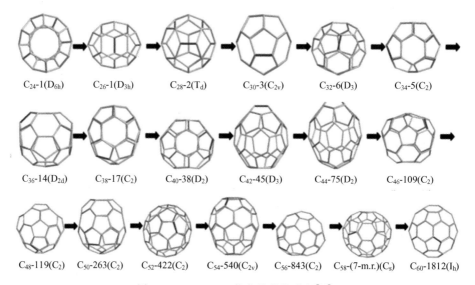

$C_{24}\text{-}1(D_{6h})$　　$C_{26}\text{-}1(D_{3h})$　　$C_{28}\text{-}2(T_d)$　　$C_{30}\text{-}3(C_{2v})$　　$C_{32}\text{-}6(D_3)$　　$C_{34}\text{-}5(C_2)$

$C_{36}\text{-}14(D_{2d})$　　$C_{38}\text{-}17(C_2)$　　$C_{40}\text{-}38(D_2)$　　$C_{42}\text{-}45(D_3)$　　$C_{44}\text{-}75(D_2)$　　$C_{46}\text{-}109(C_2)$

$C_{48}\text{-}119(C_2)$　　$C_{50}\text{-}263(C_2)$　　$C_{52}\text{-}422(C_2)$　　$C_{54}\text{-}540(C_{2v})$　　$C_{56}\text{-}843(C_2)$　　$C_{58}\text{-}(7\text{-m.r.})(C_s)$　　$C_{60}\text{-}1812(I_h)$

图 2-15　$C_{24}\sim C_{60}$ 优化的增长路径[15]

紧接着，赵翔等进一步研究了从 C_{60} 增长到 C_{70} 的过程[16]。结果显示，实验上报道的零散的实验结构之间其实是有内在连接关系的，而且在高温时加成反应更容易进行。这种连续的 C_2 插入而形成更大尺寸富勒烯的过程在金属富勒烯的形成中也被发现[17]。

关于富勒烯的形成，C_2 插入或小碎片组装机理是发挥了作用的。然而，单纯的 C_2 插入显然是不能解释 C_{70} 以上的富勒烯的形成的。因为目前报道的稳定的富勒烯都是满足 IPR 原则的，只有 C_2 插入则不可避免地得到 non-

IPR 异构体。因此，C_2 插入的同时还需要附加的 C-C 键的旋转，即 Stone-Wales 旋转，或者尚需要其他的插入方式。

2.5.2　自上而下

在激光气化法和电弧放电法产生富勒烯的过程中都是使用石墨作为碳源，石墨是大量的层状石墨片堆积而成的，换句话说，富勒烯的形成可以看成是石墨片的卷曲过程或者是大的石墨片组合成巨型富勒烯之后逐渐的 C_2 挤出过程。从这个意义上讲，富勒烯的形成是从大到小的过程，即自上而下的过程（top-down）。实验上也发现，大尺寸的金属富勒烯可以通过 C_2 挤出而得到较小尺寸的金属富勒烯[18]。关于自上而下的观点，也是有严重缺陷的。不可否认，较大的石墨片组装过程中，其边沿可以产生五边形而形成弯曲表面，最终形成巨型富勒烯。然而，从热力学上讲，这种组装过程在石墨片的边沿更容易形成六边形，也就是说石墨片趋向于增大。总之，形成封闭的巨型富勒烯的概率在数学上讲应该是很低的。即便是形成巨型富勒烯，C_2 挤出过程中往往导致碳笼的破损。这些因素导致最终形成的富勒烯的产率是很低的。这个与实验事实，即富勒烯 C_{60} 的产率可以达到 1% 以上不符合。

2.5.3　平衡观点

关于富勒烯的形成，自上而下和自下而上是相反的过程。为什么研究人员会得出看似矛盾的实验结果呢？实际上，富勒烯的形成过程远比目前的计算模拟过程或单一的实验测试更复杂。在有大富勒烯存在时，高温条件下趋向于形成更小的富勒烯；相反，在有大量的小富勒烯、碳原子及小碎片存在时，趋向于形成中等尺寸的富勒烯。这些实验现象并不是矛盾的，而是清楚地显示了在富勒烯形成过程中，虽然反应体系是高度不平衡的，但是有内在的向着热力学平衡方向发展的驱动力。自上而下和自下而上这两种看似矛盾的现象仅仅是在反应物不同的情况下出现。实际上，已经有实验显示，小前驱体趋向于产生小尺寸富勒烯，而大尺寸前驱体则趋向于产生较大尺寸的富勒烯[19]。

有关富勒烯和金属富勒烯的计算研究结果显示，能量最有利的结构之间存在一个广泛的结构关系网，异构体之间广泛存在 Stone-Wales 旋转而实现相互转化[20,21]。这些计算结果能够解释无论怎么优化实验条件，产物都是极端多样这一实验事实，并从侧面证实了富勒烯在形成过程中，中间结构之间存在广泛的相互转化现象，这种转化当然是反应体系从非平衡向平衡的移动。

2.6 富勒烯的对称性和光谱

因为分子光谱是受对称原则制约的，分子的对称性深刻地影响着分子的光谱性质。只要确定了分子的对称性（点群），就能够判断该分子是否有旋光性，是否有永久偶极矩等。分子对称性也决定了对分子进行 NMR 测试时谱线的数量。目前为止，^{13}C NMR 谱是探测高对称富勒烯结构的最常用方法之一，因此，知道富勒烯结构可能的对称性显然很重要。

尽管富勒烯的异构体数巨大，但是富勒烯异构体的点群并不涵盖所有可能的点群类型而是归属于部分点群。实际上，富勒烯的众多异构体只涵盖 28 种点群。下面在阐述富勒烯的点群之后，阐明富勒烯的点群与光谱信号之间的关系。

2.6.1 富勒烯点群

富勒烯 C_n 是由 n 个顶点形成的球形多面体，每个顶点连接了另外 3 个顶点，这种连接关系决定了富勒烯结构中含有 12 个五边形和 $n/2-10$ 个六边形。为了确定富勒烯的所有可能的对称元素，需要考虑对称操作对富勒烯结构的影响。在确定富勒烯多面体的对称性过程中，富勒烯结构中的 $3n+2$ 个点是特别重要的，这些点分别是 n 个顶点，$3n/2$ 个边的中点以及 $n/2+2$ 个面的中心。

对于富勒烯结构中的边的中点，如果有对称面和对称轴穿过这条边，则该点的对称性为 C_{2v}；无对称面而有对称轴穿过则为 C_2；如果既无对称面，也无对称轴穿过，则该点的对称性为 C_1。对于富勒烯的顶点，如果只有旋转轴穿过该顶点，则该顶点的对称性为 C_3；如果只有对称面穿过该顶点，则该顶点的对称性为 C_s；如果既有旋转轴也有对称面穿过该顶点，则该顶点具有最高对称性 C_{3v}；如果既无对称面，也无对称轴穿过，则该点的对称性为 C_1。对于富勒烯的面心，分为五边形面心和六边形面心。对于五边形面心，如果有旋转轴而无对称面穿过则该点的对称性为 C_5；如果有对称面而无对称轴穿过这个面心，则该点的对称性为 C_s；如果既有旋转轴也有对称面穿过该面心，则该点具有最高对称性 C_{5v}；如果既无对称面也无对称轴穿过，则该点的对称性为 C_1。类似地，六边形的面心的对称性可以是 C_{6v}、

C_6、C_{3v}、C_3、C_{2v}、C_2、C_s 和 C_1，最高对称性是 C_{6v}。

因此，富勒烯结构上这些点的最高可能的对称性分别是 C_{2v}、C_{3v}、C_{5v} 和 C_{6v}，而最低对称性则是 C_1。对于大尺寸的富勒烯或非经典富勒烯，其异构体中的绝大多数的顶点对称性都常常是 C_1。需要说明的是，富勒烯笼的重心位于所有的对称元素之上，因此，该点具有上述所有特殊点具有的对称性。除这些特殊点之外，多面体表面所有的位置，要么是 C_s，要么是 C_1 对称性。富勒烯所有的轴对称和平面对称必须通过上述特殊点，因此，富勒烯点群决定于上述特殊点的点群及其组合。

在列出富勒烯的可能点群之前介绍轨道的概念是有用的。在一个点群不为 C_1 的结构中，可以发现具有等价位置的多组顶点，并且每组等价位点与群轨道是对应的。等价位点可以通过群操作进行互换，并且具有相同的点对称。一个结构中可以有多个等价轨道，这些轨道具有相同的点对称。在一个轨道中点的数量和点群中对称操作的数量遵循如下关系[22]：

$$m_A |G_A| = |G| \qquad (2\text{-}16)$$

式中，m_A 是轨道数；$|G_A|$ 是点对称群的阶；$|G|$ 是全点群的阶。

回到富勒烯对称这个问题上，除了低对称 C_1、C_i、C_s 和高对称 I_h、I、T_d、T_h、T 点群之外，满足上述特殊点的点群及其组合要求的分子点群有 D_{nh}、D_{nd}、S_{2n}、C_{nh}、C_{nv}、C_n（$n=2,3,5$ 和 6）。然而，更深入的分析表明，无论富勒烯结构中有 C_5 轴还是 C_6 轴，要求富勒烯笼是封闭的这一条件必然导致富勒烯结构中存在垂直于 C_5 或 C_6 轴的二次旋转轴。也就是说，富勒烯结构中，C_5、C_{5v}、C_{5h} 和 S_{10} 点群只可能以 D_{5d}、D_{5h}、I 或 I_h 点群的子群的形式存在[23]；类似地，C_6、C_{6v}、C_{6h} 和 S_{12} 点群只可能以同时具有六次轴以及垂直的二次轴的点群的子群的形式存在。综合以上分析，富勒烯分子的点群数是 28，分别是：I_h、I、T_h、T_d、T、D_{6h}、D_{6d}、D_6、D_{5h}、D_{5d}、D_5、D_{3h}、D_{3d}、D_3、D_{2h}、D_{2d}、D_2、S_6、S_4、C_{3h}、C_{2h}、C_{3v}、C_3、C_{2v}、C_2、C_s、C_i、C_1。图 2-16 为 28 种富勒烯点群及其相应的代表性结构。

表 2-4 列出了富勒烯分子点群、点群的阶以及点群之间的关系。从富勒烯点群可以得出富勒烯的两个重要的性质。只具有旋转对称性的富勒烯分子可能是手性的，分子可能是极性的。因此，具有如下九种点群（I、T、D_6、D_5、D_3、D_2、C_3、C_2 和 C_1）的富勒烯可能是手性的。而极性富勒烯分子必然属于 C_{3v}、C_3、C_{2v}、C_2、C_s 或 C_1 这六个点群之一。

表 2-4　富勒烯分子点群、点群的阶以及点群之间的关系

点群	阶	子群	点群	阶	子群
I_h	120	I、T_h、D_{5d}、D_{3d}	D_{2h}	8	C_{2v}、C_{2h}、D_2
I	60	T、D_5、D_3	D_{2d}	8	C_{2v}、D_2、S_4
T_d	24	T、D_{2d}、C_{3v}	D_2	4	C_2
T_h	24	T、D_{2h}、S_6	S_6	6	C_3、C_i
T	12	D_2、C_3	S_4	4	C_2
D_{6h}	24	D_{3d}、D_{3h}、D_6、D_{2h}	C_{3h}	6	C_3、C_s
D_{6d}	24	D_6、D_{2d}	C_{3v}	6	C_3、C_s
D_6	12	D_3、D_2	C_3	3	C_1
D_{5h}	20	D_5、C_{2v}	C_{2h}	4	C_2、C_s、C_i
D_{5d}	20	D_5、C_{2h}	C_{2v}	4	C_2、C_s
D_5	10	C_2	C_2	2	C_1
D_{3h}	12	C_{3v}、C_{3h}、D_3、C_{2v}	C_s	2	C_1
D_{3d}	12	C_{3v}、D_3、S_6、C_{2h}	C_i	2	C_1
D_3	6	C_3、C_2	C_1	1	—

为了利用所有的这些对称性信息，研究人员需要确定富勒烯异构体的点群。从实用性角度出发，这种确定富勒烯异构体的点群的方法必须是程序化而能够系统、快速给出结果的。

下面的两个部分描述了解决这个问题的方法。在这个方法中，通过构建一个模型，审视所构建的模型所具有的对称元素，从而确定分子的点群。在这个程序化的方法中，需要首先构建富勒烯异构体的笛卡尔坐标并使用程序为这些模型提供一致的对称操作。

根据富勒烯异构体的邻接矩阵，可以有多种方法获得富勒烯异构体的各个碳原子的笛卡尔坐标。得到富勒烯异构体的笛卡尔坐标之后，确定异构体的点群就变得简单直接了。根据异构体的笛卡尔坐标，可以用这些坐标生成所有 $3n+2$ 个特殊点的精确坐标。从原点到特殊点的向量包括所有可能的旋转轴；所有可能的对称面通过坐标原点并至少包括一个键或平分一个键。因此，可以据此构建对称操作的目录。有了这个目录，与分子点群相关教科书上指出的确定方法相似[24]，基于异构体具有的对称元素就可以确定其点群。在这个过程中，只要对数值精度造成的积累误差足够小，对于确定富勒烯异构体的点群而言，这个方法是强大的。

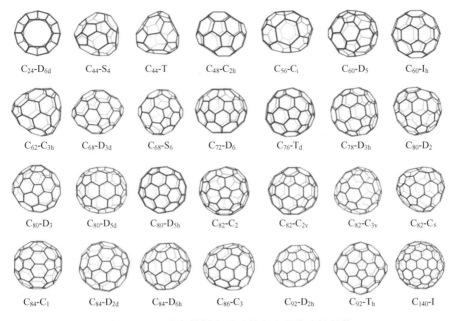

C_{24}-D_{6d}　C_{44}-S_4　C_{44}-T　C_{48}-C_{2h}　C_{56}-C_i　C_{60}-D_5　C_{60}-I_h

C_{62}-C_{3h}　C_{68}-D_{3d}　C_{68}-S_6　C_{72}-D_6　C_{76}-T_d　C_{78}-D_{3h}　C_{80}-D_2

C_{80}-D_3　C_{80}-D_{5d}　C_{80}-D_{5h}　C_{82}-C_2　C_{82}-C_{2v}　C_{82}-C_{3v}　C_{82}-C_s

C_{84}-C_1　C_{84}-D_{2d}　C_{84}-D_{6h}　C_{86}-C_3　C_{92}-D_{2h}　C_{92}-T_h　C_{140}-I

图 2-16　28 种富勒烯点群及其相应的代表性结构

对于各个富勒烯 C_n，低对称性的异构体占据了绝大多数。到目前为止，所有实验报道的富勒烯（如 I_h-C_{60}、D_{5h}-C_{70} 等）都显示了较高的对称性。需要说明的是根据笛卡尔坐标所确定的异构体所属点群是相应分子能够具有的最高对称点群，它与富勒烯或其离子的电子结构没有关联。当富勒烯异构体带电或在电子效应的驱动下，异构体的结构可能发生歪曲而使其对称性下降。关于富勒烯异构体在电子效应驱动下引起的对称性的下降，主要有如下两种途径。最重要的一种途径是一级 Jahn-Teller 畸变。在保持最高可能的对称性限制下对中性富勒烯异构体进行计算时，如果发现是开壳层结构，则分子将发生 Jahn-Teller 畸变而使对称性下降。这种对称性下降的过程遵循最高对称点群-最高对称点群的子群-最高对称点群的子群的子群……的方向进行，直到简并轨道消除为止，即形成稳定的闭壳层结构为止。

另一个更精细的对称性降低是通过二级 Jahn-Teller 畸变实现的。对于一个富勒烯异构体，在最高对称性限制条件下进行计算，如果发现 HOMO 和 LUMO 的能级足够接近，如果它们的对称性与正则振动模式之一相匹配，则畸变有利于分子能量降低。这种情况下，结构畸变并不需要分子是开壳层结构。

2.6.2　NMR、IR 和 Raman 光谱

在知道了富勒烯异构体的对称点群之后，要理解富勒烯异构体的 NMR、IR 和 Raman 光谱就容易得多了。反过来，根据某个未知的富勒烯异构体的 NMR、IR 或 Raman 光谱，也可指认或确定富勒烯异构体的结构。这些在富勒烯的结构表征中都是很重要的。

在自然界中，^{13}C 只占碳元素的 1%。在理想情况下，富勒烯异构体的 ^{13}C NMR 谱将会非常简单。这样的谱图将包括许多峰，每个峰对应一组等价碳原子，而强度则与相应碳原子的数量成正比。因此，对称性分析能够预测每个富勒烯异构体中 ^{13}C NMR 谱的峰数及各个峰的相对强度。

富勒烯结构中，因为每个顶点的对称性只有 C_{3v}、C_3、C_s 和 C_1 这四种，这限制了 ^{13}C NMR 谱中不同高度的峰的数目不大于 4。然而，对于某个碳原子，因为没有点群有两组不同的 C_3 轴，C_{3v} 和 C_3 对称是相互排斥的。因此，一个纯富勒烯异构体的 NMR 图谱中，至多含有三种不同的峰高[25]。如果观察到了更多的峰高数，则表明样品中一定含有其他异构体。

尽管 NMR 模式在确定分子对称性上非常有用，然而，根据分子对称性并不能够给出 ^{13}C NMR 化学位移；而且，化学环境相似的不等价碳原子可能产生重叠的峰。根据前面有关 Jahn-Teller 畸变的讨论可知，分子有效的点群也可能比最高可能的点群低，使得原本应该具有同一位置的 NMR 峰发生裂分。

需要强调的是，利用测试的 NMR 谱的峰数可以排除绝大多数富勒烯异构体而将候选结构锁定在一个或少数几个异构体上，这也是 NMR 技术在富勒烯结构表征上发挥了重要作用的根本原因。最好的例子是富勒烯 C_{60} 的测定，由于所有 60 个原子都是等价的，I_h-C_{60} 的 ^{13}C NMR 谱是一个单峰。在 C_{60} 的 1812 个富勒烯异构体中，只有 I_h 对称的异构体满足这种 NMR 模式，因此，只要知道 NMR 测试的谱图只是一个单峰就能够确定被测试的异构体分子是 I_h-C_{60}。

一个富勒烯 C_n 有 $3n-6$ 个振动模式。一旦知道了富勒烯分子的点群，就可以分析分子的振动光谱以及确定是否具有红外活性或（和）拉曼活性，进而深刻理解该分子的光谱特性。不过，因富勒烯分子结构的复杂性以及影响红外和拉曼光谱的因素众多，难以通过红外或拉曼光谱而确认富勒烯分子的精细结构。实际操作中，红外和拉曼光谱主要用于检测富勒烯衍生化后是否有原子或基团连接到了富勒烯笼上。分子点群的信息主要用于判断相应的

富勒烯异构体是否具有极性以及与极性相关的性质。

2.7 富勒烯的应用

2.7.1 反应容器

水在化学反应及生命活动中是最重要的物质，研究水分子的反应特性和运动特征是最基本的科学任务。2016 年 3 月，日本京都大学成功地将水分子封入到了橄榄球形富勒烯 C_{70} 的内部[26]。水在常温常压下为液体，而在 0℃时则会结冰，这一性质源于水分子之间在被称作"氢键"的分子间相互作用下结合在一起的现象。但单个水分子以及由两个水分子键合的二聚体容易与其他物质结合到一起，因此，以前几乎没有对"单独水分子"实施观测的先例。

京都大学在富勒烯 C_{70} 内部插入水分子后按原样密封开口部，由此封入了水分子。通过分析，最终确认在内包单个水分子时，无氢键的单个水分子在 C_{70} 内部呈上下快速运动的状态。内包二聚体时，发现两个水分子之间存在氢键，该氢键处于快速的反复切断和再生的状态。这是全球首次获得没有外部氢键的水分子二聚体，有望推进在基础研究领域取得更大进展。关于此次确立的方法，从原理上来说，只要是同等大小的分子，便可内包到富勒烯 C_{70} 中；即使是常见的物质，也可实现孤立的单分子状态，由此发现新的物性。同时，内包的分子还可以使富勒烯 C_{70} 的性质发生变化。总之，用富勒烯做容器的化学反应有很大的研究空间。

2.7.2 储氢材料

$C_{60}H_{60}$ 和 $C_{20}H_{20}$ 是两个热点研究分子。首先，从应用上讲，富勒烯全氢化物代表了这类物质储氢的最大能力；其次，这是使所有碳原子都饱和的结构，即氢化的极限，研究这个物质具有理论意义；最后，全部氢化，在计算操作上，避免了加成位置的困扰，能够排除部分衍生化物质中多种效应的影响而不能够确定主要影响因素的问题。然而，尽管经过各国学者的努力，$C_{60}H_{60}$ 的实验合成仍然未实现。理论研究显示，其能量最低的结构中，部分 C-H 键是在笼内的[27]。鉴于 H···H 之间在碳笼覆盖度高时可能存在显著的 H···H 排斥效应，合成 $C_{60}H_{60}$ 这个理想的分子看来是不可能的。

C_{20} 是最小的富勒烯结构，全由五边形围成。由于所有的五边形都是比邻的，总共有 30 个 B_{55} 键，是所有富勒烯中 B_{55} 键最多的。根据独立五边形原则和五边形比邻数最小化原则，该分子是高度活泼的。实验上确实也多年来没有得到 C_{20} 的信号，更不要说成功地分离了。2000 年，H. Prinzbach 等[28]通过改进方法，成功合成了 $C_{20}H_{20}$。实验表明，该分子是具有 I_h 对称性的，也就是说，碳笼骨架就是高度活泼的 $I_h\text{-}C_{20}$。笔者对一系列高对称多面体的全氢化物 C_nH_n（$n = 4$、6、8、20、40、60、80、100）进行比较研究[29]，结果显示，$C_{20}H_{20}$ 是所有这些氢化物中最稳定的。

由于富勒烯 C_{60} 的分子结构具有高的稳定性且每一个碳原子都剩余一个 p 轨道，理论上每个碳原子都可以与一个氢原子成键，因此，该分子一度被认为是良好的储氢材料。然而，由于氢的覆盖度高时存在 H---H 排斥，全氢化物是不可能合成的，而只能够得到部分碳原子被氢化的物质，这会导致储氢能力显著降低。另外，氢化后形成的 C-H 键是共价键，强度高，在需要将氢释放出来时，通常需要较高的温度才能使得 C-H 键断裂而得到氢气，这是一个耗能的过程，因此，会降低氢的能量利用率。

类似地，富勒烯 C_{20} 的每一个碳原子都剩余一个 p 轨道，理论上每个碳原子都可以与一个氢原子成键，该分子也曾被认为是良好的储氢材料。鉴于 C_{20} 的碳原子的锥化角大于 C_{60} 的，产物 $C_{20}H_{20}$ 结构中 H---H 排斥也会小于 $C_{60}H_{60}$ 中的 H---H 排斥，因此，$C_{20}H_{20}$ 比 $C_{60}H_{60}$ 更容易合成。从这一角度看，C_{20} 是更合适的储氢材料。然而，$C_{20}H_{20}$ 的 C-H 键的强度大于 $C_{60}H_{60}$ 中的 C-H 键的强度，在氢释放时需要更高的温度；另外，氢释放之后，C_{20} 是不稳定的，很容易发生 C_{20} 分子间聚合或 C_{20} 的破损，这些都会导致 C_{20} 的储氢能力下降或循环性消失。

鉴于以上分析，可以明确的是，将富勒烯用作储氢材料是没有良好前景的。

2.7.3 超导材料

富勒烯自带的球形 π 电子壳层使得富勒烯具有特殊的电荷传输性能。由于 π 电子在整个球壳层上是离域的，可以将整个 π 轨道近似看作原子轨道，因而，π 电子在球壳层上的运动是无阻力的。不过，富勒烯分子对 π 电子的束缚是很强的，π 电子很难在分子间自由运动。富勒烯本身不是良好导体。然而，由于具有很强的电子亲和力，富勒烯与碱金属作用时，形成稳定的复合型离子化合物，这种复合型离子化合物就会转变成为超导体。导电行为的戏剧性改变可以通过如下的例子来类比。在几个相邻的等高度的水池中追加一定量的水，使各个水池的水位都达到溢出的程度，从而使得各个水池的水面相互连通，水的自由运动的空间得到了大幅度扩展，微风吹来，大范围的水波即可产生。

美国纽约州立大学的 P. W. Stephens 等[30]制备出钾掺杂于富勒烯的 K_3C_{60} 的晶体，XRD测试显示该物质是面心立方结构。实验显示超导转变温度可以达到 19.3K。进一步的研究显示，在压强增大时，超导转变温度显著下降[31]。科学家相继研究了 C_{60} 与不同金属的掺杂，促进了超导体的研究，这种超导体拥有良好的性能以及仅次于陶瓷超导体的临界温度，能在超导计算机电子屏蔽、超导磁选矿技术、长距离电力输送、磁悬浮列车以及超导超级对撞机等更多领域中广泛应用。

2.7.4 纳米滚珠和润滑剂

第一个合成报道的富勒烯 C_{60} 是完美的球形，数学意义上的直径大致是 0.7nm，化学意义上的半径大致是 1.0nm；同时，富勒烯 C_{60} 结构中，C-C 键是介于单键和双键之间的共价键，键能大，整个分子的抗压抗拉性能高；另外，C_{60} 的 π 电子在整个碳笼上是离域的，整个分子具有高的稳定性。对于其他稳定的富勒烯，其形状、尺寸和电子结构与 C_{60} 的差异也不是很大。以上这些性质决定了富勒烯 C_{60}，甚至是富勒烯的混合物都可以直接作为纳米器件中的纳米滚珠，也有望作为高精度零部件的润滑剂。实际上，M. Chen 等已将富勒烯 C_{60} 掺杂到表面活性剂层状液晶中，从而提高了层状晶体的黏弹性。实验测试结果显示，C_{60} 的掺杂降低了材料的摩擦系数[32]。这些结果预示富勒烯可以用于新型润滑剂中。

H. Nakagawa 等[33]在 MoS_2 基体上运用分子束取向生长法得到了超薄 C_{60} 膜，它是迄今为止摩擦系数最低的高结晶度的超薄 C_{60} 膜。李积彬等[34]将 C_{60} 溶解在二甲苯中，在摩擦磨损试验机上考察了润滑剂的润滑特性随 C_{60} 浓度的变化情况。结果显示，C_{60} 以吸附膜的形式覆盖在试验钢球表面，能在较高速度范围内发挥润滑作用，表现出了良好的润滑性能。

2.7.5 化妆品

如上所述，C_{60} 以及其他富勒烯都形成球状的 π 电子轨道，且能够容纳另外的多个电子，成为自由基的海绵[35]。当富勒烯或其衍生物被吸纳入人体时，能够与活性氧自由基作用从而预防衰老。日本科学家 H. Takada 等[36]研究发现，富勒烯 C_{60} 可以迅速捕捉自由基分子，其速度明显大于 β-胡萝卜素。因此，富勒烯 C_{60} 及其衍生物可以作为日用化妆品添加剂，以达到美白、抗皱等效果。目前，我国已经开展富勒烯在化妆品领域的研究和产品开发。

2.7.6　催化材料

H. Fu 等[37]将 ZnO 粉末直接加入到 C_{60} 的甲苯溶液搅拌 24h 后得到 C_{60} 与 ZnO 的复合体，通过降解有机染料对其催化性能进行检测，发现复合 C_{60} 后整体复合材料的催化性能提高。随后 S. Zhu 等[38]采用同样的方法合成了 C_{60}-Bi_2WO_6 的复合物，发现在可见光的照射下复合材料分别降解罗丹明 B 和亚甲基蓝的速度是 Bi_2WO_6 的 1.5 和 5 倍。

J. Vakros 等[39]将 γ-Al_2O_3 浸泡到 C_{60} 的 1,2-二氯苯溶液中，然后将浸泡后的样品在 180℃ 空气氛围下烧 4h 得到 C_{60}-γ-Al_2O_3 的复合样品。利用光催化转化烯烃，通过转化率可以看出复合物光催化性能提高。同样该组利用相同的合成方法以及检测手段，将 C_{60} 成功负载在 SiO_2 上，测试结果显示，该复合物表现出较好的光催化性能[40]。

由于在可见光区存在吸收，一些科学家测试了富勒烯和二氧化钛形成的复合材料在可见光下的催化性能，Y. Long 等[41]利用 $C_{60}@H_2O$ 和 $TiCl_4$、聚乙二醇在 180℃ 下反应 2h 得到 C_{60}-TiO_2 复合材料，通过在可见光下对罗丹明 B 降解来检测其光催化性能。实验结果显示，复合材料的降解速率是纯 TiO_2 的 3.3 倍。这明显增强的光催化性能是由于 C_{60} 的加入增强了光生电子和空穴的分离率。

上述例子成功地将 C_{60} 应用到半导体材料中，增强整个复合材料的光催化性能。但这些方法仅是利用简单的物理方法将两者混合。随着研究的不断深入，一些科学家提出利用化学键将 C_{60} 与半导体材料键合，这样电子便可以通过化学键发生转移，从而使光催化效率更高。

S. Wang 等[42]研究了 C_{70}/TiO_2 在可见光下的催化性能，如图 2-17 所示。他们将 C_{70} 表面羧基化，然后与 $Ti(SO_4)_2$、水在 100℃ 水热反应 72h 得到 C_{70}/TiO_2 的复合物。在可见光下研究其对磺胺噻唑的降解效果，发现当 C_{70} 的负载量为 18% 时光催化性能最好。他们认为，C_{70} 在可见光区存在吸收，当负载足够多的 C_{70} 时，在可见光照射下，电子会从 C_{70} 跃迁到 TiO_2 的导带上，从而实现光催化降解。这与复合材料在紫外光下的降解机理是不同的。

除了采用水热法，科学家还采用其他方法得到了富勒烯与 TiO_2 的复合材料。如 J. Lin 等[43]采用电泳沉积技术得到了 C_{60} 与 TiO_2 纳米棒的复合材

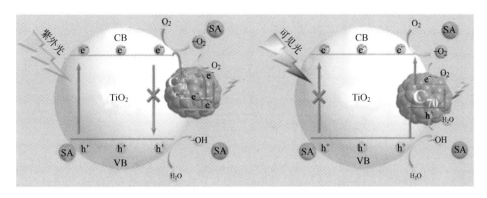

图 2-17　C_{70} / TiO_2 分别在紫外光和可见光下的催化机理[42]

料，制备的复合材料在紫外光下对亚甲基蓝的降解表现出高效的光电催化效率。复合材料在较低电位（4.0V）达到了最高光电催化效率，而 TiO_2 纳米管在 5.0V 时才达到最高效率。出现这种现象的原因可能是 C_{60} 的加入减少了电子和空穴的复合，促进电荷分离，从而影响了双电层的分布，提高了整体的光电催化性能。

N. Justh 等[44] 利用原子层沉积技术获得了 C_{60}-TiO_2 的纳米复合材料。首先利用 HNO_3/H_2SO_4 处理 C_{60} 表面获得了 C_{60} 的羟基衍生物，于是在 C_{60} 表面得到了可以进行原子层沉积的成核位点，然后在 80℃ 和 160℃ 沉积 TiO_2 颗粒。由于反应温度较低，长出的 TiO_2 颗粒是无定形的。利用这种方法得到复合物在紫外光下降解甲基橙展现了较好的降解效率。

2.8　富勒烯研究展望

从结构上看，富勒烯科学研究分为富勒烯、金属富勒烯、富勒烯衍生物和非经典富勒烯四大分支领域。相比而言，富勒烯的研究是最充分的。表现在富勒烯已经能够实现规模合成，结构和性质已经得到良好的研究和阐释。另外，以富勒烯为反应物的衍生化方法已经比较成熟，研究人员可以获得一系列具有不同官能团的富勒烯衍生物，为富勒烯的应用开辟了更广阔的道路。目前来看，富勒烯的研究已经过渡到材料应用阶段。

参　考　文　献

[1]　Kroto H W，Heath J R，O'Brien S C，et al. C_{60}：Buckminsterfullerene. Nature，1985，318：162-163.

[2] Fowler P W, Manolopoulos D E. An atlas of fullerene. New York: Dover Publications Inc, 2006.

[3] Gan L H. Constructing I_h symmetrical fullerenes from pentagons. J Chem Educ, 2008, 85: 444-445.

[4] Tang A C, Huang F Q. Group theoretical applications to icosahedral fullerenes. Chem Phys Lett, 1995, 245: 561-565.

[5] Tang A C, Li A Y, Cheng W, et al. Frontier electronic energy levels of icosahedral fullerenes. Chem Phys Lett, 1997, 281: 123-129.

[6] Gan L H, Zhao J Q. Theoretical investigation of [5,5], [9,0] and [10,10] closed SWCNTs. Physica E, 2009, 41: 1249-1252.

[7] Kroto H W. The stability of the fullerenes C_n, with n=24, 28, 32, 36, 50, 60 and 70. Nature, 1987, 329: 529-531.

[8] Campbell E E B, Fowler P W, Mitchell D, et al. Increasing cost of pentagon adjacency for larger fullerenes. Chem Phys Lett, 1996, 250: 544-548.

[9] Albertazzi E, Domene C, Fowler P W, et al. Pentagon adjacency as a determinant of fullerene stability. Phys Chem Chem Phys, 1999, 1: 2913-2918.

[10] Schleyer P V R, Maerker C, Dransfeld A, et al. Nucleus-Independent chemical shifts: A simple and efficient aromaticity probe. J Am Chem Soc, 1996, 118: 6317-6318.

[11] Haddon R C. Comment on the relationship of the pyramidalization angle at a conjugated carbon atom to the ó bond angles. J Phys Chem A, 2001, 105: 4164-4165.

[12] Gan L H, Chang Q, Xu L, et al. An anti-aromatic isomer of fullerene C_{60} violating the pentagon adjacent penalty rule. Chem Phys Lett, 2012, 532: 68-71.

[13] Diaz-Tendero S, Martin F, Alcami M. Structure and electronic properties of fullerenes $C_{52}{}^{q+}$: is $C_{52}{}^{2+}$ an exception to the pentagon adjacency penalty rule. Chem Phys Chem, 2005, 6: 92-100.

[14] Rodriguez-Fortea A, Alegret N, Balch A L, et al. The maximum pentagon separation rule provides a guideline for the structures of endohedral metallofullerenes. Nat Chem, 2010, 2: 955-961.

[15] Dang J S, Wang W W, Zheng J J, et al. Fullerene genetic code: inheritable stability and regioselective C_2 assembly. J Phys Chem C, 2012, 116: 16233-16239.

[16] Wang W W, Dang J S, Zheng J J, et al. Selective growth of fullerenes from C_{60} to C_{70}: inherent geometrical connectivity hidden in discrete experimental evidence. J Phys Chem C, 2013, 117: 2349-2357.

[17] Dunk P W, Mulet-Gas M, Nakanishi Y, et al. Bottom-up formation of endohedral mono-metallofullerenes is directed by charge transfer. Nature Comm, 2014, 5: 5844-5851.

[18] Zhang J Y, Bowles F L, Bearden D W, et al. A missing link in the transformation from asymmetric to symmetric metallofullerene cages implies a top-down fullerene formation mechanism. Nature Chem, 2013, 5: 880-885.

[19] Han J Y, Choi T S, Kim S, et al. Probing distinct fullerene formation processes from carbon precursors of different sizes and structures. Anal Chem, 2016, 88: 8232-8238.

[20] Gan L H, Wu R, Tian J L, et al. From C_{58} to C_{62} and back: stability, structural similarity, and ring current. J Comput Chem, 2017, 38: 144-151.

[21] Gan L H，Wu R，Tian J L，et al. An atlas of endohedral Sc$_2$S cluster fullerenes. Phys Chem Chem Phys，2017，19：419-425.

[22] Fowler P W，Quinn C M. σ，π and δ representations of the molecular point groups. Theor Chim Acta，1986，70：333-350.

[23] Fowler P W，Manolopoulos D E，Redmond D B，et al. Possible symmetries of fullerene structures. Chem Phys Lett，1993，202：371-378.

[24] ［美］FA Cotton. 群论在化学中的应用. 刘万春，游效曾，赖伍江，译. 福州：福建科学技术出版社，1999.

[25] Manolopoulos D E，Fowler P W. Molecular graphs，point groups，and fullerenes. J Chem Phys，1992，96：7603-7614.

[26] Zhang R，Murata1 M，Aharen1 T，et al. Synthesis of a distinct water dimer inside fullerene C$_{70}$. Nature Chem，2016，8：435-441.

[27] Zdetsis A D. High-symmetry low-energy structures of C$_{60}$H$_{60}$ and related fullerenes and nanotubes. Phys Rev B，2008，77：115402-115406.

[28] Prinzbach H，Weiler A，Landenberger P，et al. Gas-phase production and photoelectron spectroscopy of the smallest fullerene C$_{20}$. Nature，2000，407：60-63.

[29] Gan L H. Theoretical investigation of polyhedral hydrocarbons（CH）$_n$. Chem Phys Lett，2006，421：305-308.

[30] Stephens P W，Mihaly L，Lee P L，et al. Structure of single-phase superconducting K$_3$C$_{60}$. Nature，1991，351：632-634.

[31] Sparn G，Thompson J D，Huang S M，et al. Pressure dependence of superconductivity in single-phase K$_3$C$_{60}$. Science，1991，252：1829-1831.

[32] Chen M，Liu B，Wang X，et al. Zero-charged catanionic lamellar liquid crystals doped with fullerene C$_{60}$ for potential applications in tribology. Soft Matter，2017，13：6250-6258.

[33] Nakagawa H，Kibi S，Tagawa M，et al. Microtribological properties of ultrathin C$_{60}$ films grown by molecular beam epitaxy. Wear，2000，238：45-47.

[34] 李积彬，李瀚，孙伟安. C$_{60}$的摩擦学特性研究. 摩擦学学报，2000，20：307-309.

[35] McEwen C N，McKay R G，Larsen B S. C$_{60}$ as a radical sponge. J Am Chem Soc，1992，114：4412-4414.

[36] Takada H，Kokubo K，Matsubavashi K，et al. Antioxidant activity of supramolecular water-solube fullerenes evaluated by β-carotene bleaching assay. Biosci Biotechnol Biochem，2006，70：3088-3093.

[37] Fu H B，Xu T G，Zhu S B，et al. Photocorrosion inhibition and enhancement of photocatalytic activity for ZnO via hybridization with C$_{60}$. Environ Sci Technol，2008，42：8064-8069.

[38] Zhu S B，Xu T G，Fu H B，et al. Synergetic effect of Bi$_2$WO$_6$ photocatalyst with C$_{60}$ and enhanced photoactivity under visible irradiation. Environ Sci Technol，2007，41：6234-6239.

[39] Vakros J，Panagiotou G，Kordulis C，et al. Fullerene C$_{60}$ supported on silica and γ-Alumina catalyzed photooxidations of alkenes. Catal Lett，2003，89：269-273.

[40] Panagiotou G D，Tzirakis M D，Vakros J，et al. Development of［60］fullerene supported on silica catalysts for the photo-oxidation of alkenes. Appl Catal A Gen，2010，372：16-25.

[41] Long Y Z, Lu Y, Huang Y, et al. Effect of C_{60} on the photocatalytic activity of TiO_2 nanorods. J Phys Chem C, 2009, 113: 13899-13905.

[42] Wang S Y, Liu C W, Dai K, et al. Fullerene C_{70}-TiO_2 hybrids with enhanced photocatalytic activity under visible light irradiation. J Mater Chem A, 2015, 3: 21090-21098.

[43] Lin J, Zong R, Zhou M, et al. Photoelectric catalytic degradation of methylene blue by C_{60}-modified TiO_2, nanotube array. Appl Catal B Environ, 2009, 89: 425-431.

[44] Justh N, Firkala T, László K, et al. Photocatalytic C_{60}- amorphous TiO_2 composites prepared by atomic layer deposition. Appl Surf Sci, 2017, 419: 497-502.

第3章 金属富勒烯的结构、性质和应用

金属富勒烯是金属原子或其团簇内嵌于富勒烯中而形成的化合物属于广义的富勒烯衍生物。在金属富勒烯合成的初期,留在研究者面前的重大挑战是确定金属原子是在笼中、笼上还是笼外的问题,这一个问题的解决对于理解金属原子的成键性质、金属富勒烯的稳定性以及金属富勒烯的形成机理都至关重要。在这个问题上,同步辐射粉末衍射技术以及基于此技术的 MEM 数据分析方法发挥了不可替代的关键作用。日本的 M. Takata 等[1]利用这样的方法在内嵌金属富勒烯的结构测定上做了开创性的工作。他们将制备、分离得到的金属富勒烯的溶液蒸干得到毫克数量级的粉末,将粉末内嵌于 0.3mm 毛细管中进行 XRD 测试,对测试得到的数据进行 MEM 数据分析。当模型的电荷密度与实验测试的电荷密度一致时,认为模型结构就是被测试的分子的结构。基于此技术,一系列的金属富勒烯的结构得到测定。

当金属富勒烯的内嵌属性得到确定之后,要得到精细结构还需要 NMR 技术以及高级的理论计算等的支持,从而确定碳笼的种类与对称性,也就是确定碳笼是哪个异构体。可以这样说,质谱技术能够基本确定所制备得到的金属富勒烯的组成,XRD/MEM 技术能够确定金属富勒烯的大致结构,而 NMR 技术以及结合以上实验结果的理论计算能够确定金属富勒烯的精细结构。最近十多年来,单晶 XRD 技术得到空前发展,使得科学家不需要借助数据拟合就可以确定分子结构,这大大提高了金属富勒烯结构测定结果的可靠性,也成为包含金属富勒烯在内的分子结构测定的最可靠、最有效的测试技术之一。

正因为单晶 XRD 技术在内嵌富勒烯结构测定上的独特地位,下面在介绍内嵌金属富勒烯的结构时,将重点强调此技术测试的结果,其次是 NMR 测试的结果。由于内嵌金属富勒烯种类繁多,也各有特性,为了方便起见,下面将根据内嵌金属原子的多少以及内嵌团簇的差异进行分类介绍。在此基础上,结合我们过去十多年的研究结果,阐释金属富勒烯之间的结构演化关

系。最后，简要介绍金属富勒烯的应用。

3.1 单金属富勒烯

单金属富勒烯是最早合成报道的金属富勒烯，从电荷转移的角度可以分为三大类，分别是一价、二价和三价金属内嵌的富勒烯。一价的包含 Li、Na 和 K 等碱金属原子内嵌的富勒烯，它们通常是通过高温离子注入稳定的富勒烯而得到。因其种类少，产率低，在此不做进一步讨论。二价和三价金属内嵌富勒烯主要是通过电弧放电法合成的，主要有 Ca、Sr、Ba、Sc、Y、La 以及镧系元素和锕系元素形成的内嵌金属富勒烯。其中，Sc、Y 和 La 的内嵌富勒烯的产量相对较高，La 系元素内嵌富勒烯种类最多，研究也最为广泛，而锕系元素因众所周知的危险性，其内嵌富勒烯研究很少。因此，后面进行金属富勒烯的介绍和讨论时，重点是那些内嵌了三价金属的、产率较高而有可能应用于生产实际的金属富勒烯。

$La@C_{60}$ 是最早检测到的单金属富勒烯，然而，目前并没有相关的分离报告，这可能归因于该分子的高活性。目前，除了 $M@C_{82}$（M＝Sc、Y 以及绝大多数 La 系元素）和 $La@C_{60}$ 外，金属原子还可以嵌入 C_{72}、C_{74}、C_{76} 等碳笼而形成相应的单金属富勒烯。

对于单金属富勒烯，目前的实验发现，内嵌于 C_{82} 的金属富勒烯是最多的，而 $La@C_{82}$ 也是最早大量制备和提取的金属富勒烯。E. Nishibori 等[2] 对 $La@C_{82}$ 进行了研究，结果表明内嵌金属 La 在笼内一定范围内运动，但是基本上是位于 C_{2v} 碳笼的六边形的前面，如图 3-1 所示。

图 3-1 是 $La@C_{82}$ 的二维电荷密度图，从图中可以看出，在笼内有一个半圆形。对半圆形区域的电荷密度进行积分，得到这一个区域的电荷数目是 53.7，这一数值与正三价 La^{3+} 的电子总数 54.0 接近。毫无疑问，这样大的电荷密度集居区是金属 La 原子的位置。这一结果清楚地表明了金属原子是内嵌在碳笼之中而且是偏离中心的；同时，表明了金属原子与碳笼间存在电荷转移。因此，这一分子的电子态应写为 $La^{3+}@C_{82}^{3-}$。测试结果显示，La 所对应的电荷密度最大区域点到富勒烯六边形上的碳原子之间的距离是 2.558Å，笼的中心到 La 的距离是 1.96(9)Å。这些结果与已有的理论计算结果相吻合[3]。对于 La 所对应的电荷密度图的形状为半圆形而不是球形这一现象，完全可以认为内嵌原子在一定的区域内的运动只需要克服极其微小的势能。

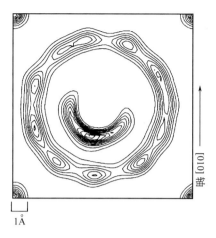

图 3-1　La@C$_{82}$ 的二维电荷密度图[2]

与测试 La@C$_{82}$ 的方法相同，用 XRD/MEM 方法得到的 Sc@C$_{82}$ 的电荷密度图也清楚地证明了 Sc 的内嵌属性。Sc 原子所在区域基本上是球形，电荷数目是 18.8，因此，其电子结构应该是 Sc^{2+}@C$_{82}^{2-}$。这表明 Sc 只转移了 2 个电子给 C$_{82}$ 而不是 3 个，Sc 与 C$_{82}$ 之间存在较大的共价相互作用。关于电荷转移数的问题，因为内嵌金属原子和碳笼之间存在电荷转移的同时，存在一定程度的配位相互作用或分子轨道杂化作用，这种配位相互作用或杂化作用导致在金属原子和碳笼间的电荷到底归属于碳笼还是金属原子是难以确定的。因此，无论是理论计算还是实验测试，都不能够得到一个精确的数值。关于 Sc 原子，由于半径小于 Y、La 原子的半径，Sc 笼距离相对较小，碳笼与 Sc 间的电子共享更加明显，因此，通过电荷分布的积分得到 Sc 转移的电子数是 2 个。实际上，Sc、Y 和 La 系元素的原子都趋向于向碳笼转移 3 个电子。

3.2　双金属富勒烯

3.2.1　Sc$_2$@C$_{66}$

独立五边形原则（IPR）是稳定富勒烯遵从的原则，实际上也是判断某一个富勒烯结构是否稳定的依据。自 1985 年 C$_{60}$ 的发现到 2000 年被制备、分离出的所有空心富勒烯都满足这一原则。相应地，几乎所有的内嵌富勒烯方面的研究者也想当然地认为，内嵌富勒烯的碳笼也应该是满足独立五边形原则的。实际上，当时已经测试到明确结构的内嵌富勒烯的碳笼也确实满足独立五边形原则。但是，独立五边形原则也不是神圣不可动摇的，它的存在也是有特定限制条件的，那就是碳笼不与其他的原子或原子团有强的相互作用。当碳笼与其他的原子或原子团有强的相互作用时，独立五边形原则是完全可以被打破的。2000 年，王春儒等[4]对合成的样品进行质谱实验时发现，有一物种的组成是 Sc_2C_{66}。众所周知，没有任何 C_{66} 的异构体满足独立五边形原则，也没有任何人制备出 C_{66} 富勒烯。假设这一分子的碳笼是富勒烯 C_{64} 或 C_{62} 的话，C_{64}、C_{62} 也没有任何异构体满足独立五边形原则；假设这一分子的碳笼是富勒烯 C_{60} 的话，剩余的团簇是 Sc_2C_6，由于这样的团簇太大而不能够内嵌于 C_{60} 笼中；若是与 C_{60} 相连于外面的话，从化学常识看，这种结构的稳定性应该是极低的。因此，这一新结构的合成预示着一定有当时没有发现的控制金属富勒烯稳定性的原则或原理存在。使用同步辐射技术，结合 MEM 分析方法，王春儒等成功地确定了 Sc_2 的内嵌本质，即两个 Sc 原子是内嵌在 C_{66} 笼中的。

这一新奇结构的实验测定为研究者提供了理解独立五边形原则被打破的关键线索，即内嵌原子向富勒烯转移电子从而稳定本来不稳定的富勒烯 C_{66}。因为 non-IPR 异构体数远远大于 IPR 异构体数，这个研究工作预示着金属富勒烯的数量可以有大幅度的增长，也有望合成出性质更加丰富多样的新金属富勒烯。这项研究以及同期的 $Sc_3N@C_{68}$ 的报道引发了合成金属富勒烯的新热潮。同时，这两项工作从实验角度，揭示了内嵌金属原子或团簇向富勒烯转移的电荷，能够稳定原本是高活性的富勒烯这一富勒烯科学中的重大基本原理。

当然，对于 $Sc_2@C_{66}$，随着更先进的实验表征技术的出现，精细结构的研究结果之间存在微小争论，但是，对于内嵌属性、稳定化机制等根本性问题上的看法是统一的，该工作在金属富勒烯科学发展上的推动作用也是巨大的。

3.2.2　$La_2@C_{80}$

$La_2@C_{80}$ 是较早合成报道的双金属富勒烯。^{13}C NMR 测试结果显示有两组靠得很近的核磁共振线，表示分子中只有两种不同化学环境的碳原子[5]。鉴于 C_{80} 的所有异构体中，只有 I_h-C_{80} 满足这一模式，因此，该分子的结构是两个 La 原子内嵌在 I_h-C_{80} 碳笼之中。为了确保碳笼上的电荷分布只产生两种类型化学环境，还要求内嵌的 La 原子是高速转动的。因此，该分子必然具有有趣的化学、物理性质。正因如此，该分子受到了广泛而深入的研究。

　　自然界中存在五种柏拉图体，它们分别是正四面体、正方体、正八面体、正十二面体和正二十面体。其中，最后两种结构在富勒烯、病毒和蛋白质中都有发现。但是，没有发现任何具有柏拉图体结构的分子或晶体。然而，E. Nishibori 等[6]的实验发现 $La_2@C_{80}$ 的电荷密度分布就是完美的正十二面体，即具有柏拉图体结构的特征。C_{80} 是 I_h 对称性的，如果 La_2 在里面不运动则整个分子的对称性会较大程度地降低，其电荷密度图分布应该与 C_{80} 的有很大的差异。然而，实验结果显示 $La_2@C_{80}$ 的五边形、六边形的分布与 I_h-C_{80} 的完全一样。因此，E. Nishibori 等的实验不但揭示了 La_2 的内嵌属性，还证明了 La_2 是内嵌于 I_h-C_{80} 中的。更为重要的是，电荷密度图显示了内部电荷密度是柏拉图体形状的，而揭示了内嵌原子是按照特定的轨迹运动的。根据内部电荷的数值，可以得到这一分子的电子结构应该是 $(La^{3+})_2@C_{80}^{6-}$。结合 C_{80} 内部不存在两个电荷密度极大值这一现象，可以得到内嵌的 La 与 C_{80} 之间几乎只有静电作用而没有共价相互作用，同时也暗示内嵌的 La 原子是运动的。由于 La_2 在笼中高速的运动，所以整个分子的对称性仍然是 I_h。

　　最近的量子化学计算（0K）结果显示[7]，$La_2@C_{80}$ 的最低能量结构的对称性是 D_{3d}，La_2 的运动轨迹确实形成正十二面体结构，如图 3-2 所示。

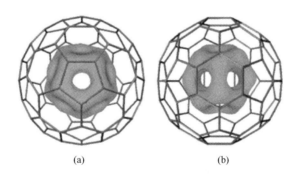

(a)　　　　　　　　　　(b)

图 3-2　$La_2@C_{80}$ 的沿着不同对称轴的电荷密度图[7]

　　关于 La_2 在碳笼中的运动轨迹，目前存在两种不同的看法。一种是说 La_2 沿着 I_h-C_{80} 的三次轴转；而另外一种看法认为 La_2 沿着 C_2 轴转。两种看法都能够解释实验现象。实际上，不论是沿着哪种对称轴旋转，能垒都很小，因此，可以折中地说，两种看法都是合理的。尽管如此，不论是理论研究结果还是实验研究结果，实际上目前仍然没有回答 La_2 在碳笼中旋转的动力以及为什么要不断地、快速地改变方向这个现象。对内嵌原子的这种独特的动力学行为的更深入研究或许会发现新的物理现象，揭示新的物理原理。因此，从基础研究的角度看，该分子是良好的研究对象。

3.2.3　$M_2@C_n$

^{13}C NMR 测试显示，$La_2@C_{72}$有 18 条核磁共振线，化学位移在 $130\sim160$ppm 之间[8]，如图 3-3 所示。^{139}La NMR 测试结果显示，只有一条核磁共振线，这个结果说明两个 La 原子处于等同的地位。这些实验结果表明，$La_2@C_{72}$的碳笼并不是满足独立五边形原则的 D_{6d}-C_{72}（核磁共振模式应该为 2×12，2×24），而应该是违反独立五边形原则的 D_2-C_{72}（核磁共振模式应该为 18×4）。结合密度泛函理论计算，该分子的结构被确定为 $La_2@C_{72}$:10611。

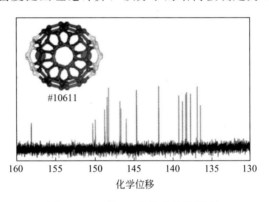

#10611

图 3-3　$La_2@C_{72}$的核磁共振谱[8]

B. Cao 等[9]合成、分离并表征了 $La_2@C_{78}$。^{13}C NMR 实验研究结果显示，$La_2@C_{78}$有 8 条 NMR 线，结合核磁共振峰强度，确定碳笼是 D_{3h} 对称性，结合密度泛函理论计算，得到两个金属原子是内嵌在 C_{78}(IPR:5) 中的，分子结构如图 3-4(a) 所示。2008 年，该研究组对该金属富勒烯进行了更深入的研究，将分离得到的样品进行化学反应，得到该金属富勒烯的衍生物，分离纯化之后进行了质谱、循环伏安以及单晶 XRD 研究，进一步证实了 La_2 是内嵌在 C_{78}(IPR:5) 中且 La 原子是位于该碳笼的长轴上[10]。

其他的双金属富勒烯包含 $Lu_2@C_{76}$[11] 和 $Sc_2@C_{76}$ 等[12]。对于 $Lu_2@C_{76}$，一个有趣的现象是，碳笼是四面体 T_d 对称的，两个金属原子在碳笼中有许多组等价位点，这些等价位点组成一个高对称多面体，提出的分子结构如图 3-4(b) 所示。

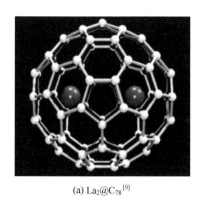

(a) La$_2$@C$_{78}$[9]　　　　　　　　(b) Lu$_2$@C$_{76}$[11]

图 3-4　La$_2$@C$_{78}$ 和 Lu$_2$@C$_{76}$ 的分子结构图

3.3　三金属富勒烯

3.3.1　Sc$_3$C$_{82}$

早在 1992 年，C. S. Yannoni 等就制备得到了 Sc$_3$C$_{82}$[13]。这一物质引起研究者的兴趣的主要原因在于其新奇的电子特性，其电子自旋共振（ESR）图显示 22 个完美对称分布的峰，这表明内嵌的 3 个 Sc 原子是处于同等位置的。然而，已有的理论研究和实验研究都表明金属原子最容易填充的碳笼是 C$_{82}$ 的第 9 个异构体 C$_{2v}$-C$_{82}$。如果 3 个 Sc 原子也是填充在这个碳笼的话，由于 C$_{2v}$-C$_{82}$ 没有三次对称轴，3 个 Sc 原子的位置是不等同的，即所处的化学环境是不一样的。这就产生了如下问题，是否 3 个 Sc 原子填充在另外的碳笼之中？

如果 3 个 Sc 原子填充在另外的碳笼之中，那稳定化机制是什么呢？基于如上的情况，对 Sc$_3$C$_{82}$ 的研究也是相当的广泛[14]。粉末 XRD 结果显示 3 个 Sc 原子是处于 C$_{3v}$ 的碳笼之中，分子内的 3 个 Sc 原子之间的距离是 2.3Å，这一个数值表明 Sc 原子是以团簇的形式存在于 C$_{82}$ 之中，分子的电子结构为 Sc$_3$$^{3+}$@C$_{82}$$^{3-}$[15]，分子电荷密度剖面图参见图 3-5(a)。理论计算表明 3 个 Sc 原子是分离的，无论 3 个金属原子位于 C$_{2v}$-C$_{82}$ 还是 C$_{3v}$-C$_{82}$，Sc-Sc 理论计算距离都远大于实验测试的 2.3Å。对于金属富勒烯，由于内嵌原子对碳笼的电荷转移，金属原子带正电，因而是相互排斥的，这导致金属原子之间的距离应该比中性金属原子之间的距离大[16]，参见图 3-5(b) 的分子结构示意图。从这一个角度看，理论计算的结果是更符合逻辑的。那么，为什么实验测试的结果反而可能有问题呢？这涉及到更深入的问题。因此，这一分子受到广泛而持续的关注，对相关结果的争论也持续发酵。

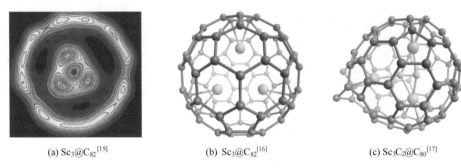

(a) $Sc_3@C_{82}$[15]　　　　　　　(b) $Sc_3@C_{82}$[16]　　　　　　　(c) $Sc_3C_2@C_{80}$[17]

图 3-5　Sc_3C_{82} 的分子结构示意图

2012 年，H. Kurihara 等将 Sc_3C_{82} 进行衍生化，得到该结构的衍生物，分离、纯化后长出单晶并进行了单晶 XRD 测试。结果显示，该分子的碳笼不是 C_{82} 而是 C_{80}。根据碳原子的连接方式，该分子的碳笼是 I_h-C_{80}；同时，另外的两个碳原子也是内嵌在笼中，即结构是 $Sc_3C_2@C_{80}$[17]，参见图 3-5（c）的分子结构示意图。新的实验结果良好地解释了有关这个分子的实验现象，也完美解释了过去在理论上的质疑。由于 C_2 与 Sc_3 形成团簇，Sc-C 之间的吸引大大抵消了纯金属团簇时的 Sc-Sc 之间的排斥，分子稳定性得到大大提高。另外，由于嵌入 C_2 之后，内嵌团簇的电荷密度极大值不是原来预想的三个明显极大值（Sc 的位置），而是在笼中近乎球状，这个结果解释了为什么早期的低分辨率的实验观察的是团簇，即 Sc-Sc 之间的距离小的实验事实。

有关这个分子的结构研究过程清楚地说明，当理论计算结果与实验结果不一致时，不能偏见地认为只有实验才是可靠的，而要在此基础上反思实验技术是否有问题或仪器精度是否足够，从而采用新的或更高精度的实验来确定分子的结构。可以说，在富勒烯科学领域，大家已经认识到理论计算与实验测试在确定分子结构上地位对等的同时也是相互补充的。相应地，实验研究组和理论研究组之间的协作得到了空前的强化。这一分子结构的测定、阐释过程完美体现了科学技术发展是螺旋式上升的这一哲学原理。

3.3.2　Y_3C_{80}

A. A. Popov 等采用改进的电弧放电法合成金属富勒烯过程中，通过质谱测试，显示一系列的三金属内嵌富勒烯 M_3C_{80} 已经生成，由于产量和稳定性低，他们没有分离出可进一步进行结构表征的样品。他们对 Y_3C_{80} 进行了系统的密度泛函理论计算，结果显示，Y_3C_{80} 可能是一个真正存在的三金属内嵌富勒烯。电子定域函数计算结果如图 3-6 所示，虽然没有非金属原子，三个金属 Y 原子的中心仍然有很大电荷密度聚集，这个电荷聚集区相当于 $Y_3N@C_{80}$ 中的 N 原子；计算结果还显示，三个金属原子在碳笼中没有成键，而是分别与 C_{80} 间存在强的作用，但是其动力学行为与 Y_3N 高度相似[18]。

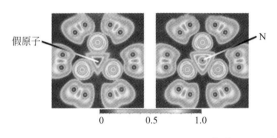

图 3-6　Y_3C_{80} 的电子定域函数图[18]

如果 Y_3 是内嵌在 I_h-C_{80} 中的，该分子内嵌原子向 I_h-C_{80} 转移的电子数应该比 Y_3N 向 I_h-C_{80} 转移的多，则该分子的电子结构和性质应该与 $Y_3N@C_{80}$ 有重大差异。到目前为止，尚未分离出电荷转移量超过 6 电子的内嵌金属富勒烯。因此，分离、证实该分子的结构仍然有重要意义。它有助于理解金属原子与富勒烯的作用，也可能发现到目前为止尚未知晓的控制金属富勒烯稳定性的重要因素。

3.3.3　$Sm_3@C_{80}$ 和 $Er_3@C_{74}$

北京大学 W. Xu 等合成、分离了 $Sm_3@C_{80}$，并将该化合物与八乙基镍卟啉（OEP）形成共晶[19]。单晶 XRD 显示，该分子结构是 $Sm_3@C_{80}$。电化学研究显示，该分子的氧化-还原特性与 $Sc_3N@C_{80}$ 和 $La_2@C_{80}$ 有明显差异。这是首次通过可靠实验证实了三个纯金属原子填充在同一个碳笼中，是填充金属原子的竞赛中的一个重要进展。不过，三个 Sm 之所以在没有其他非金属的调和下能够存在于 C_{80} 之中是因为每个 Sm 转移的电荷是 2 而不是 3，也就是说，3 个 Sm 原子转移的电荷总量是 6，与绝大多数的三金属氮化物的转移情况一样。因此，电子结构是 $Sm_3^{6+}@C_{80}^{6-}$，分子结构如图 3-7 所示。可以预想，具有类似电荷转移特性的三金属内嵌富勒烯也可能合成、分离出来。

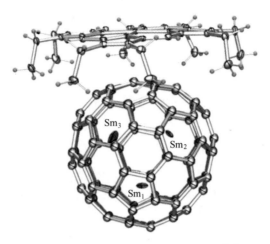

图 3-7　$Sm_3@C_{80}$-NiOEP 的分子结构[19]

另外一个受到关注的三金属富勒烯是 $Er_3@C_{74}$。该分子在质谱实验上已经检测到[20]，但是没有进一步的实验表征。Y. J. Guo 等进行了系统的理论研究，发现 Er_3 是填充在 D_{3h}-C_{74} 中，且金属原子与 C_{74} 间存在重要的共价作用[21]。

金属原子转移电子给富勒烯之后变为阳离子。一方面，转移的电子可稳定本来不稳定的富勒烯；另外一方面，如果内嵌的金属原子在两个以上，则金属原子之间会有强烈的静电排斥作用，从而使得整个分子的稳定性降低。因此，随着金属原子的增加，嵌入难度注定会增加，也就是说，纯粹的三个或以上的金属原子，特别是三个或以上的镧系原子填充进入富勒烯而形成的金属富勒烯的数量和种类将是极其有限的。

3.4　三金属氮化物富勒烯

金属富勒烯科学发展的早期，世界范围内的科学家从两个方面展开研究。一个方向是将更多种类的原子填充进入富勒烯，另外一个方向就是将尽可能多的金属原子填充进入一个富勒烯。对于前者，科学家们取得了巨大成功，数十种金属原子被嵌入碳笼之中。然而，对于后者，进展不尽人意。早期被认为是 3 个 Sc 原子填充进入 C_{82} 的内嵌金属富勒烯 $Sc_3@C_{82}$ 后来被证明碳笼的指认是错误的，该金属富勒烯的碳笼被单晶 XRD 实验证明是 I_h-C_{80}，相应的金属富勒烯应写为 $Sc_3C_2@C_{80}$。理论和实验都显示，在没有非金属原子调和的情况下，四个或以上的金属原子填充进入普通的富勒烯是不可能的。

3.4.1　Sc₃N@C₈₀

前面提及，由于金属原子之间的排斥作用，纯三金属原子或四金属原子填充的内嵌金属富勒烯的合成面临极大困难而进展缓慢。电弧放电法是合成金属富勒烯的传统方法。早期的合成实验中，研究人员采用的方法是首先将反应器抽真空，之后充入惰性气体，在这样的气氛下，对含有金属或金属氧化物的石墨棒进行电弧放电，将石墨气化为原子或原子团，在冷却的过程中形成金属富勒烯。这样的操作自然将氮气、氧气等排除在反应物之外。1999年，S. Stevenson 等在反应器中充入氮气（也许是对反应器抽真空不彻底，误打误撞留下了少量氮气在反应器中）。反应后，惊奇地发现烟灰中含有大量的金属氮化物富勒烯 Sc_3NC_{80}。将该化合物分离纯化之后长出单晶，测试得到该化合物的结构是 $Sc_3N@C_{80}$，即 N 与 3 个 Sc 原子形成团簇 Sc_3N 并嵌入 I_h-C_{80} 中[22]。这一发现为合成多金属原子内嵌富勒烯提供了新思路，即将金属原子与非金属原子形成团簇而极大抵消金属原子之间排斥作用，从而使得相应的内嵌金属团簇富勒烯的稳定性得到提高。

该分子是目前产量最高的内嵌金属富勒烯，其产量在优化的条件下甚至超过了富勒烯 C_{84} 而仅次于最丰富的富勒烯 C_{60} 和 C_{70}。正因为这种化合物易于制备，于是受到了广泛的研究。由此，三金属氮化物富勒烯的合成和性质研究成为了金属富勒烯研究领域的热点。后续实验发现，I_h-C_{80} 是最易于嵌入三金属氮化物团簇的富勒烯笼，包含 Y 和 La 系的许多金属原子以三金属氮化物的形式嵌入该碳笼之中。

3.4.2　Sc₃N@C₆₈和 Sc₃N@C₇₀

S. Stevenson 等在含有氮气的反应器中，对石墨粉和钪氧化物的复合棒进行直流电弧放电，合成了一系列三金属氮化物富勒烯，其中的一个化合物是 $Sc_3N@C_{68}$。实验结果显示，[45]Sc NMR 线只有一条，这说明 3 个钪原子的化学环境是一样的，根据 [13]C 核磁共振谱峰（11 条具有单位强度和有 1 条只有 1/3 强度），产物是 $Sc_3N@C_{68}$[23]。对于核磁共振技术，化学位移本来是确定分子中原子的化学环境的良好参数；然而，根据化学位移确认碳原子归属需要较深厚的物理有机化学专业知识。在富勒烯和金属富勒烯测定的具体操作中，常用的明确信息是 NMR 测试得到的核磁共振线的条数和相对强度。根据这两个信息能够判定相应富勒烯异构体的对称性，于是就可以将内嵌金属富勒烯锁定在少数几个异构体上。不过，由于富勒烯结构的多样性，具有相同核磁共振模式的异构体时常不止一种。因此，单纯的核磁共振测试结果有时不足以确定富勒烯或金属富勒烯的明确或精确结构。在这种情况下，其他表征手段，如系统的密度泛函理论计算和单晶 XRD 测试就尤为关键。

三年后该研究组用 XRD 进一步证实该结构是 Sc_3N 内嵌于 D_3-C_{68}:6140 笼中[24]。精细结构显示，钪原子是处在富勒烯笼内并环戊二烯的中心之上，即两个相邻五边形共享的键（B_{55}）的前方。金属与碳间的短距离（2.225Å）涉及 B_{55} 键上的碳原子，这也意味着并环戊二烯上的碳原子与钪原子的配位作用稳定了内嵌富勒烯结构。

因为 C_{68} 根本没有满足 IPR 的异构体，所以，这项研究表明，金属富勒烯的碳笼可从 IPR 异构体拓展到 non-IPR 异构体。于是引发了一轮新的合成金属富勒烯的高潮。

尽管 C_{70} 有 IPR 异构体，实验和理论研究却显示 Sc_3N 团簇内嵌于 non-IPR 异构体 C_{2v}-C_{70}:7854 之中[25]。其中一个钪原子位于 B_{55} 的前方，另外两个由于碳笼几何结构的影响，有一点偏离。总体上看，Sc_3N 在碳笼中不是成平面正三角形。这个结构的报道进一步证明电荷转移可以极大地改变富勒烯异构体的稳定性顺序。

3.4.3　$LaSc_2N@C_{80}$-hept

对于三金属氮化物富勒烯，内嵌团簇的多样性已经从合成报道的数十种物种中得到显现。实际上，就整个富勒烯、内嵌富勒烯和富勒烯衍生物而言，无论碳笼 C_n 怎么变，碳笼都是属于只由五边形和六边形围成的经典富勒烯。然而，2015 年，Y. Zhang 等[26]报道了一种三金属氮化物富勒烯 $LaSc_2N@C_{80}$，单晶 XRD 等技术测试显示，该分子的碳笼上含有一个七边形，如图 3-8（a）所示。从分子结构可以看出，旋转 $LaSc_2N@C_{80}$-hept(a) 的一个 C-C 键可以得到经典的 $LaSc_2N@C_{80}$-I_h(b)，表明在金属富勒烯形成过程中，七边形发挥了重大作用。

以上工作报道的是首例含有七边形的内嵌金属富勒烯结构。这项工作的意义不在于合成得到了性质上如何独特或优异的新物种，而是启示了金属富勒烯的碳笼可从经典富勒烯的思维定式中突破开来，也就是说，非经典富勒烯也是金属富勒烯的候选碳笼。由于非经典富勒烯的异构体数是经

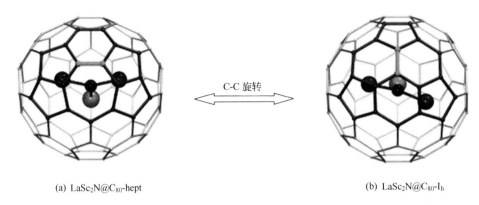

(a) LaSc$_2$N@C$_{80}$-hept　　　　　　　　　　　　　(b) LaSc$_2$N@C$_{80}$-I$_h$

图 3-8　LaSc$_2$N@C$_{80}$-hept 和 LaSc$_2$N@C$_{80}$-I$_h$ 的结构[26]

典富勒烯异构体数的成千上万倍，预示着富勒烯科学有了新的、更大的研究空间。

3.4.4　M$_3$N@C$_{84}$和 La$_3$N@C$_{96}$

三金属氮化物富勒烯是所有金属富勒烯分子中产量相对较高的物质，但是，基于 C$_{84}$ 笼的三金属氮化物内嵌富勒烯的种类相对较少。2006 年，C. M. Beavers 等[27]合成了 Tb$_3$N@C$_{84}$ 的两个异构体。尽管 C$_{84}$ 有 24 个 IPR 异构体，实验结果表明，Tb$_3$N@C$_{84}$ 的第二个异构体的碳笼是含有一个 B$_{55}$ 键的蛋形 non-IPR 结构。Tb$_3$N 在碳笼之中为平面结构，其中一个 Tb 原子位于 B$_{55}$ 的前方，转移的电荷稳定化了这个本来不稳定的富勒烯异构体。不过，计算显示，这个异构体的负离子比 D$_{2d}$-C$_{84}$ 的负离子更稳定。这验证了电荷转移相互作用对金属富勒烯结构的稳定化效应。

La$_3$N 是几何尺寸最大的三金属氮化物团簇，质谱实验已经证实 La$_3$N@C$_{88}$ 和 La$_3$N@C$_{96}$ 的存在。不过，该团簇更易于嵌入 C$_{96}$ 碳笼，其次才是 C$_{88}$ 碳笼[28]，这清楚地显示了内嵌团簇的尺寸对碳笼的选择性。随着碳笼的增大，尽管金属团簇能够促进原来不稳定碳笼的形成，但是由于在冷却成核过程中，尺寸越大，从统计学的角度看，封闭成富勒烯的概率越小。因此，总体上讲，大尺寸碳笼内嵌金属富勒烯的产率应该是较小且难以合成的。图 3-9 为 Tb$_3$N@C$_{84}$ 的分子结构图和 La$_3$N@C$_n$ 的质谱图。

3.4.5　三金属氮化物富勒烯的尺寸效应

最早嵌入 C$_{68}$ 笼的是 Sc$_3$N 团簇，实验研究显示，转移的电子将高活性

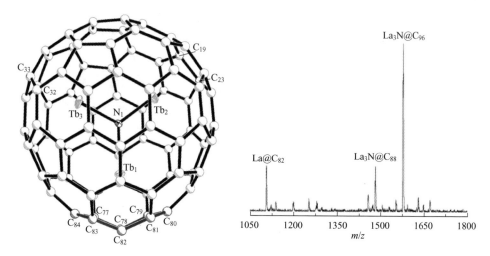

图 3-9　$Tb_3N@C_{84}$ 的分子结构图[27] 和 $La_3N@C_n$ 的质谱图[28]

的 C_{68} 笼稳定下来，Sc_3N 团簇在碳笼之中形成平面结构。当内嵌团簇尺寸变大时，由平面变为锥形。K. Kobayashi 等认为，$M_3N@C_{80}$ 的稳定性差异决定于电荷转移：Sc_3N 转移 6 个电子，La_3N 转移 8 个电子形成开壳层，因此稳定性降低，难以合成[29]。稳定性差异的主要原因不是电荷转移数量的差异，而是 La_3N 的尺寸过大，La-La 之间的排斥力导致 La 笼排斥，对碳笼起到失稳作用。

为了进一步考察碳笼以及内嵌团簇的尺寸对相应三金属氮化物富勒烯的影响，进行了广泛而系统的计算研究[30]。由于 C_{68}、C_{78} 和 C_{80} 是三个典型的能够内嵌三金属氮化物团簇的碳笼，而且其尺寸依次增大，这里选取这三个富勒烯来考察碳笼的尺寸对金属富勒烯结构和性质的影响。由于 Sc_3N、Y_3N 和 La_3N 的性质相似而尺寸依次增大，选择这三个团簇来探究团簇尺寸对相应的三金属氮化物富勒烯的结构和性质的影响。所以，计算的体系是 $M_3N@C_{68}$、$M_3N@C_{78}$ 和 $M_3N@C_{80}$（M=Sc、Y 和 La）。

在初始结构中，内嵌的团簇都是平面的。采用密度泛函理论中的局域密度近似（LDA）和广义梯度近似（GGA）方法[31~35]。三个碳笼、三个团簇、每个团簇两个取向，构造了总共 18 个初始结构 $M_3N@C_n$（M=Sc、Y 和 La）。最后，对优化结构进行了 LDA/DND 水平上的频率计算。$M_3N@C_n$ 和 M_3N 相对能量和几何参数列举在表 3-1 中，$M_3N@C_{68}$ 和 $M_3N@C_{78}$ 的优化结构显示在图 3-10 中。

表 3-1　M_3N 和 $M_3N@C_n$ 的相对能量和几何参数

分子	LDA/DND 水平				GGA/DND 水平			
	ΔE /(kcal/mol)	M-M/Å	M-C/Å	M-N/Å	ΔE /(kcal/mol)	M-M/Å	M-C/Å	M-N/Å
Sc_3N-C_{3v}	0.00	2.912		1.943	0.00	2.996		1.980
Sc_3N-D_{3h}	16.48	3.260		1.882	12.57	3.350		1.934
Y_3N-C_{3v}	0.00	3.292		2.080	0.00	3.597		2.107
Y_3N-D_{3h}	3.79	3.548		2.049	−0.05	3.646		2.105
La_3N-C_{3v}	0.00	3.475		2.246	0.00	3.563		2.296
La_3N-D_{3h}	20.39	3.801		2.195	17.43	3.904		2.255
$Sc_3N@C_{68}$-B_{55}	0.00	3.427	2.289	1.979	0.00	3.445	2.331	1.989
$Sc_3N@C_{68}$-B_{66}	105.86	3.230	2.143	1.865	96.13	3.267	2.175	1.886
$Y_3N@C_{68}$-B_{55}	0.00	3.429	2.373	1.980	0.00	3.453	2.414	1.994
$Y_3N@C_{68}$-B_{66}	159.32	3.310	2.231	1.911	144.95	3.349	2.267	1.933
$La_3N@C_{68}$-B_{55}	0.00	3.435	2.470	1.983	0.00	3.474	2.504	2.006
$La_3N@C_{68}$-B_{66}	200.17	3.369	2.333	1.945	176.20	3.521	2.445	2.031
$Sc_3N@C_{78}$-B_{66}	0.00	3.458	2.224	1.996	0.00	3.479	2.262	2.008
$Sc_3N@C_{78}$-R_6	25.04	3.438	2.317	1.985	21.71	3.462	2.356	1.999
$Y_3N@C_{78}$-B_{66}	0.00	3.489	2.313	2.015	0.00	3.521	2.352	2.033
$Y_3N@C_{78}$-R_6	21.96	3.473	2.393	2.005	20.64	3.504	2.431	2.023
$La_3N@C_{78}$-B_{66}	0.00	3.517	2.421	2.030	0.00	3.554	2.459	2.052
$La_3N@C_{78}$-R_6	11.11	3.511	2.468	2.027	10.42	3.548	2.508	2.049
$Sc_3N@C_{80}$-B_{56}	0.00	3.487	2.246	2.016	0.00	3.511	2.284	2.030
$Sc_3N@C_{80}$-R_6	2.95	3.500	2.345	2.021	3.01	3.524	2.387	2.035
$Y_3N@C_{80}$-B_{56}	0.00	3.485	2.341	2.066	0.00	3.521	2.380	2.076
$Y_3N@C_{80}$-R_6	−2.70	3.533	2.419	2.040	−1.95	3.562	2.459	2.057
$La_3N@C_{80}$-B_{56}	0.00	3.278	2.475	2.231	0.00	3.331	2.511	2.248
$La_3N@C_{80}$-R_6	31.94	3.565	2.497	2.058	28.36	3.548	2.508	2.049

注：B_{55}、B_{56}、B_{66} 表示相应的金属原子分别位于 5∶5、5∶6、6∶6 键的前方，R_6 表示相应的金属原子位于六边形的前方。

如表 3-1 所示，Sc 原子位于比邻五边形前面的结构的能量比位于比邻六边形前面的结构的能量低 96.13 kcal/mol（GGA/DND 水平），这个数值与文献报道的 104.28kcal/mol 是一致的[36]；而且，$Y_3N@C_{68}$-B_{55} 和 $La_3N@C_{68}$-B_{55} 都比相应的 B_{66} 结构更稳定。在 GGA/DND 水平上，$La_3N@C_{68}$-B_{66} 的

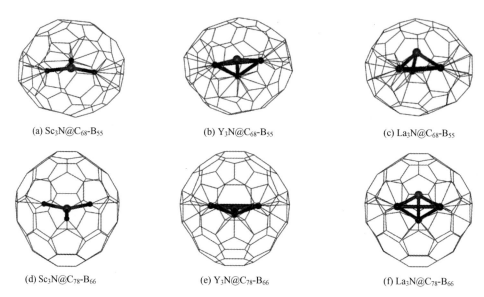

(a) Sc$_3$N@C$_{68}$-B$_{55}$ (b) Y$_3$N@C$_{68}$-B$_{55}$ (c) La$_3$N@C$_{68}$-B$_{55}$

(d) Sc$_3$N@C$_{78}$-B$_{66}$ (e) Y$_3$N@C$_{78}$-B$_{66}$ (f) La$_3$N@C$_{78}$-B$_{66}$

图 3-10   M$_3$N@C$_{68}$ 和 M$_3$N@C$_{78}$ 的优化结构（GGA/DND 理论水平）

优化结构与 La$_3$N@C$_{68}$-B$_{55}$ 结构比较而言，前者的 M-M 和 M-N 都大于后者的；B$_{66}$ 中的 La-La 大于 B$_{55}$ 结构中的。表面上看，在能量上 B$_{66}$ 结构应该比 B$_{55}$ 更有利。然而，结构分析显示，La$_3$N@C$_{68}$-B$_{66}$ 结构的 B$_{66}$ 处的 C-C 键几乎断裂，同时，其 HOMO-LUMO 能隙为 0。因此，整体上 B$_{55}$ 结构在能量上更有利。LDA/DND 水平的频率计算显示 Sc$_3$N@C$_{68}$-B$_{55}$ 是一个稳定结构，其最小的频率是 81.0cm^{-1}；然而，Sc$_3$N@C$_{68}$-B$_{66}$ 是一个四级鞍点结构，有四个虚频，其第一个虚频的正则振动模式表明 Sc$_3$ 趋向于在 Sc$_3$ 所在的平面内旋转；另外的三个虚频的正则振动模式表明内嵌团簇在碳笼中翻滚。由于 B$_{66}$ 结构和 B$_{55}$ 结构的相对能量在 LDA 和 DDA 水平上分别是 105.86kcal/mol 和 96.13kcal/mol，内嵌的 Sc$_3$N 不能在 Sc$_3$ 所在的平面旋转；而且，C$_{68}$：6140 的那些 B$_{55}$ 键上的碳原子距离笼中心更远，最远与最近的差异达到 0.8Å。因此，Sc$_3$N 在 C$_{68}$ 中不可能像在 I$_h$-C$_{80}$ 中一样自由旋转。

将团簇放置在垂直于 C$_3$ 轴的平面上得到的 Y$_3$N@C$_{68}$-B$_{55}$ 和 La$_3$N@C$_{68}$-B$_{55}$ 的优化结构都是过渡态，其虚频分别是 -198cm^{-1} 和 -416cm^{-1}。虚频对应的正则模式表明中心的 N 原子有离开 M$_3$ 所在的平面的趋势，因此，3 个 Y 或 La 原子被严格限制在碳笼中。为了获得能量上有利的结构，进行新的优化计算。初始结构中，N 原子放置到远离 M$_3$ 平面，整个结构的对称性为 C$_1$。优化结果显示，当内嵌团簇是 Sc$_3$N 时，优化结构的内嵌团簇回到平面，整个分子的结构回到 D_3 对称性。相反，C_1 对称的 $Y_3N@C_{68}$-B_{55} 和 $La_3N@C_{68}$-B_{55} 的能量比 D_3 对称的低。也就是说 Y_3N 和 La_3N 在 C_{68} 中是锥形的。在 $Y_3N@C_{68}$ 和 $La_3N@C_{68}$ 结构中，N 原子距离 M_3 的垂直距离分别是 0.49Å 和 1.12Å，同时，嵌入了这两个团簇的 C_{68} 比未嵌入时在 N→M 的方向分别大 0.20Å 和 0.52Å。由于内嵌的金属原子之间的静电斥力以及碳笼的限域效应可能导致内嵌团簇锥化[37]，因此比较了 $Y_3N@C_{68}$ 和 $La_3N@C_{68}$ 与 $Sc_3N@C_{68}$-B_{55} 的碳笼的大小，结果显示，前面两个碳笼在 N→M 方向上比后者大 0.09Å 和 0.20Å。

如图 3-10 所示，Sc_3N 在 C_{68}:6140 碳笼之中是平面的，而 Y_3N 和 La_3N 在该碳笼中是锥形的。对于 $La_3N@C_{68}$，碳笼几乎被挤破。显然，在 $La_3N@C_{68}$ 结构中，碳笼和内嵌团簇虽然带相反的电荷，它们之间整体上存在巨大的排斥力而不是通常的吸引相互作用。所以，$Y_3N@C_{68}$ 和 $La_3N@C_{68}$ 的稳定性都低于 $Sc_3N@C_{68}$ 的，这两个内嵌富勒烯的产量也不可能与 $Sc_3N@C_{68}$ 的一样多。因此，C_{68} 以及比 C_{68} 小的碳笼是不可能嵌入这两个团簇的。实际上，自从发现第一个三金属氮化物富勒烯到现在已经 20 年了，但是到目前为止，没有碳笼比 C_{68} 小的三金属氮化物富勒烯被合成的报道。

如表 3-1 所示，$M_3N@C_{78}$-R_6 的相对能量是正的，B_{66} 结构中的 M-M 距离比 R_6 中的大，这些结果表明 M-M 排斥在决定 $M_3N@C_{78}$ 的结构和稳定性时发挥了重要作用。事实上，具有更大 Sc-Sc 距离和更小 Sc 笼距离的 $Sc_3N@C_{78}$-B_{66} 比 R_6 结构的能量低了 21.71 kcal/mol（GGA/DND 水平）。对于 $Y_3N@C_{78}$ 和 $La_3N@C_{78}$，相似的情况出现，即具有更大 Y-Y 或 La-La 距离的结构在能量上是更有利的。

对 D_{3h} 对称的 $Sc_3N@C_{78}$-B_{66} 的频率计算显示，这个结构是稳定的；然而，$Y_3N@C_{78}$-B_{66} 是一个过渡态，$La_3N@C_{78}$-B_{66} 是一个三级鞍点结构。对于后面两个结构，第一个虚频的正则模式表明内嵌团簇趋向于锥化。当然，因能量更高，R_6 结构也应该是过渡态或高级鞍点结构。Y_3N 和 La_3N 在 C_{78} 中的翻转势垒分别是 1.05 kcal/mol 和 58.48 kcal/mol（GGA 水平）。这些结果暗示 N 原子在 $Y_3N@C_{78}$ 中能够自由地振动；相反，在 $La_3N@C_{78}$ 结构中则不能够。在后者结构中，碳笼和内嵌 La_3N 团簇之间存在巨大的排斥作用。因此，$La_3N@C_{78}$ 的产量不可能与 $Sc_3N@C_{78}$ 和 $Y_3N@C_{78}$ 的有可比性。

因碳笼和内嵌原子之间的静电吸引，$Sc_3N@C_{80}$ 中 Sc-N 的吸引作用受到一定程度的弱化。因此，$Sc_3N@C_{80}$ 能量上最有利的结构并不是能够获得最大 Sc-C 距离的 $Sc_3N@C_{80}$-R_6；也就是说，就 Sc_3N 而言，I_h-C_{80} 比最理想的碳笼稍微大了一点。Y_3N 不能够在 I_h-C_{80} 中自由旋转。对于 $Y_3N@C_{80}$，D_3 对称的 $Y_3N@C_{80}$-R_6 结构的 Y-Y 距离是最大的，也是所考虑的几个构象中能量最低的。表面上看 D_3 对称的 $La_3N@C_{80}$-R_6 应该是最稳定的，然而，正如表 3-1 所示，$La_3N@C_{80}$-R_6 的能量比 $La_3N@C_{80}$-B_{56} 的高。虽然 La_3N 在 $La_3N@C_{80}$-B_{56} 初始结构中设置为平面，由于这个分子的对称性为 C_{3v}，优化时中心的 N 原子并不受到限制而可以在 C_3 轴上移动。优化结果显示 La_3N 是锥形的。所以，$La_3N@C_{80}$-B_{56} 的能量低于 D_3 对称的 $La_3N@C_{80}$-R_6。频率计算显示，D_3 对称 $La_3N@C_{80}$-R_6 的中心 N 原子趋向于离开 La_3 平面。进一步的计算表明，N 原子的翻转势垒达 30 kcal/mol（GGA/DND），这个数值表明 La_3N 的位置受到 I_h-C_{80} 的严格限制，这个情况与 Sc_3N 在 C_{68}:6140 和 D_{3h}-C_{78} 中的完全一样。最近的 XRD 实验表明，在 I_h-C_{80} 中，Dy_3N 是近乎平面的[38]，而 Tb_3N[39] 和 Gd_3N[40] 是锥化的。这些计算结果与实验结果有高度的一致性。

为了比较，对 M_3N 进行了几何优化计算。如果没有碳笼的限制作用，带正电的三金属团簇的 M-M 距离应该大于自由态的三金属氮化物团簇的 M-M 距离。然而，只有 $Sc_3N@C_n$ 的 Sc-Sc 距离大于自由态的 Sc_3N 的 Sc-Sc 距离，表明 C_{68}、C_{78}、C_{80} 的内部空间足够容纳 Sc_3N。然而，$Y_3N@C_n$ 的 Y-Y 距离都小于自由态 Y_3N 中的 Y-Y 距离，表明碳笼对金属团簇 Y_3N 施加了相当大的挤压效应。$La_3N@C_n$ 的 La-La 距离小于自由态的 La_3N 的 La-La 距离，这计算结果表明碳笼对 La_3N 施加了极大的挤压效应。换句话说，碳笼和内嵌团簇之间存在巨大的排斥力。$La_3N@C_n$ 中的 La-N 距离显著小于自由态 La_3N 的 La-N 距离，这也表明在 $La_3N@C_{80}$ 中，La-N 之间存在巨大的排斥效应。为了释放这种排斥张力，中心的 N 原子离开 La_3 所在的平面，从而达到新的平衡。应该说，尽管锥化一定程度释放了内部张力，但是，释放不彻底，只是达到了新的平衡。因此，内部团簇是锥形的 $Y_3N@C_{68}$ 和 $La_3N@C_n$（n=68、78、80）的稳定性仍然低于内部团簇是平面的 $Sc_3N@C_n$（n=68、78、80）和 $Y_3N@C_n$（n=78、80）。这些从计算结果中推导而得到的结论与实验现象完全一致。

表 3-1 显示，在 $M_3N@C_{68}$、$M_3N@C_{78}$ 和 $M_3N@C_{80}$-R_6 中，当团簇保持平面时，随着碳笼的增大，M-M 距离逐渐增大，所以，笼-团簇之间的排斥作用随着笼尺寸的增大而减小。当富勒烯足够大的时候，笼-团簇之间的排斥力消失并逆转为正常的吸引相互作用，如在 $Sc_3N@C_{80}$ 中的情况。

对于 $M_3N@C_n$，内嵌团簇向 C_n 转移的电子能够稳定高活性的 C_n，这一

点正如 $M@C_{82}$ 的情况。但是，需要注意的是 $M_3N@C_n$ 中的电荷转移效应比单金属富勒烯的电荷转移效应复杂得多，金属原子之间存在静电排斥相互作用；如果碳笼的尺寸不够大的话，即使是带相反电荷的碳笼和内嵌团簇之间也存在排斥作用。因此，$M_3N@C_n$ 的结构和稳定性是由电荷转移相互作用和笼、团簇的尺寸共同决定的。

3.5　金属碳化物富勒烯

2000 年之前，尽管已经制备出数十种内嵌富勒烯，但是这些内嵌富勒烯的内嵌原子只有金属原子、金属原子团簇、金属氮化物以及惰性气体原子，而碳原子则只构成碳笼。2001 年，王春儒等采用电弧放电法和高效液相色谱技术，成功合成、分离了第一个内嵌有碳原子的金属团簇富勒烯 $Sc_2C_2@C_{84}$[41]。^{13}C NMR 测试结果显示，共有 12 条 NMR 线，这一结果排除了 Sc 原子是内嵌在 C_{86}、C_{82} 碳笼中的可能性。结合 C_{84} 各个异构体的对称性，唯一的可能是 Sc_2C_2 内嵌在 D_{2d}-C_{84} 的碳笼之中。XRD 实验也清楚地证明了 Sc_2C_2 团簇的内嵌属性，该分子的等电荷密度和结构参见图 3-11。该研究第一次将构成笼的碳元素嵌入了笼子之中，从而为金属富勒烯的形成机理提供了一些有意义的信息。

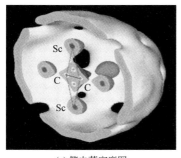 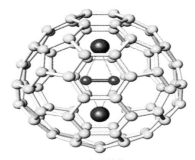

(a) 等电荷密度图　　　　　　　　　(b) 分子结构

图 3-11　$Sc_2C_2@C_{84}$ 的等电荷密度图和分子结构[41]

由于 D_{2d}-C_{84} 的内部空间有限（长轴上的距离只有 8.3Å），根本不能够容纳线型结构的 Sc_2C_2 团簇，因此内嵌的 C_2 应该是处于垂直于 Sc-Sc 连线的面上。如果 C_2 是处于垂直于长轴的位置，根据群论，整个分子的最高对称性是 D_2，这样的结果又不符合 ^{13}C NMR 测试的结果。因此，内嵌 C_2 应该是在垂直于 C_2 轴的面上高速转动或两极之间快速振动的。如果是转动的，则因内嵌的 C_2 带负电荷，这种带电体的转动就会形成电流而产生磁场，因而这一个分子就是一个微小的磁体。如果 C_2 的平衡位置垂直于 Sc-Sc 连线且 C_2 在两个 Sc 原子之间往复运动，则是一个分子钟摆。无论哪种情况，该分子都是一个新颖的纳米尺度的分子器件，具有重要的基础研究意义。

目前，已经有三个 $Y_2C_2@C_{82}$ 的异构体被合成出来[42]，它们的碳笼对称性分别为 C_s、C_{2v} 和 C_{3v}。同时，组成为 Sc_2C_{84} 的金属富勒烯被 NMR 和单晶 XRD 实验证明是金属碳化物富勒烯 $Sc_2C_2@C_s\text{-}C_{82}$、$Sc_2C_2@C_{2v}\text{-}C_{82}$ 和 $Sc_2C_2@C_{3v}\text{-}C_{82}$。有趣的是，当对 $Y_2C_2@C_{3v}\text{-}C_{82}$、$Y_2C_2@D_3\text{-}C_{92}$、$Y_2C_2@D_5\text{-}C_{100}$ 进行系统比较时，发现随着碳笼的增长，内嵌 Y_2C_2 团簇从受约束的蝴蝶形结构变为伸展的直线结构。在这个过程中，内嵌 C_2 单元、各种不同富勒烯和金属碳化物团簇经历着各种各样的转化。$Sc_2C_2@C_{86}$、$Sc_2C_2@C_{88}$ 和 $Sc_2C_2@C_{90}$ 的内嵌团簇的构象也经历了类似转变[43]。

实验显示，Sc_2C_2 和 Y_2C_2 团簇优先选择 C_{82} 和 C_{84} 碳笼，与之相反，镧系元素碳化物趋向于选择较大碳笼以保持稳定，这是因为镧系阳离子比较大。这种依据金属尺寸选择碳笼的性质在团簇富勒烯的形成中起了重要的作用，并且这种性质在三金属氮化物团簇富勒烯中也起了相同的作用。这是因为随着内嵌团簇尺寸的增长，外部的碳笼受到越来越高的内部压力，最终富勒烯只有通过增长才能适应更大的团簇。鉴于金属碳化物富勒烯的多样性，可认为金属碳化物 M_2C_2 单元是构建相应内嵌富勒烯的模板。

金属碳化物团簇富勒烯的另外一个重要发现是关于 $Sc_4C_2@I_h\text{-}C_{80}$ 的[44]。对于这个分子，C_2 单元嵌套在 4 个钪原子构成的四面体中心，然后这个金属碳化物团簇嵌入 $I_h\text{-}C_{80}$ 的碳笼中，呈现出像俄罗斯套娃那样的嵌套结构。$Sc_4C_2@I_h\text{-}C_{80}$ 的 ^{13}C NMR 有两个比例为 1：3 的信号，该信号表明内嵌 Sc_4C_2 团簇在碳笼中是自由旋转的。$Sc_4C_2@C_{80}$ 是目前嵌入的金属最多的 3 个金属富勒烯分子之一。

3.6 金属氧化物富勒烯

在金属富勒烯合成的早期，研究人员认为，在用电弧放电法合成富勒烯和金属富勒烯的过程中，反应气氛中应是无氧的，至多是在反应物中引用金属氧化物。实验结果也证实，反应器中有较多的氧气时，不能够生成富勒烯或金属富勒烯。然而，2008 年，S. Stevenson 等利用直流电弧放电法和高效液相色谱技术，合成和分离出第一个金属氧化物团簇富勒烯 $Sc_4O_2@$ I_h-C_{80}[45]。理论研究显示[46]，该分子中，I_h-C_{80} 嵌入了一个变形的 Sc_4 四面体，两个 O 原子则位于 Sc_3 的两个三角面上。不久之后，B. Q. Mercado 等[47]进一步合成了嵌入七个原子的氧化物团簇富勒烯 $Sc_4O_3@I_h$-C_{80}。研究显示，在 $Sc_4O_2@I_h$-C_{80} 中，其 HOMO 轨道主要限制在 Sc_4O_2 团簇上，在 $Sc_4O_3@I_h$-C_{80} 中，HOMO 轨道则分布于富勒烯笼上。这是目前为止内嵌最多原子数的金属富勒烯。因此，$Sc_4O_2@I_h$-C_{80} 和 $Sc_4O_3@I_h$-C_{80} 是研究内嵌团簇的尺寸效应的良好体系，参见图 3-12。

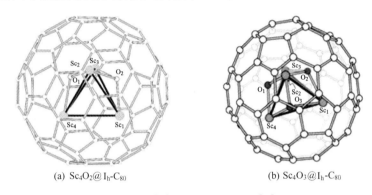

(a) $Sc_4O_2@I_h$-C_{80}　　　　(b) $Sc_4O_3@I_h$-C_{80}

图 3-12　$Sc_4O_2@I_h$-C_{80}[45] 和 $Sc_4O_3@I_h$-C_{80}[47] 的分子结构图

2010 年，B. Q. Mercado 等[48]利用钪氧化物与石墨作为原料，通过电弧放电法合成和分离了金属氧化物富勒烯 $Sc_2O@C_{82}$，如图 3-13 所示。质谱分析、紫外可见吸收光谱分析、密度泛函理论计算以及 XRD 实验显示，该金属富勒烯的碳笼是 C_s-C_{82}（IPR：6）。鉴于氧和硫是同一主族的相邻元素，$Sc_2O@C_{82}$ 的性质应该与 $Sc_2S@C_{82}$ 的相似。通过类似的方法，其他的双金属氧化物富勒烯也得到报道。

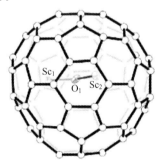

图 3-13　$Sc_2O@C_{82}$ 的分子结构[48]

3.7 金属硫化物富勒烯

3.7.1 双金属硫化物富勒烯的实验研究

2010 年，L. Dunsch 等采用电弧放电法和高效液相色谱法，合成并分离出一种新物质。结合紫外可见光谱、红外光谱和广泛的密度泛函理论计算，发现合成、分离的新物质是 $M_2S@C_{82}$-C_{3v}(8)（M＝Sc、Y、Dy、Lu），这是一类新型的内嵌金属富勒烯，即金属硫化物富勒烯。分子轨道分析和分子中原子理论分析显示，内嵌的硫化物团簇向富勒烯转移了四个电子，金属-硫和金属-碳间有高度的共价性。分子动力学模拟显示，金属硫化物团簇在碳笼中可以沿着碳笼的 C_3 轴自由旋转。因此，^{45}ScNMR 谱中只有一条线[49]。

在 $Sc_2S@C_{82}$ 报道不久，N. Chen 等利用 SO_2 和石墨等为反应物，通过电弧放电法，合成了一系列的金属硫化物富勒烯 $Sc_2S@C_{2n}$(n＝35～50），通过多步 HPLC 分离，得到了金属硫化物富勒烯 $Sc_2S@C_{72}$[50] 和 $Sc_2S@$$C_{70}$[51]。经过紫外-可见光谱、循环伏安、单晶 XRD 测试等，证明所合成、分离的化合物分别是 $Sc_2S@C_{72}$:10528 和 $Sc_2S@C_{70}$:7892。密度泛函理论计算也揭示内嵌团簇转移了 4 个电子给富勒烯，并因此稳定了高活性的 C_{72}:10528和C_{70}:7892。

3.7.2 双金属硫化物富勒烯的结构搜索方法

在富勒烯科学研究中，对新合成的物质进行结构测定是基本的要求。因产量低，如何以最少的检测次数和用量就能够阐明目标化合物的结构是重要的挑战。相应地，第一性原理基础的理论计算和模拟，在阐明金属富勒烯的结构和性质上，已经被广泛证明是行之有效的手段，理论计算和模拟已经发展成为金属富勒烯的结构和性质表征上不可或缺的工具。为了阐释或预测金属硫化物富勒烯的结构和性质，对 C_{74} 的 476 个异构体（含有 0～3 组 B_{55} 键）进行了系统的计算研究[52]。计算研究的流程如图 3-14 所示，计算结果见表 3-2，优化结构如图 3-15 所示。结果表明，从 Sc_2S 转移给富勒烯的 4 电子稳定了高活性的 C_{74}:13333。$Sc_2S@C_{74}$ 最低能量的异构体因此是违反五边形比邻能量惩罚原则的。有趣的是，内嵌团簇在碳笼中是线型的，这与自由态的 Sc_2S 完全不一样，也与在其他双金属硫化物富勒烯中的情况明显不一样。NBO 分析显示，Sc_2S 与富勒烯之间存在共价相互作用，Sc_2S 嵌入碳笼在能量上是高度有利的，嵌入能达到 214.0kcal/mol 以上。

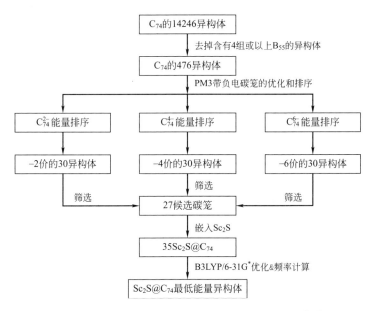

图 3-14　$Sc_2S@C_{74}$ 的最低能量异构体的搜索过程[52]

表 3-2　B3LYP/6-31G* 水平上 $Sc_2S@C_{74}$ 的前 6 个最优异构体的相对能量、能隙、Sc-Sc、Sc-C 长度、∠ScSSc 键角

异构体	IUPAC	对称性	ΔE /(kcal/mol)	能隙 /eV	Sc-Sc /Å	Sc-S /Å	Sc-C /Å	键角 /(°)
$Sc_2S@C_{74}$-2-18	13333	C_2	−11.78	1.68	4.673	2.336	2.253	179.01
$Sc_2S@C_{74}$-0-01	14246	D_{3h}	0.00	1.14	3.824	2.343	2.224	109.38
$Sc_2S@C_{74}$-2-49	14239	C_{2v}	0.11	1.21	4.170	2.336	2.246	126.38
$Sc_2S@C_{74}$-2-70	13334	C_1	0.29	1.76	4.602	2.350	2.255	156.19
$Sc_2S@C_{74}$-2-40	13771	C_1	3.59	1.53	3.984	2.366	2.282	113.89
$Sc_2S@C_{74}$-2-48	13335	C_1	4.73	1.42	4.441	2.361	2.252	139.33

3.7.3　双金属硫化物富勒烯的理论表征方法

　　搜索到能量上有利的结构之后，为了给实验结构测定和性质表征提供线索或参照，还需要对得到能量上有利的结构进行理论表征。在此，选择实验上已经检测到，但还未有详细结构表征的 $Sc_2S@C_{90}$ 为研究样板，在呈现研究结果的同时展示金属富勒烯理论研究的方法[53]。

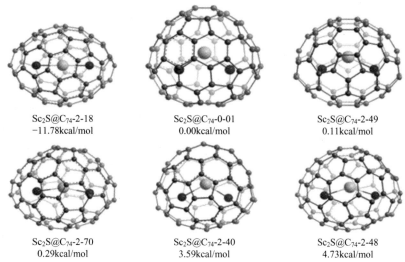

Sc₂S@C₇₄-2-18   Sc₂S@C₇₄-0-01   Sc₂S@C₇₄-2-49
−11.78kcal/mol   0.00kcal/mol   0.11kcal/mol

Sc₂S@C₇₄-2-70   Sc₂S@C₇₄-2-40   Sc₂S@C₇₄-2-48
0.29kcal/mol   3.59kcal/mol   4.73kcal/mol

图 3-15 $Sc_2S@C_{74}$ 的前 6 个最低能量的异构体及其相对能量（B3LYP/6-31G*）

　　一般来说，由于邻接五边形有很大的环张力，含有邻接五边形的 non-IPR 富勒烯是不稳定的。然而，通过嵌入的金属离子或团簇与邻接五边形之间的强烈的电子相互作用，一些 non-IPR 的富勒烯可以保持稳定[54]。考虑到 non-IPR 富勒烯中，金属原子主要是位于邻接五边形前方，两个 Sc 原子不足以稳定含有 3 个及以上 B_{55} 键的异构体，超过 3 个 B_{55} 键时，邻接五边形极大的环张力会导致整个金属富勒烯不稳定。因此，只选取了含有 0～3 组 B_{55} 键的富勒烯作为候选碳笼。

　　C_{90} 的异构体中，IPR 异构体有 46 个，含有 1～3 个 B_{55} 键的 non-IPR 异构体有 15710 个，对这些异构体及其−2、−4、−6 价阴离子（共 15756×4 个）进行 PM3 水平上的几何优化。在此基础之上再对能量较低的 316 个异构体进行 B3LYP/3-21G 水平上的几何优化。取能量最低的 30 个 C_{90} 阴离子作为候选碳笼，在 x、y、z 三个方向上嵌入 Sc_2S 团簇，在 B3LYP/3-21G 水平上优化。最后，取能量最低的 7 个异构体在 B3LYP/6-31G* 水平上进一步几何优化和频率分析，计算结果列于表 3-3。为了统一编号，采用了 IUPAC 推荐的编号系统。所有异构体的几何优化和频率计算都是利用 Gaussian 09 软件包完成的，电荷密度拓扑分析利用 AIM 2000 软件完成。

　　从表 3-3 可以看出，能量最低的 $Sc_2S@C_{90}$ 为 $Sc_2S@C_{90}$:99913，其次为 $Sc_2S@C_{90}$:99915，排在第三位和第四位的分别为 $Sc_2S@C_{90}$:99916 和 $Sc_2S@C_{90}$:99893。能量最低的三个与 C_{90}^{4-} 阴离子的能量顺序一致。对于高活

表3-3 Sc$_2$S@C$_{90}$的相对能量（ΔE）和能隙、优化的Sc-Sc键长和∠ScSSc角度

异构体	对称性	ΔE (B3LYP/TPSSh) /(kcal/mol)	能隙 (B3LYP/TPSSh) /eV	Sc-Sc (B3LYP/TPSSh) /Å	∠ScSSc (B3LYP/TPSSh) /(°)
Sc$_2$S@C$_{90}$:99913	C_2	0.00/0.00	1.64/1.30	4.363/4.387	132.58/134.30
Sc$_2$S@C$_{90}$:99915	C_2	1.07/0.24	1.32/0.97	4.452/4.427	136.82/136.63
Sc$_2$S@C$_{90}$:99916	C_2	2.72/1.64	1.43/1.07	4.327/4.356	129.95/131.82
Sc$_2$S@C$_{90}$:99893	C_1	3.51/2.37	1.62/1.23	4.326/4.351	129.75/131.38
Sc$_2$S@C$_{90}$:99918	C_{2v}	4.91/4.30	1.37/1.00	4.599/4.639	144.45/149.58
Sc$_2$S@C$_{90}$:99912	C_{2v}	8.12/8.85	1.51/1.14	4.944/4.972	180.00/180.00
Sc$_2$S@C$_{90}$:99914	C_2	8.62/8.24	1.33/0.98	4.205/4.227	124.19/125.37

性富勒烯，因内嵌团簇的电子转移作用而保持稳定。因此，内嵌富勒烯的稳定性顺序通常与碳笼阴离子的稳定性顺序一致。

一般来说，稳定的金属富勒烯的HOMO-LUMO能隙都比较大，如表3-3所示，Sc$_2$S@C$_{90}$:99913的HOMO-LUMO能隙（1.64eV）明显大于Sc$_2$S@C$_{90}$:99915的HOMO-LUMO能隙（1.32eV），因此，Sc$_2$S@C$_{90}$:99913是最优的异构体。用TPSSh/6-31G*方法优化的结果显示，Sc$_2$S@C$_{90}$异构体的能量排序与B3LYP/6-31G*方法优化的结果基本一致，只是相对能量和HOMO-LUMO能隙都明显减小，而键长和键角与用B3LYP/6-31G*方法得到的接近。

在优化的结构中，Sc$_2$S团簇在Sc$_2$S@C$_{90}$:99913中的键角∠ScSSc为132.58°，比Sc$_2$S@C$_{70}$（99.4°）[55]、Sc$_2$S@C$_{80}$（119.1°）[56]、Sc$_2$S@C$_s$-C$_{82}$（113.84°）和Sc$_2$S@C$_{3v}$-C$_{82}$（97.34°）[57]的键角都要大，但比Sc$_2$S@C$_{74}$（179.01°）[52]的键角要小。计算得到的Sc-S键键长分别为2.398Å和2.366Å，与Sc$_2$S@C$_s$-C$_{82}$的2.352Å和2.390Å接近。

由于金属富勒烯通常是在高温下生成，因此，应当考虑焓/熵的相互影响[58]。因此，计算了能量最低的五个Sc$_2$S@C$_{90}$异构体在0～4000K温度范围内的相对浓度，计算结果展示见图3-16。如图所示，能量最低的异构体Sc$_2$S@C$_{90}$:99913在低温下的相对浓度远远高于其他异构体的相对浓度。当温度升高时，第一个异构体的相对浓度降低，而相对能量排第二位的Sc$_2$S@C$_{90}$:99915的相对浓度升高，在达到3000K后基本保持平衡。在3000K时，Sc$_2$S@C$_{90}$:99913的浓度最高。表明在所有的Sc$_2$S@C$_{90}$异构体中，Sc$_2$S@C$_{90}$:99913的热力学稳定性最高。由于富勒烯是在500～3000K之间形成，

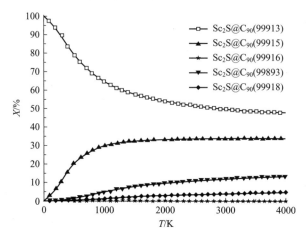

图 3-16　$Sc_2S@C_{90}$ 异构体的相对浓度[53]

在这个范围内 $Sc_2S@C_{90}:99913$ 和 $Sc_2S@C_{90}:99915$ 两种异构体的相对浓度最高。因此，电弧放电法合成内嵌金属富勒烯条件下，这两种异构体可共存，但是主要组分是 $Sc_2S@C_{90}:99913$。

通过对这两种异构体进行结构分析可知，这两种异构体可以通过 Stone-Wales 旋转实现相互转化[59]，这些结果进一步证明这两个异构体可以共存。

通过 Mulliken 电荷分析可知，Sc 原子向富勒烯转移的电荷分布在整个碳笼上，但是有相当大的部分居在与 Sc 原子靠近的碳环上。图 3-17 的分子轨道相互作用图显示，Sc_2S 团簇向富勒烯 C_{90} 转移了 4 个电子，$Sc_2S@$

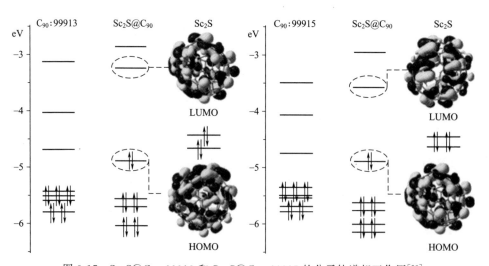

图 3-17　$Sc_2S@C_{90}:99913$ 和 $Sc_2S@C_{90}:99915$ 的分子轨道相互作用[53]

$C_{90}:99913$ 和 $Sc_2S@C_{90}:99915$ 的 HOMO 和 LUMO 轨道主要集中在碳笼上。

对于 $Sc_2S@C_{90}:99913$，两个 Sc 原子的原子价分别为 1.35 和 1.37，S 原子的原子价为 -0.92；对于 $Sc_2S@C_{90}:99915$，两个 Sc 原子的原子价分别为 0.95 和 0.97，S 原子的原子价为 -0.93。电子组态分析发现，对于 $Sc_2S@C_{90}:99913$，两个 Sc 原子的 4s 和 3d 轨道的电子数分别相同，都为 0.16 和 1.20，减少的电子数为 1.64；S 原子的 3s 和 3p 轨道的电子数分别为 1.74 和 5.17，增加的电子数为 0.91，即 Sc_2S 团簇减少的电子数为 2.37。对于 $Sc_2S@C_{90}:99915$，两个 Sc 原子的 4s 和 3d 轨道的电子数也分别相同，都为 0.16 和 1.19，减少的电子数为 1.65；S 原子的 3s 和 3p 轨道的电子数分别为 1.74 和 5.19，增加的电子数为 0.93。结合以上数据可以得到，Sc_2S 团簇减少的电子数为 2.37，换句话说，向富勒烯转移了 2.37 个电子。很明显，自然电荷分析得到的电子转移数明显小于预期的 4 个电子。

电子密度拓扑分析[60]发现，在这两种异构体中都不存在 Sc-Sc 键临界点（BCPs），在 Sc 和 S 之间各发现了一个键临界点。对于 $Sc_2S@C_{90}:99913$，两个 Sc 原子都与 B_{56} 键配位，在 Sc 与碳笼间共发现了 3 条键径。对于 $Sc_2S@C_{90}:99915$，两个 Sc 原子分别与 B_{56} 和 B_{66} 键配位，在 Sc-C 之间共发现了 4 条键径。由于包含过渡金属原子的键临界点处的电子电荷密度的拉普拉斯值 $\nabla^2_{\rho bcp}$ 通常为正值，且电子密度 ρ_{bcp} 值较小。从表 3-4 中可以看出，Sc 与碳笼间的临界点的所有拉普拉斯值 $\nabla^2_{\rho bcp}$ 都为正值，在 $0.150\sim0.200$ 之间，这通常是由于核上的电子密度随着与核的距离的变长而迅速减少，而过渡金属的价层扩散的电子密度不能平衡这种减少。若键临界点的总能密度 H_{bcp} 为负值，那么就可以认为原子之间存在共价作用，当 $1<|V_{bcp}|/G_{bcp}<2$ 时，就表明原子之间既包含共价相互作用又包含其他闭壳层相互作用（离子键或者范德华力）。对于 Sc 与碳笼间的成键特征，可以通过对表 3-4 的数据分析发现。从表中可知，H_{bcp}/ρ_{bcp} 值在 $-0.203\sim0.010$ 之间，绝大多数 $|V_{bcp}|/G_{bcp}$ 接近于 $1.1\sim1.2$，处于 $1\sim2$ 的范围之内，电子密度 ρ_{bcp} 在 $0.041\sim0.070$ 之间；拉普拉斯值 $\nabla^2\rho_{bcp}$ 在 $0.150\sim0.213$ 之间变化。这些数据说明 Sc 原子与碳笼间有电子转移，存在着很弱的极性共价键。对于 Sc-S 之间的成键特征，分析发现，H_{bcp}/ρ_{bcp}、G_{bcp}/ρ_{bcp}、$|V_{bcp}|/G_{bcp}$、电子密度 ρ_{bcp} 和拉普拉斯值 $\nabla^2\rho_{bcp}$ 与 Sc 与碳笼间的变化情况相似，而 Sc-S 之间的 $|V_{bcp}|/G_{bcp}$ 值分别为 1.227、1.224、1.229 和 1.228，ρ_{bcp} 值分别为 0.066、0.070、0.066 和 0.066，均大于 Sc 与碳笼间的值，表明 Sc-S 之间的共价键强度比 Sc 笼间的

大。对于理想的单键，椭圆率（$\varepsilon = \lambda_1\lambda_2^{-1} - 1$）为 0。苯的椭圆率为 0.23，乙烯的椭圆率为 0.45。从表中可以看出，Sc_2S 团簇中的椭圆率接近于 0，说明 Sc-S 之间为单键。

表 3-4　$Sc_2S@C_{90}$ 内部团簇间以及 Sc-笼间的键临界点的密度参数

异构体	A-B	d_{A-B}/Å	ρ_{bcp}	$\nabla^2\rho_{bcp}$	ε	G_{bcp}/ρ_{bcp}	H_{bcp}/ρ_{bcp}	$\|V_{bcp}\|/G_{bcp}$
$Sc_2S@C_{90}$:99913	Sc(1)-S	2.398	0.066	0.163	0.006	0.802	−0.182	1.227
	Sc(2)-S	2.366	0.070	0.176	0.022	0.832	−0.203	1.244
	Sc(1)-C(1)	2.278	0.059	0.198	1.719	0.944	−0.102	1.108
	Sc(1)-C(2)	2.291	0.058	0.194	2.439	0.928	−0.091	1.099
	Sc(1)-C(3)	2.387	0.047	0.163	1.879	0.895	−0.022	1.024
	Sc(2)-C(4)	2.218	0.066	0.213	0.446	0.964	−0.160	1.166
$Sc_2S@C_{90}$:99915	Sc(1)-S	2.392	0.066	0.170	0.014	0.808	−0.185	1.229
	Sc(2)-S	2.396	0.066	0.160	0.024	0.806	−0.184	1.228
	Sc(1)-C(1)	2.273	0.060	0.200	1.225	0.929	−0.112	1.120
	Sc(1)-C(2)	2.292	0.057	0.200	5.881	0.948	-0.080	1.085
	Sc(2)-C(3)	2.441	0.041	0.150	0.633	0.892	0.010	0.989
	Sc(2)-C(4)	2.255	0.062	0.200	2.434	0.929	−0.133	1.143

　　红外光谱是表征内嵌金属富勒烯的重要手段，通过模拟光谱可以为以后的实验表征提供指导。红外光谱对内嵌金属富勒烯的分子结构十分敏感，模拟得到的 $Sc_2S@C_{90}$:99913 和 $Sc_2S@C_{90}$:99915 的红外光谱图见图 3-18。从

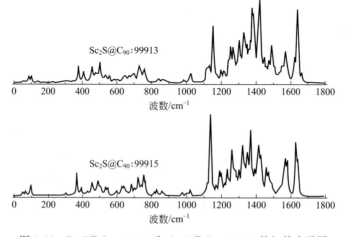

图 3-18　$Sc_2S@C_{90}$:99913 和 $Sc_2S@C_{90}$:99915 的红外光谱图

图中可以看出，这两个异构体的峰形相似，可以大致分为三个部分：第一个部分是 $0\sim300\mathrm{cm^{-1}}$，对应的是团簇的内转动模式；第二个部分是 $300\sim1100\mathrm{cm^{-1}}$，对应的是碳笼的呼吸振动模式；第三个部分是 $1100\sim1700\mathrm{cm^{-1}}$，对应的是碳笼上的 C-C 伸缩振动模式。与 $\mathrm{Sc_2S@C_{90}}$:99915 相比，$\mathrm{Sc_2S@C_{90}}$:99913 在 $1421\mathrm{cm^{-1}}$ 和 $1640\mathrm{cm^{-1}}$ 处有两个尖锐的吸收峰，可以用来区分这两种异构体。

3.8　金属富勒烯结构演化关系

3.8.1　金属硫化物富勒烯结构演化关系

到目前为止，已经表征的金属富勒烯超过两百种。然而，尽管已经报道的内嵌金属富勒烯分子很多，但它们的形成机理目前尚不清楚。最近的一项理论研究表明，向小富勒烯插入 C_2 单元（Endo-Kroto 机理）且不经过 Stone-Wales 旋转就可以促进较大富勒烯的形成[61]。而当碳笼大于 C_{70} 时，向经典异构体直接插入 C_2 单元只可以得到 non-IPR 异构体，这与所报道的稳定富勒烯都满足 IPR 原则的实验结果不一致。因此，仅通过插入 C_2 单元不能解释富勒烯的形成，插入 C_2 单元后还需要进行 C-C 键旋转（典型的旋转方式如 Stone-Wales 旋转），这是形成富勒烯的必要步骤。

就所涉及的碳笼而言，内嵌金属团簇富勒烯的形成过程类似于空富勒烯，但它们可能还会受到内嵌团簇的影响。因碳笼的五边形、六边形或者七边形的面非常小，将金属团簇直接插入富勒烯形成内嵌金属富勒烯几乎是不可能的。因此，合理的形成路径似乎是团簇先嵌入碳笼，之后碳笼开始生长/收缩，或者在富勒烯形成的过程中，金属原子或团簇嵌入碳笼。为了预测一些实验上表征不充分的内嵌金属富勒烯的几何结构，并进一步探究它们的形成机理，对 $\mathrm{Sc_2S@C_{2n}}$ 的经典和非经典异构体以及异构体之间的转化关系进行系统研究[62]。

（1）计算过程

使用扩展的螺旋算法可以得到需要的异构体，相应异构体的数目列于表 3-5 中。异构体的命名和编号遵循螺旋算法，上标（1h）表示含有一个七边形的非经典富勒烯，其后面的数字表示该异构体的螺旋序列的位置。首先，在半经验方法 PM3 水平上分别优化电荷数为 0、-2、-4 和 -6 的碳笼，然后在 B3LYP/3-21G 水平上优化最优碳笼。将优化后的 -4 价碳笼进行能

表 3-5　考察的经典碳笼（C_{2n}）和非经典碳笼（C_{2n}^{1h}）的异构体数目

C_{2n}	$0B_{55}$	$1B_{55}$	$2B_{55}$	$3B_{55}$	总数	C_{2n}^{1h}	$0B_{55}$	$1B_{55}$	$2B_{55}$	$3B_{55}$	总数
C_{70}	1	1	20	124	146	C_{70}^{1h}	0	0	8	143	151
C_{72}	1	3	38	227	269	C_{72}^{1h}	0	0	33	459	492
C_{74}	1	3	72	400	476	C_{74}^{1h}	0	4	86	1267	1357
C_{76}	2	12	140	653	807	C_{76}^{1h}	0	7	242	2992	3241
C_{78}	5	18	240	1088	1351	C_{78}^{1h}	1	24	602	6729	7356
C_{80}	7	36	432	1714	2189	C_{80}^{1h}	1	71	1438	13957	15467
C_{82}	9	66	669	2704	3448	C_{82}^{1h}	6	177	3165	27088	30436
C_{84}	24	110	1059	4039	5232						

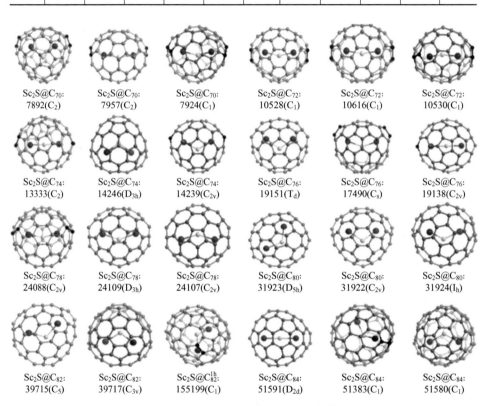

图 3-19　$Sc_2S@C_{2n}$（$n=35\sim42$）能量最低的三个异构体（B3LYP/6-31G*）

量排序，能量较低的 -4 价异构体和带有其他电荷的优势碳笼作为构建内嵌 Sc_2S 团簇富勒烯的碳笼。Sc_2S 团簇放置在接近碳笼几何中心的位置，不考虑团簇的初始形状和原子顺序（Sc-S-Sc 或者 S-Sc-Sc），优化的最终结构都是 S 位于两个 Sc 原子的中间；Sc_2S 团簇向碳笼提供电子，同时新形成的钪离子之间产生静电斥力。$Sc_2S@C_{2n}(n=35\sim42)$ 先在 B3LYP/3-21G 水平上进行几何优化，然后在 B3LYP/6-31G* 水平上优化，所有的计算均使用 Gaussian 09 软件[63]完成，图 3-19 为优化的结构，表 3-6 为优势异构体的计算结果。在大多数情况下，这些优势异构体的 Sc-S-Sc 键角在 $140°\sim180°$ 之间变化，其中 $Sc_2S@C_{76}:19151$ 的键角最小（$108°$），$Sc_2S@C_{74}:13333$ 和 $Sc_2S@C_{84}:51591$ 的 Sc-S-Sc 呈直线形。

表 3-6 $Sc_2S@C_{2n}(n=35\sim42)$ 的最低能量异构体的相邻五边形数目（B_{55}）、相对能量（ΔE）、HOMO-LUMO 能隙和 Sc-Sc 键的键长

碳笼	B_{55} 数目	ΔE /(kcal /mol)	能隙 /eV	Sc-Sc /Å	碳笼	B_{55} 数目	ΔE /(kcal /mol)	能隙 /eV	Sc-Sc /Å
$C_{70}:7892-C_2$	2	0.0	1.84	3.597	$C_{78}:24109-D_{3h}$	0	1.7	0.97	4.485
$C_{70}:7957-C_2$	2	20.8	1.54	4.584	$C_{78}:24107-C_{2v}$	0	3.7	1.53	4.168
$C_{70}:7924-C_1$	2	20.9	1.35	4.241	$C_{80}:31923-D_{5h}$	0	0.0	1.12	4.108
$C_{72}:10528-C_s$	2	0.0	1.85	4.225	$C_{80}:31922-C_{2v}$	0	9.0	1.67	3.840
$C_{72}:10616-C_s$	2	13.9	1.93	4.425	$C_{80}:31924-I_h$	0	9.2	0.84	4.196
$C_{72}:10530-C_1$	2	19.1	1.66	3.979	$C_{82}:39715-C_s$	0	0.0	1.72	4.073
$C_{74}:13333-C_2$	2	0.0	1.68	4.651	$C_{82}:39717-C_{3v}$	0	0.3	2.08	4.008
$C_{74}:14246-D_{3h}$	0	11.8	1.14	3.815	$C_{82}^{1h}:155199-C_1$	1	12.8	1.81	4.129
$C_{74}:14239-C_{2v}$	2	11.9	1.21	4.157	$C_{82}:39718-C_{2v}$	0	14.4	1.20	4.363
$C_{76}:19151-T_d$	0	0.0	1.45	3.801	$C_{84}:51591-D_{2d}$	0	0.0	1.68	4.621
$C_{76}:17490-C_s$	2	11.3	1.32	4.546	$C_{84}:51383-C_1$	1	10.4	1.90	4.447
$C_{76}:19138-C_1$	1	12.0	0.76	4.599	$C_{84}:51580-C_1$	0	12.3	1.73	4.163
$C_{78}:24088-C_{2v}$	2	0.0	1.76	4.207					

（2）计算结果

从表 3-6 可以看出，能量最低的 $Sc_2S@C_{70}$ 异构体具有较大的 HOMO-LUMO 能隙（1.84eV），并且其碳笼是具有两对相邻五边形的 non-IPR 富勒烯 $C_{70}:7892$，该异构体的稳定性与实验结果[51]是一致的。第二和第三稳定异构体都是经典碳笼，但能量均比 $Sc_2S@C_{70}:7892$ 高 20kcal/mol 以上。

从表 3-6 可以看出 $Sc_2S@C_{72}:10528$ 是能量最低的异构体，并且具有较大

的能隙（1.85eV）。次稳定异构体的能量比 $Sc_2S@C_{72}$:10528 高 13.9kcal/mol，在 2000K 时，次稳定异构体的平衡浓度分数仅为 3%，分离该异构体所得到的产率也比较低。这里计算的 $Sc_2S@C_{72}$ 的最稳定异构体与实验观察结果和最近理论研究结果[64]是一致的。C_{72}:10528 也可以作为金属碳化物富勒烯 $Sc_2C_2@C_{72}^{[65]}$ 和金属氧化物富勒烯 $Sc_2O@C_{72}^{[66]}$ 的碳笼。

$Sc_2S@C_{74}$ 的研究结果表明，最稳定异构体的碳笼是 non-IPR 原则的 C_{74}:13333，并且 Sc_2S 团簇在碳笼中呈直线形。第二和第三稳定异构体的能量比 $Sc_2S@C_{74}$:13333 分别高 11.8kcal/mol 和 11.9kcal/mol。其中第二稳定异构体的碳笼是 C_{74} 中唯一满足 IPR 原则的结构，因为该碳笼是开壳层结构，所以中性碳笼具有反应活性，但当以 $Sc_2S@C_{74}$ 的形式存在时，反应活性大大降低。

计算结果表明，$Sc_2S@C_{76}$ 能量最低的异构体是 $Sc_2S@C_{76}$:19151，次低的是 $Sc_2S@C_{76}$:17490，第三稳定异构体是 $Sc_2S@C_{76}$:19138。对于 $Sc_2S@C_{78}$ 而言，最稳定异构体的碳笼是含有两对相邻五边形的 non-IPR 富勒烯 C_{78}:24088，而非众所周知的 IPR 碳笼 C_{78}:24109。在 C_{78} 的四价阴离子的能量排序中，C_{78}:24088 是第九个异构体，这表明简单的电子转移模型并不能完全解释 $Sc_2S@C_{2n}$ 的稳定性。

最稳定的 $Sc_2S@C_{80}$ 异构体的碳笼是满足 IPR 原则的 C_{80}:31923，该碳笼负四价阴离子的能量在 C_{80} 中排第二位（表 3-7）。计算得到能量最低的 C_{80} 四价阴离子是 I_h-C_{80}:31924，但是该碳笼的三重简并 LUMO 轨道倾向于接受六个电子，而不是 Sc_2S 提供的四个电子，所以 $Sc_2S@C_{80}$:31924 是第三稳定异构体。$Sc_2S@C_{80}$ 的第二稳定异构体的碳笼是 IPR 富勒烯 C_{80}:31922。以上研究表明碳笼和团簇之间的相互作用比较复杂，根据电子因素所预测的稳定性可能与尺寸和形状等简单空间因素相矛盾。

如表 3-7 所示，从四价阴离子相对能量的角度看，C_{82}:39717 应该是嵌入 Sc_2S 团簇的最优碳笼；事实上，首次报道的金属硫化物富勒烯就是 $Sc_2S@C_{82}$:39717[49]。通过计算预测到 $Sc_2S@C_{82}$:39717 的能量与最稳定异构体 $Sc_2S@C_{82}$:39715 基本相同。虽然 $Sc_2S@C_{82}$:39715 的 HOMO-LUMO 能隙比 $Sc_2S@C_{82}$:39717 小很多，但 $Sc_2S@C_{82}$:39715 的能隙仍然相对较大，并且最近实验[67]已经报道了该异构体。通过计算发现非经典富勒烯 $Sc_2S@C_{82}^{1h}$:155199 是第三稳定异构体，有趣的是该异构体是连接 $Sc_2S@C_{82}$:39717 和 $Sc_2S@C_{82}$:39715 结构的桥梁。

表 3-7　B3LYP/3-21G 水平计算得到的 C_{2n}^{4-} 的相对能量（ΔE）和能隙

分子	B₅₅ 数目	ΔE /(kcal /mol)	能隙/eV	分子	B₅₅ 数目	ΔE /(kcal /mol)	能隙/eV
C₇₀:8149	0	0.0	0.99	C₇₆:19151	0	0.0	1.77
C₇₀:7852	3	2.0	2.03	C₇₆:19138	1	16.6	0.91
C₇₀:7957	2	2.1	1.25	C₇₆:17490	2	20.1	1.33
C₇₀:7851	3	2.3	1.57	C₇₆:17459	1	25.0	0.97
C₇₀:7892	2	2.6	1.14	C₇₆:17465	2	28.6	1.07
C₇₂:10528	2	0.0	1.50	C₇₈:24109	0	0.0	0.83
C₇₂:10611	2	1.7	1.29	C₇₈:24107	0	8.5	1.09
C₇₂:10616	2	3.7	1.68	C₇₈:24099	0	14.4	1.53
C₇₂:10610	2	8.3	1.36	C₇₈:22595	1	19.0	1.14
C₇₂:11188	1	9.3	0.95	C₇₈:21981	2	22.7	1.40
C₇₄:13333	2	0.0	1.58	C₈₀:31924	0	0.0	0.78
C₇₄:14246	0	4.4	0.62	C₈₀:31923	0	6.1	0.52
C₇₄:13290	2	6.1	1.53	C₈₀:31922	0	7.3	1.12
C₇₄:13295	2	9.0	1.21	C₈₀^{1h}:112912	2	28.6	1.12
C₇₄:13384	2	10.7	1.75	C₈₀:31891	1	29.0	1.01
C₈₂:39717	0	0.0	1.73	C₈₄:51589	0	0	1.03
C₈₂:39718	0	4.2	1.06	C₈₄:51591	0	1.25	1.21
C₈₂:39715	0	9.0	1.21	C₈₄:51590	0	3.1	1.14
C₈₂:39705	1	20.5	1.24	C₈₄:51580	0	3.99	1.17
C₈₂:39714	0	24.3	0.81	C₈₄:51578	0	4.38	0.95

对于 $Sc_2S@C_{84}$，计算表明最稳定的异构体的碳笼是 IPR 富勒烯 C₈₄：51591，与 $Sc_2C_2@C_{84}^{[41]}$ 的碳笼相同。次稳定异构体的碳笼是 non-IPR 富勒烯 $Sc_2S@C_{84}$：51383，该分子具有较高的动力学稳定性。最近的计算表明 $Sc_2S@C_{84}$：51575 在高温下（2800K）是稳定的，并且 $Sc_2S@C_{84}$：51575 可以通过 Stone-Wales 旋转转化为最稳定的异构体 $Sc_2S@C_{84}$：51591[68]。

整体上看，含有七边形的非经典富勒烯 $Sc_2S@C_{2n}$ 不如经典碳笼的 $Sc_2S@C_{2n}$ 稳定。最稳定的非经典异构体 $Sc_2S@C_{2n}(n=35\sim41)$ 的能量比相应经典结构分别高 28.5kcal/mol、32.5kcal/mol、34.9kcal/mol、27.8kcal/mol、34.3kcal/mol、17.9kcal/mol 和 28.2kcal/mol，因此不可能分离出这些分子的非经典异构体。

（3）结构转化与形成机理

I_h-C_{80} 是三金属氮化物团簇（TNT）的最常见碳笼，然而它却不是 Sc_2S 团簇的最合适碳笼。相似地，$Sc_3N@C_{82}$ 最稳定异构体的碳笼是 C₈₂：39718[69]，该碳笼是内嵌 TNT 团簇的优势异构体的碳笼 C₈₂：39717 和 C₈₂：

39715 之间的桥梁。然而，当内嵌的团簇是 Sc_2S 时，充当桥梁的异构体变成了非经典碳笼 C_{82}^{1h}:155199。值得注意的是，最稳定的 $Sc_2S@C_{82}$ 异构体的碳笼 C_{82}:39715 加上 C_2 单元就可以形成 C_{84}:51383，它是 $Sc_2S@C_{84}$ 的第二稳定异构体的碳笼，然而，最稳定的 $Sc_3N@C_{82}$ 的碳笼 C_{82}:39718 加上 C_2 单元可以形成 C_{84}:51365，它是 $M_3N@C_{84}$（M＝Tb、Tm 和 Gd）[70] 的碳笼。这些结果表明内嵌的团簇可以改变，甚至控制形成机理。

最近的计算表明，向富勒烯引入一个七边形可以降低对称性，并且局部会发生变形，这样有利于嵌入混合金属氮化物团簇[71]。然而，在 $Sc_2S@C_{2n}$（n＝35～42）中，含有七边形的金属硫化物富勒烯不如含经典碳笼的 Sc_2S @C_{2n} 稳定。含一个七边形的非经典碳笼倾向于具有更多的相邻五边形，这使得中性的非经典碳笼一般不稳定。因为嵌入了两个金属原子而不是三个，特别是 Sc_2S 团簇具有较低的力常数，因而本质上比 M_3N 团簇更灵活，所以无论碳笼是否对称，团簇都很容易在笼内找到合适的位置，这就是 Sc_2S 团簇嵌入含一个七边形非经典富勒烯的稳定性较低的原因。

计算给出了具有八种不同尺寸碳笼的内嵌 Sc_2S 团簇富勒烯的稳定结构。如上所述，对最低能量异构体的所有预测与实验和理论数据是一致的。有趣的是这些能量较低的 $Sc_2S@C_{2n}$（n＝35～42）异构体的碳笼间存在明显的结构相似性，$Sc_2S@C_{2n}$（n＝35～42）异构体的结构网络图如图 3-20 所示。C_{70}:7892 加一个 C_2 单元可以形成 C_{72}:10528，再进一步添加 C_2 单元可以形成 C_{74}:13333。而含有这些碳笼的内嵌 Sc_2S 团簇富勒烯在实验上报道过，或者曾被理论预测过是能量最低的异构体。C_{74}:13333 加一个 C_2 单元可以形成 C_{76}:17490，而这是 $Sc_2S@C_{76}$ 次稳定异构体的碳笼。C_{76}:17490 进一步加一个 C_2 单元可以形成许多三金属氮化物富勒烯的碳笼 C_{78}:22010。再进一步加一个 C_2 单元，可以形成 C_{80}^{1h}:112912，该非经典异构体经过一步 Stone-Wales 旋转可以得到众所周知的 I_h-C_{80}:31924，这是六价团簇（M_3N）的优选碳笼。继续向 C_{80}^{1h}:112912 添加一个 C_2 单元可以得到实验报道的第一个 $Sc_2S@C_{82}$ 异构体的碳笼 C_{82}:39717，该异构体经过连续的 Stone-Wales 旋转可以得到 $Sc_2S@C_{82}$:39715 的碳笼，$Sc_2S@C_{82}$:39715 的能量基本与 $Sc_2S@$ C_{82}:39717 相等。

图 3-20 的下部是 C_{70} 的 IPR 异构体 C_{70}:8149，它的 −4 价阴离子能量较低，所以它是贡献四个电子的团簇的最优候选碳笼。C_{70}:8149 加一个 C_2 单元可以得到 C_{72}:11188，在 C_{72}^{4-} 的排序中，C_{72}^{4-}:11188 是第五个能量较低的

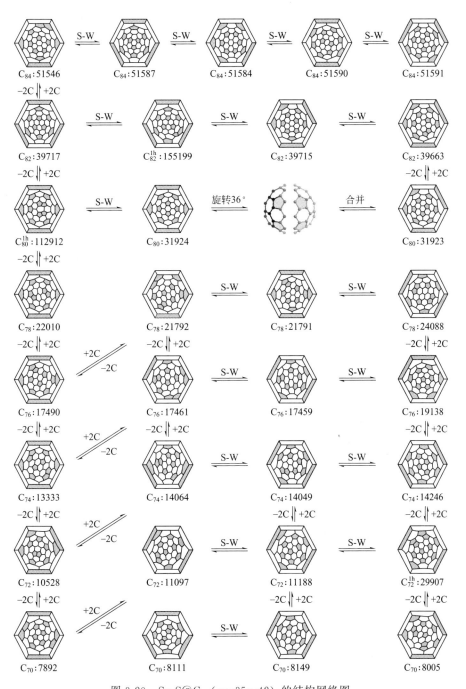

图 3-20 Sc₂S@C₂ₙ(n＝35～42)的结构网络图

阴离子。C_{72}:11188 通过 Stone-Wales 旋转得到含有两对相邻五边形的非经典异构体 C_{72}^{1h}:29907，再直接加一个 C_2 单元可以形成 C_{74}:14246。C_{74}:14246 加一个 C_2 单元可得到 C_{76}:19138，C_{74}:14246 连续加两个 C_2 单元可以得到 C_{78}:24088。有趣的是最稳定异构体 $Sc_2S@C_{80}$:31923 的碳笼加一个 C_2 单元可以得到 C_{82}:39663，该异构体最近已经证实是 $Gd_3N@C_{82}^{[72,73]}$ 的碳笼，C_{82}:39663 经过一次 Stone-Wales 旋转可以得到最稳定异构体 C_{82}:39715 的碳笼。

根据图 3-20，图中垂直方向和对角线方向的连接线提供了从 $Sc_2S@C_{70}$ 到 $Sc_2S@C_{84}$ 八种能量较低异构体的碳笼的扩展/收缩路径。最稳定异构体 $Sc_2S@C_{70}$ 的碳笼 C_{70}:7892 先挤出一个 C_2 单元得到 C_{68}:6094，然后再插入一个 C_2 单元可以得到 C_{70}:8111，C_{70}:8111 经过 Stone-Wales 旋转可以得到 C_{70}:8149。通过氯化原位取代，在气相中以 $C_{68}Cl_8$ 的形式捕捉到 C_{68}:6094[74]，并且理论预测该碳笼是 $Sc_2O_2@C_{68}^{[75]}$ 的碳笼。$Sc_2S@C_{72}$ 最稳定异构体的碳笼 C_{72}:10528 可以转化为 C_{72}:11188。如图 3-20 所示，能量最低的异构体 $Sc_2S@C_{74}$:13333 可以转化为次稳定的 $Sc_2S@C_{74}$:14246。C_{76}:17490 可以转化为 C_{76}:19138，根据阴离子相对能量的大小排序，这是内嵌 +4 和 +2 价团簇的第二稳定碳笼。事实上，二价 Sm 可以嵌入 C_{76}:19138 碳笼[76]。C_{76}:19142 通过一次 Stone-Wales 旋转可以得到 C_{76}:19151，这是 $Sc_2S@C_{76}$ 能量最低异构体的碳笼，这步转化在图中没有标示出来。C_{78}:24099 经过一步 Stone-Wales 旋转可以得到内嵌 Sc_2O 的最优碳笼 C_{78}:24109[77]。内嵌了较大的金属团簇 Gd_3N 的最优碳笼 C_{78}:22010 可以转化为 $Sc_2S@C_{78}$ 最稳定异构体的碳笼 C_{78}:24088[78]。有趣的是 C_{70}:7892、C_{72}:10528、C_{74}:13333、C_{76}:17490 和 C_{78}:22010 都具有相似的转化（先挤出/插入，然后异构化），可以转化到较低能量的相应异构体。I_h-C_{80} 可以经过三种途径转化为 D_{5h}-C_{80}：第一种途径是通过扩展、收缩和异构化来转化；第二种途径是收缩、扩展和异构化；第三种途径需要从数学意义上理解，即 I_h-C_{80} 的一半相对于另一半绕着 C_5 轴旋转 36°。C_{82}:39717 可以通过异构化转化为 C_{82}:39715，但中间转化过程需要非经典碳笼 C_{82}^{1h}:155199 作为桥梁。C_{84}:51546 通过连续的 Stone-Wales 转化可以得到 C_{84}:51590 和最稳定的 $Sc_2S@C_{84}$ 异构体的碳笼 C_{84}:51591。

总之，图中的优势碳笼在垂直方向上可以扩展或收缩，在水平方向上异构化可得到其他优势碳笼。图中水平方向上的连接通常提供了从 $Sc_2S@C_{2n}$ 的一个优势异构体向另一个异构体转化的可能路径。这包括一个半球相对于另一半球的旋转，虽然旋转的过程对于预先形成的团簇而言具有较高的能垒，但是涉及片段组合机理则是一个低能量的过程。能量较低的嵌有 Sc_2S 团簇的富勒烯可以形成一个复杂的关系网。该图附近区域的很多碳笼可作为单金属、双金属或金属团簇的优势碳笼。以上表明这些富勒烯具有相同的局部结构，并且这些局部结构对稳定性是有利的。

优势结构的计算表明，插入/挤出 C_2 单元不仅是形貌要求，也是连接 $Sc_2S@C_{2n}$ 能量较低异构体的桥梁。金属原子或团簇通过五边形或六边形嵌入富勒烯笼内的过程具有很高的能垒，因此 Sc_2S 团簇可能很早就已经嵌入富勒烯（或者类似富勒烯）碳笼，富勒烯（或类似富勒烯）可通过插入/挤出 C_2 单元继续扩展或收缩，最终形成稳定的内嵌金属富勒烯。D_{3h}-C_{78}、I_h-C_{80}、D_{5h}-C_{80}、C_{2v}-C_{82}、C_{3v}-C_{82} 和 D_{2d}-C_{84} 都是满足 IPR 原则的结构，并且也是很多内嵌金属富勒烯的碳笼，但是它们却不能通过向较小尺寸的 IPR 富勒烯直接插入 C_2 单元这种方式形成，所以需要至少一步 Stone-Wales 异构化。这对嵌有较小团簇富勒烯的生长模型是正确的，因为即使一个满足 IPR 原则的碳笼 C_{n+2} 可以通过向含七边形的非经典异构体 C_n 直接插入 C_2 单元而得到，但非经典异构体 C_n 的初始转化仍需要 Stone-Wales 异构化。

分子动力学模拟表明，在高温条件下，大尺寸的富勒烯可以失去或获得碳[79]。图 3-20 的结构网络图表明无论 $Sc_2S@C_{2n}$ 的形成机理如何，通常都会存在很多不同尺寸的 $Sc_2S@C_{2n}$，因为任何 $Sc_2S@C_{2n}$ 都可以通过自上而下[80]或自下而上[81]的路径和 Stone-Wales 异构化产生其他金属硫化物富勒烯。实验表明烟灰中总是存在很多 $Sc_2S@C_{2n}$，并且在相同的反应条件下可以生成由不同金属原子或团簇嵌入不同富勒烯而形成的多种物质。比如在电弧过程中通过引入 CO_2 作为氧的来源来产生 $Sc_2O@C_{2n}$[66]，但最终在生成的烟灰中发现了一些 $Sc_2O@C_{2n}$，$Sc_2C_2@C_{2n}$ 以及 $Sc_3N@C_{80}$ 等物质的混合物。为了生成金属硫化物富勒烯，通入 SO_2 气体作为硫源，电弧反应器的烟灰中可以发现 $Sc_2S@C_{2n}$ 和 $Sc_2C_2@C_{80}$ 异构体的混合物。分离内嵌金属富勒烯的困难主要在于混合物中金属富勒烯的种类较多。

本书已经从结构相似性方面讨论了内嵌金属硫化物富勒烯。同时此发现可能对 $Sc_2C_2@C_{2n}$ 和 $Sc_2O@C_{2n}$ 也同样有效。碳化物团簇 Sc_2C_2 具有与 Sc_2S 相同的电子性质，并且 Sc_2O 和 Sc_2S 的电子性质和几何结构也是相同的，因此这里的计算不仅对金属硫化物富勒烯的结构阐释和形成机理有参考价值，还对其他内嵌金属富勒烯的结构阐释和形成机理有更深远的意义。

（4）结论

系统的密度泛函理论计算表明，$Sc_2S@C_{2n}$（$n=35\sim42$）的优势异构体之间有紧密的结构相似性，并且含一个七边形的非经典富勒烯 $Sc_2S@C_{2n}$ 通常不如经典异构体稳定，这与三金属氮化物富勒烯的情况不同。这些结果表明，$Sc_2S@C_{2n}$ 和其他内嵌金属富勒烯是在内嵌团簇的调控下形成的，还说明优势碳笼的结构是紧密相关的，它们具有相似的转化路径。

3.8.2 三金属氮化物富勒烯的结构演化关系

最近，第一个包含七边形的三金属氮化物富勒烯 $LaSc_2N@C_{80}$ 通过电弧放电过程被合成出来[26]。这个报道表明含七边形的富勒烯分子可以在放电过程中形成，再次解除了金属富勒烯候选碳笼的限制。然而，到目前为止，没有人对涉及非经典碳笼的金属富勒烯进行过系统的研究，而且人们对三金属氮化物富勒烯的形成机制也还不清楚。

为了系统考察七边形对三金属氮化物富勒烯结构和性质的影响以及揭示三金属氮化物富勒烯的形成机理，对 C_{78}、C_{80} 和 C_{82} 的经典和非经典三金属氮化物富勒烯进行了系统的计算研究[71]。

（1）计算细节

含有一个七边形的富勒烯包含 13 个五边形和若干数目的六边形。引入七边形会使五边形变得更拥挤，因此，这里只考虑了最多含有三组邻接五边形的经典异构体以及最多含有两组邻接五边形的非经典异构体。根据邻接五边形的不同类型和数目对异构体进行编号，列于表 3-8 中。首先，在半经验 PM3 水平上对其 0、−2、−4、−6 价进行结构优化，并在各个价态选择能量较低的碳笼（$n=78$ 选择了 60 个，$n=80$ 选择了 40 个，$n=82$ 选择了 30 个），接着用 Gaussian 09 在 B3LYP/3-21G 水平上进一步优化。基于优化的 −6 价能量排序结果，在优势碳笼中嵌入 Sc_3N、YSc_2N 和 $LaSc_2N$ 团簇得到三金属氮化物富勒烯的初始结构。最后，在 GGA-PW91 水平上对这些结构进行了优化[34]。结果列于表 3-9 和图 3-21 中。

表 3-8 C_{78}、C_{80} 和 C_{82} 的经典（C_n）和非经典（C_n^{1h}）的异构体数目

C_n	$0B_{55}$	$1B_{55}$	$2B_{55}$	$3B_{55}$	总数	C_n^{1h}	$0B_{55}$	$1B_{55}$	$2B_{55}$	总数
C_{78}	5	18	240	1088	1351	C_{78}^{1h}	1	24	602	627
C_{80}	7	36	432	1714	2189	C_{80}^{1h}	1	71	1438	1510
C_{82}	9	66	669	2704	3448	C_{82}^{1h}	6	177	3165	3348

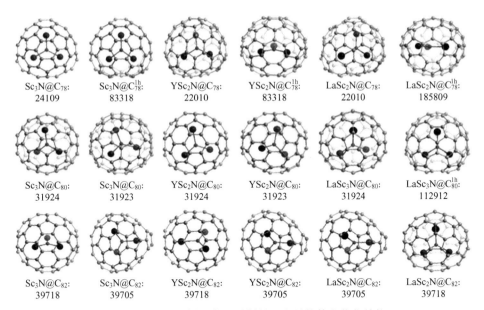

图 3-21　三金属氮化物内嵌富勒烯的能量最低的两个异构体的优化结构（GGA-PW91）

表 3-9　三金属氮化物内嵌富勒烯低能量异构体的邻接五边形的数目、相对能量、HOMO-LUMO 能隙和嵌入能

	Sc$_3$N				YSc$_2$N				LaSc$_2$N			
碳笼	B$_{55}$数目	ΔE/(kcal/mol)	ΔHL/eV	E_{en}/(kcal/mol)	碳笼	B$_{55}$数目	ΔE/(kcal/mol)	ΔHL/eV	E_{en}/(kcal/mol)	碳笼	B$_{55}$数目	ΔE/(kcal/mol)	ΔHL/eV	E_{en}/(kcal/mol)
C$_{78}$:24109-D$_{3h}$	0	0.0	1.23	267.3	C$_{78}$:22010-C$_2$	2	0.0	1.37	313.7	C$_{78}$:22010-C$_2$	2	0.0	1.40	310.9
C$_{78}^{1h}$:81138-C$_s$	2	14.3	0.76	294.7	C$_{78}^{1h}$:83318-C$_s$	2	1.8	0.76	297.6	C$_{78}^{1h}$:185809-C$_s$	2	9.0	0.88	310.4
C$_{78}$:22010-C$_2$	2	18.6	1.29	304.5	C$_{78}^{1h}$:185809-C$_s$	2	5.4	0.77	316.9	C$_{78}$:21975-C$_1$	2	9.5	1.33	294.7
C$_{78}^{1h}$:185809-C$_s$	2	18.9	0.71	312.9	C$_{78}^{1h}$:185820-C$_s$	2	6.5	0.93	315.1	C$_{78}^{1h}$:83318-Cs	2	10.7	0.76	285.8
C$_{78}^{1h}$:185820-C$_s$	2	21.8	0.88	309.2	C$_{78}$:24088-C$_{2v}$	2	10.8	0.93	299.0	C$_{78}^{1h}$:185820-C$_s$	2	10.8	0.98	308.1
C$_{78}^{1h}$:185895-C$_1$	2	26.1	0.85	300.0	C$_{78}$:21975-C$_1$	2	12.0	1.24	295.0	C$_{78}$:22646-C$_1$	2	10.9	1.18	289.4
C$_{78}$:24088-C$_{2v}$	2	28.4	0.89	290.9	C$_{78}$:22646-C$_1$	2	12.3	1.15	290.9	C$_{78}$:24088-C$_{2v}$	2	15.4	0.93	291.7
C$_{78}^{1h}$:83321-C$_1$	2	28.9	0.84	274.5	C$_{78}^{1h}$:185895-C$_1$	2	12.5	0.93	304.3	C$_{78}$:21981-C$_1$	2	16.9	0.97	299.0
C$_{78}$:24107-C$_{2v}$	0	29.3	0.73	234.4	C$_{78}$:24109-D$_{3h}$	0	13.9	1.09	243.8	C$_{78}^{1h}$:185895-C$_1$	2	17.6	0.98	296.5
C$_{78}^{1h}$:185814-C$_1$	2	31.2	0.49	276.2	C$_{78}^{1h}$:83321-C$_1$	2	14.4	0.81	279.5	C$_{78}^{1h}$:185827-C$_1$	2	20.1	0.34	272.0
C$_{80}$:31924-I$_h$	0	0.0	1.49	311.7	C$_{80}$:31924-I$_h$	0	0.0	1.53	314.7	C$_{80}$:31924-I$_h$	0	0.0	1.45	305.5
C$_{80}$:31923-D$_{5h}$	0	16.6	1.27	283.9	C$_{80}$:31923-D$_{5h}$	0	15.2	1.34	288.2	C$_{80}^{1h}$:112912-C$_s$	2	7.6	1.16	322.9
C$_{80}^{1h}$:112912-C$_s$	2	26.8	1.08	310.1	C$_{80}^{1h}$:112912-C$_s$	2	15.2	1.16	324.5	C$_{80}$:31923-D$_{5h}$	0	14.6	1.30	279.9

续表

	Sc₃N				YSc₂N				LaSc₂N			
碳笼	B₅₅数目	ΔE/(kcal/mol)	ΔHL/eV	E_{en}/(kcal/mol)	碳笼	B₅₅数目	ΔE/(kcal/mol)	ΔHL/eV	E_{en}/(kcal/mol)	碳笼	B₅₅数目	ΔE/(kcal/mol)	ΔHL/eV	E_{en}/(kcal/mol)

碳笼	B₅₅数目	ΔE	ΔHL	E_{en}	碳笼	B₅₅数目	ΔE	ΔHL	E_{en}	碳笼	B₅₅数目	ΔE	ΔHL	E_{en}
$C_{80}:31922\text{-}C_{2v}$	0	36.5	0.55	264.6	$C_{80}^{1h}:112913\text{-}C_1$	2	29.0	0.86	304.3	$C_{80}^{1h}:112913\text{-}C_1$	2	20.9	0.82	303.2
$C_{80}^{1h}:112913\text{-}C_1$	2	37.6	0.88	292.7	$C_{80}^{1h}:248984\text{-}C_1$	2	29.5	0.76	305.5	$C_{80}^{1h}:248984\text{-}C_1$	2	22.1	0.72	303.7
$C_{80}^{1h}:248984\text{-}C_1$	2	38.2	0.77	293.9	$C_{80}:31922\text{-}C_{2v}$	2	36.3	0.63	267.5	$C_{80}:31922\text{-}C_{2v}$	0	32.4	0.63	262.5
$C_{82}:39718\text{-}C_{2v}$	0	0.0	0.79	272.7	$C_{82}:39718\text{-}C_{2v}$	0	0.0	0.89	277.2	$C_{82}:39705\text{-}C_{2v}$	1	0.0	1.27	312.7
$C_{82}:39705\text{-}C_{2v}$	1	5.5	1.17	301.7	$C_{82}:39705\text{-}C_{2v}$	1	0.3	1.27	311.5	$C_{82}:39718\text{-}C_{2v}$	0	1.2	0.95	277.1
$C_{82}:39663\text{-}C_s$	1	5.6	1.47	294.6	$C_{82}:39663\text{-}C_s$	1	3.5	1.51	301.5	$C_{82}^{1h}:332127\text{-}C_1$	2	2.4	0.76	316.8
$C_{82}:39715\text{-}C_s$	0	12.9	0.59	258.9	$C_{82}^{1h}:332127\text{-}C_1$	2	9.5	0.75	308.6	$C_{82}:39714\text{-}C_2$	0	11.2	0.64	262.9
$C_{82}:39717\text{-}C_{3v}$	0	17.1	0.27	266.0	$C_{82}:39715\text{-}C_s$	0	10.2	0.55	266.4	$C_{82}:39663\text{-}C_s$	1	11.3	1.44	294.9
$C_{82}^{1h}:332127\text{-}C_1$	2	20.3	0.82	293.4	$C_{82}:39717\text{-}C_{3v}$	0	11.1	0.39	276.8	$C_{82}:39717\text{-}C_{3v}$	0	12.6	0.28	276.2
$C_{82}:39714\text{-}C_2$	0	22.3	0.65	246.4	$C_{82}:39714\text{-}C_2$	0	26.2	0.71	247.1	$C_{82}:39715\text{-}C_s$	0	14.1	0.53	263.6

为了避免歧义，在表 3-10 中列出了这些结构的正则螺旋序列。

表 3-10　低能量异构体的正则螺旋序列和它们的邻接五边形数目（B₅₅）

异构体	螺旋序列	B₅₅数目
$C_{78}^{1h}:185809$	1　2　**8**　9　11　13　15　18　27　29　31　33　35　41	2
$C_{78}:22010$	1　2　9　11　13　25　26　28　30　32　34　41	2
$C_{78}:24109$	1　7　9　12　14　21　26　28　30　34　39　41	0
$C_{78}^{1h}:83318$	1　2　**6**　9　11　14　15　17　23　29　31　35　37　40	2
$C_{78}^{1h}:185820$	1　2　**8**　9　11　14　16　18　23　29　31　35　37　40	2
$C_{80}:31924$	1　8　10　12　14　16　28　30　32　34　36　42	0
$C_{80}^{1h}:112912$	1　2　**6**　9　11　13　15　16　27　29　31　33　35　42	2
$C_{80}:31891$	1　2　11　13　17　19　25　27　31　33　38　41	1
$C_{80}:31922$	1　7　9　12　14　20　26　28　32　34　39　42	0
$C_{80}:31923$	1　7　10　12　14　19　26　28　32　34　39　42	0
$C_{82}:39705$	1　2　12　17　19　21　25　27　34　39　41　43	1
$C_{82}:39717$	1　7　9　13　20　22　26　30　35　41　43	0
$C_{82}:39718$	1　7　10　12　14　18　26　30　32　34　37　43	0
$C_{82}:39715$	1　7　9　12　14　20　27　29　32　34　36　43	0
$C_{82}:39663$	1　2　11　13　17　19　26　31　33　35　38　43	1
$C_{82}^{1h}:332127$	1　2　**8**　9　12　17　18　21　25　27　34　39　41　43	2

注：表中的整数表示非六边形面在正则螺旋中的位置，**粗体**数字表示的是七边形的位置。

（2）结果与讨论

Sc₃N@C₇₈ 的碳笼是 D₃ₕ 对称的经典富勒烯 C₇₈:24109（C₇₈:5），该三金属氮化物内嵌富勒烯的 HOMO-LUMO 能隙大（1.23eV），与实验和其他理论结果一致[82,83]。能量第二低的异构体是一个非经典笼（C₇₈^1h:83318），有两对邻接五边形，比能量最低的异构体高 14.3kcal/mol，有一个很小的 HOMO-LUMO 能隙（0.76eV）。实际上，10 个能量最低的异构体中有 6 个的碳笼是非经典的。

对于 $YSc_2N@C_{78}$，能量最低的异构体也有一个大的 HOMO-LUMO 能隙（1.37eV），是一个经典的 non-IPR 笼 C_{78}:22010，含有两对邻接五边形，与报道的 $Gd_3N@C_{78}^{[84\sim86]}$ 为同一碳笼。能量第二低的异构体是非经典异构体，能量只比能量最低的异构体高 1.8kcal/mol。$LaSc_2N@C_{78}$ 的最优异构体与 $YSc_2@C_{78}$ 是同一碳笼，而排第二的异构体是非经典笼（C_{78}^{1h}:185809），也含有两对邻接五边形，能量比最优的经典异构体高 9.0kcal/mol。

计算发现，C_{80}:31924 在三种情况 MSc_2（M＝Sc、Y 和 La）中都是最优的碳笼。对于经典的 D_{5h}-C_{80}:31923 和含一个七边形的非经典异构体 C_{80}^{1h}:112912，当嵌入不同的 MSc_2N（M＝Sc、Y 和 La）团簇，能量排序不同。对于 Sc_3N，非经典笼排在第三位；对于 YSc_2N，排第二和第三的两个异构体能量几乎相等；对于 $LaSc_2N$，非经典异构体排在第二位。$LaSc_2N@C_{80}$ 的非经典异构体能隙为 1.16eV，$MSc_2N@C_{80}$（M＝Sc、Y、La）最优的异构体的能隙分别为 1.49eV、1.53eV 和 1.45eV。

根据计算的—6 价阴离子的相对能量，C_{82}:39718（C_{82}:9）是三金属氮化物团簇最好的候选碳笼，如表 3-11 所示。计算表明，尽管计算的 HOMO-LUMO 能隙只有 0.79eV，但 $Sc_3N@C_{82}$:39718 是 $Sc_3N@C_{82}$ 异构体中能量最低的。最近的实验显示，$Sc_3N@C_{82}$ 的结构与这里的结构完全一致[69]。对于 $LaSc_2N@C_{82}$，能量最低的三金属氮化物富勒烯的碳笼是 C_{82}:39705，且它的 HOMO-LUMO 能隙与那些已经合成的相同尺寸的三金属氮化物富勒烯的差不多。

与经典三金属氮化物富勒烯比较而言，在某些情况下，非经典三金属氮化物富勒烯是有竞争力的。含一个七边形的非经典笼趋向于含有更多的邻接五边形，然而，七边形与五边形相邻可以降低五边形邻接处的张力而稳定相应的结构。不过，这种七边形对张力的释放效应不能够完全抵消五边形邻接而导致的能量升高[87,88]。对于混合金属团簇氮化物，其对称性低于 M_3N 团簇的对称性；含一个七边形的笼对称性较低。低对称性的非经典富勒烯和低对称性的混合金属氮化物团簇的几何匹配性，在某些取向条件下比高对称性的纯金属氮化物团簇与经典富勒烯之间的几何匹配性更好。因而，在某些情况下，混合金属氮化物团簇更易于嵌入含有七边形的非经典富勒烯笼中。

表 3-11　C_{82}^{6-} 的相对能量（ΔE）以及邻接五边形的数目 B_{55}

异构体	ΔE/(kcal/mol)	B_{55} 数目	异构体	ΔE/(kcal/mol)	B_{55} 数目
C_{82}:39718	0.0	0	C_{82}:39644	35.3	2
C_{82}:39705	5.7	1	C_{82}^{1h}:155180	35.8	2
C_{82}:39717	13.3	0	C_{82}:36615	36.1	2
C_{82}:39663	13.7	1	C_{82}:39713	36.6	0
C_{82}:39715	15.3	0	C_{82}^{1h}:155183	37.2	2
C_{82}^{1h}:332127	23.2	2	C_{82}:39171	37.5	1
C_{82}:39714	23.8	0	C_{82}:37896	38.1	1
C_{82}:39704	26.0	1	C_{82}:34643	38.1	2
C_{82}:36652	26.2	2	C_{82}^{1h}:332005	38.2	2
C_{82}^{1h}:331997	26.5	2	C_{82}^{1h}:1502641	38.8	2
C_{82}^{1h}:331988	28.5	2	C_{82}^{1h}:155248	39.0	2
C_{82}^{1h}:155195	30.6	1	C_{82}:37359	39.0	1
C_{82}^{1h}:332125	33.5	2	C_{82}^{1h}:149462	39.4	2
C_{82}^{1h}:155199	34.2	1	C_{82}:35776	39.8	1
C_{82}:39656	34.7	1	C_{82}:39686	40.2	1

　　这里的计算得到的能量最低的异构体与已经获得的实验数据一致。对于经典和非经典的最优异构体，能量最低的异构体对应的碳笼展现出了一种复杂的网状连接关系。图 3-22 阐明了其中一部分笼的连接关系，图中包含了 $Sc_3N@C_n$（$n=78$、80 和 82）能量最低的异构体。图中展示的是 $n=78$ 和 $n=82$ 能量最低的五个异构体，但是对于 $n=80$，五个异构体中 C_{80}:31891 能量排第七。

　　图 3-23 显示了两种类型的连接关系：Stone-Wales 异构化[89]和通过 Endo-Kroto C_2 插入/挤出的扩展/收缩[90]。限于篇幅，这幅图不可能详尽描述结构上的所有依赖关系，而只是展示这些大小不同的异构体之间可以通过 C_2 插入/挤出以及 Stone-Wales 旋转实现相互转化，在 C_{82} 基础上继续增长可以得到 C_{84}，C_{78} 基础上继续挤出可以得到 C_{76}。同时，它也说明了三金属氮化物内嵌富勒烯的笼间在结构上是相通的。

　　从图 3-22 中的第三行可以看出，$Sc_3N@C_{78}$ 的碳笼 C_{78}:24109 以及嵌入 YSc_2N、$LaSc_2N$、Y_3N 和 Gd_3N 的三金属氮化物内嵌富勒烯的碳笼 C_{78}:

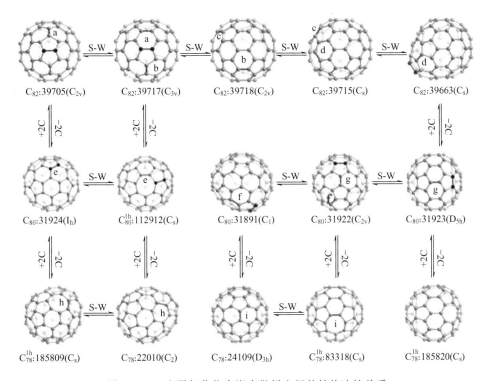

图 3-22　三金属氮化物内嵌富勒烯之间的结构连接关系

碳笼的 IUPAC 编号与满足 IPR 的编号的对应关系如下：C_{78}:24109（IPR:5）、C_{78}:24107（IPR:3）、
C_{80}:31924（IPR:7）、C_{80}:31923（IPR:6）、C_{80}:31922（IPR:5）、C_{82}:39718（IPR:9）、
C_{82}:39715（IPR:6）、C_{82}:39717（IPR:8）

22010 都可以分别由含一个七边形的 C_{78}^{1h}:83318 或 C_{78}^{1h}:185809 通过一步
Stone-Wales 转化而来。

对于 C_{80} 笼，大家熟知的 C_{80}:31924（I_h-C_{80}）可以由最近发现的含七边
形的异构体 C_{80}^{1h}:112912 通过一步 Stone-Wales 连接。$Sc_3N@C_{80}$ 能量排第二
的异构体的碳笼 C_{80}:31923 进行一步 Stone-Wales 转化可以得到 $Sc_3N@C_{80}$
能量排第四的异构体。

C_{82} 这行包含了在实验和理论计算中三金属氮化物富勒烯的特征笼。最
左边的一个笼（C_{82}:39705）是嵌入 Y_3N 后的最优异构体[91]，位于中间的笼
（C_{82}:39718）是许多单金属内嵌富勒烯的碳笼[92]，最右边的笼 C_{82}:39663 是
$Gd_3N@C_{82}$ 最优异构体对应的碳笼[73]。C_{82}:39717 是 $Sc_2S@C_{82}$ 和 $Sc_2C_2@C_{82}$
的碳笼[93]，C_{82}:39715 是 $Sc_2C_2@C_{82}$ 和 $Y_2C_2@C_{82}$ 的碳笼[94]，它们正常情况
下都只能接受 4 个电子。

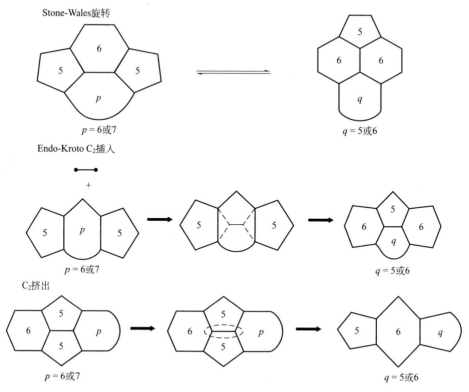

图 3-23　富勒烯结构间的 Stone-Wales 旋转以及插入/挤出转化

　　图中的垂直连接由 C_2 插入和挤出构成，这提供了一条扩展 $Sc_3N@C_{78}$ 能量最低的异构体到 $Sc_3N@C_{80}$ 能量相对较低的异构体以及 $Sc_3N@C_{82}$ 的优势异构体之间的路径。值得注意的是，C_{80} 含一个七边形的非经典异构体及 C_{78} 的两个非经典异构体，与经典的 $Sc_3N@C_n$ 和 $Sc_3N@C_{n+2}$ 的低能量异构体之间存在一条直接的转化路径。更多的连接关系可以在这幅图之外的异构体之间体现。因此，在正常情况下，富勒烯和基于它们能量较低的三金属氮化物内嵌富勒烯，可以通过 Stone-Wales 旋转和 C_2 插入/挤出相互转化。这些结构关系暗示优势碳笼是从稳定的亚结构单元构建而来的。此外，计算的结果和实验上的密切对应关系表明，理论计算在解释和预测新的结构可能性时扮演了十分重要的角色，也解释了电弧放电法产生的烟灰的产物是极其复杂的混合物的事实[95]。

　　先前的理论计算显示，C_2 插入可以促进尺寸小于 C_{60} 的优势富勒烯/内嵌金属富勒烯的形成[61]。目前，现在还没有证据证明小尺寸富勒烯的形成机制与中等尺寸的富勒烯相比有显著差异；而且 C_2 插入也可以促进尺寸比

C_{60} 大的富勒烯的形成。由于最常见的内嵌金属富勒烯的碳笼（D_{3h}-C_{78}、I_h-C_{80} 和 C_{2v}-C_{82}）都是满足 IPR 的，在没有 Stone-Wales 异构化的帮助下它们不能通过直接在经典富勒烯结构中插入 C_2 而形成。对于含有一个七边形的碳笼 C_{n+2} 通常可以在 IPR 笼 C_n 基础上直接插入 C_2 而形成。即使那样，在 C_n 的含七边形的异构体和经典异构体之间的 Stone-Wales 异构化也是必需的。因此，Stone-Wales 异构化和 C_2 插入/挤出是内嵌金属富勒烯形成的途径之一。

含有七边形的非经典异构体在空富勒烯增长过程中的作用已经得到研究[96]，结果显示，含七边形的异构体有助于提高 I_h-C_{60} 的相对丰度。图 3-22 中，C_{80}:31924 是许多内嵌金属富勒烯的碳笼，通过插入 C_2 到含一个七边形的异构体 C_{78}^{1h}:185809 中可以关联起来，这可能解释了 I_h-C_{80} 基的内嵌金属富勒烯的高丰度。I_h-C_{80} 笼还有其他路径生成，如通过 C_{82}:39705 中挤出 C_2 以及从 C_{80}^{1h}:112912 中通过 Stone-Wales 转化相关联。鉴于 I_h-C_{80} 的六价阴离子的特殊稳定性，结合上述多种转化途径，基于 I_h-C_{80} 的三金属氮化物富勒烯产量最高得到了合理的解释。这些结果表明，七边形在内嵌金属富勒烯的形成中扮演了重要的角色。

图 3-22 可以解读为三金属氮化物内嵌富勒烯增长或者退化的一个方案。实际上，分子动力学模拟显示热的巨型富勒烯可以在高温条件下丢失碳原子[79]，与理论发现的内嵌金属富勒烯可以增长或退化为其他尺寸的内嵌金属富勒烯类似。

嵌入能是三金属氮化物内嵌富勒烯分子形成的一个驱动力参数，嵌入能是反应物（金属团簇和碳笼）和产物金属富勒烯之间的能量差异。由于下面讨论的是几何形状相似的不同团簇嵌入同一异构体，因而基组叠加错误是可以相抵消的。为了得到更为准确的结果，在计算嵌入能时进行了基组叠加错误校正。计算显示，在 C_{78}:24109 中嵌入 Sc_3N、YSc_2N 和 $LaSc_2N$ 团簇后，通过基组叠加错误校正过的嵌入能分别为 267.3kcal/mol、243.8kcal/mol 和 226.2kcal/mol。显然，C_{78}:24109 的尺寸对于嵌入 YSc_2N 来说偏小，当然更不适合嵌入 $LaSc_2N$ 团簇。而 C_{78}:22010 嵌入这三个团簇的嵌入能分别为 304.5kcal/mol、313.7kcal/mol 和 310.9kcal/mol。因此，可以认为这个笼适合嵌入 YSc_2N 和 $LaSc_2N$ 团簇。C_{80}:31924 相应的嵌入能分别为 311.7kcal/mol、314.7kcal/mol 和 305.5kcal/mol，表明这个笼稍微倾向于嵌入前两个团簇。在 C_{80}:31923 中嵌入同样的团簇的嵌入能分别为 283.9kcal/mol、

288.2kcal/mol 和 279.9kcal/mol，表明这个富勒烯异构体不太适合嵌入 $LaSc_2N$ 团簇。然而，含一个七边形的 C_{80}^{1h}:112912 嵌入 $LaSc_2N$ 的嵌入能为 322.9kcal/mol，表明其比 C_{80}:31923 更适合嵌入 $LaSc_2N$ 团簇，这与实验观察到的已经分离和表征的 $LaSc_2N@C_{80}^{1h}$:112912 一致。这三个团簇在 C_{82}:39705 中的嵌入能分别为 301.7kcal/mol、311.5kcal/mol 和 312.7kcal/mol，表明 C_{82}:39705 更适合嵌入 YSc_2N 和 $LaSc_2N$ 团簇。

（3）结论

总的来说，可以通过 Stone-Wales 异构化和 C_2 插入/挤出将经典和非经典富勒烯异构体连接起来。广泛的密度泛函理论计算表明，在 C_{78}、C_{80} 和 C_{82} 的三金属氮化物富勒烯的优势异构体之间存在一种紧密的网状结构连接关系，含一个七边形的非经典三金属氮化物富勒烯的总能量与经典的三金属氮化物富勒烯接近。特别是经典的 $MSc_2N@C_{78}$:22010（M=Y 和 La）、$YSc_2N@C_{80}$:31924 和 $MSc_2N@C_{82}$:39705（M=Y 和 La）以及非经典 $YSc_2N@C_{78}^{1h}$:83318，都是潜在的可能合成和分离的金属富勒烯。最低能量异构体之间插入/挤出和 Stone-Wales 异构化网状关系的存在给出了一条三金属氮化物富勒烯形成的路径。在这条路径中，含一个七边形的非经典笼可能扮演着一个重要的角色。

3.8.3 金属氰化物富勒烯的结构演化关系

内嵌金属富勒烯由于其独特的几何结构、电子性质和潜在的应用引起了广泛的兴趣。人们长时间认为单金属富勒烯只能以 $M@C_{2n}$ 的形式存在，团簇富勒烯需要在富勒烯笼内包含多个原子。然而，2013 年成功报道了单金属簇富勒烯 $MCN@C_{82}$[97~100]。由于内嵌物种不同的几何和电子结构，单金属簇富勒烯的电子性质和潜在应用不同于单金属富勒烯和多金属簇富勒烯。虽然对于富勒烯获得了一些进展，但目前的知识还不能阐明单金属簇富勒烯的形成机理。因此，探索这个新内嵌富勒烯家族是非常有趣的。这里对单金属簇富勒烯 $YCN@C_n$（$n=68\sim84$）做了一个系统的计算研究[101]。有趣的是，发现同等和相邻尺寸的 $YCN@C_n$ 碳笼的低能异构体之间有着强烈的结构相似性，以 C_2 插入/挤出和 Stone-Wales 异构化[102]的形式相关联；并且发现，由于较低的能垒和焓-熵相互作用，这些转变在高温下会更加容易。这些研究结果为寻找新的单金属簇富勒烯提供了线索，并部分揭示了它们的形成机理。

（1）计算过程

首先选择出至少 3 组融合五边形的 IPR 和 non-IPR C_n（$n=68\sim84$）的二价阴离子异构体碳笼（总数为 72537）进行 AM1 理论水平的优化。根据它们的能量次序在 B3LYP/3-21G 水平上对这些二价异构体进一步优化。然后将 YCN 团簇置于选择出来的富勒烯笼中形成 YCN@C_n。在 C_n 笼内的不同方向上放置 YCN 团簇或改变原子次序，形成各种各样可能构象的异构体。于是选择出来 264 个 YCN@C_n 异构体，再进行 B3LYP/3-21G-LANL2DZ 水平（C 和 N 原子使用 3-21G 基组，Y 原子使用赝势 LANL2DZ 基组）优化。最后再对 C 和 N 原子采用 6-31G* 基组，Y 原子采用 LANL2DZ 基组进行最终优化。此外，还探讨了 C_2 插入（从 C_{74}:14246 到 C_{76}:19138）和 C-C 旋转（C_{76}:17459 和 C_{76}:19138）涉及的过渡态。因为所用方法已经重现或预测了近期工作中所显示的实验结果，这里采用的方法对

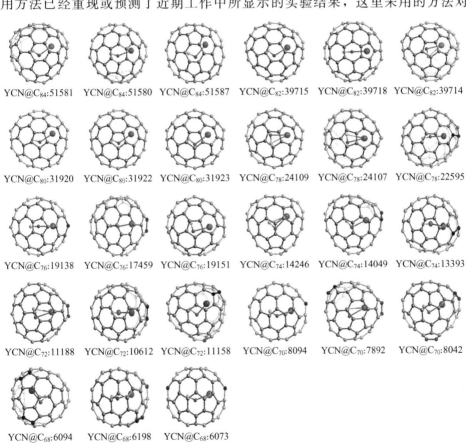

YCN@C_{84}:51581　　YCN@C_{84}:51580　　YCN@C_{84}:51587　　YCN@C_{82}:39715　　YCN@C_{82}:39718　　YCN@C_{82}:39714

YCN@C_{80}:31920　　YCN@C_{80}:31922　　YCN@C_{80}:31923　　YCN@C_{78}:24109　　YCN@C_{78}:24107　　YCN@C_{78}:22595

YCN@C_{76}:19138　　YCN@C_{76}:17459　　YCN@C_{76}:19151　　YCN@C_{74}:14246　　YCN@C_{74}:14049　　YCN@C_{74}:13393

YCN@C_{72}:11188　　YCN@C_{72}:10612　　YCN@C_{72}:11158　　YCN@C_{70}:8094　　YCN@C_{70}:7892　　YCN@C_{70}:8042

YCN@C_{68}:6094　　YCN@C_{68}:6198　　YCN@C_{68}:6073

图 3-24　YCN@C_n（$68\leqslant n\leqslant84$）的能量最低的优化结构（B3LYP/6-31G*-LANL2DZ）

于搜索金属富勒烯的有利异构体是有效的[103]。图 3-24 显示了对于 9 种 YCN@C$_n$（$n=68\sim84$）中每种的三个最有利异构体的优化结构。表 3-12 列出了 B3LYP/6-31G* 水平上 YCN@C$_n$ 最低能量异构体计算的相对能量和 HOMO-LUMO 能隙。

表 3-12 最低能量的 YCN@C$_n$ 的相对能量、HOMO-LUMO 能隙
（B3LYP/6-31G*）、五边形比邻数 B$_{55}$

碳笼	B$_{55}$数目	ΔE/(kcal/mol)	能隙/eV	IPR	碳笼	B$_{55}$数目	ΔE/(kcal/mol)	能隙/eV	IPR	碳笼	B$_{55}$数目	ΔE/(kcal/mol)	能隙/eV	IPR
C$_{68}$:6094	2	0.0	1.98	—	C$_{74}$:14246	0	0.0	1.21	1	C$_{80}$:31920	0	0.0	1.63	3
C$_{68}$:6198	2	8.8	2.23	—	C$_{74}$:14049	1	7.3	1.63	—	C$_{80}$:31922	0	2.9	1.33	5
C$_{68}$:6073	2	16.0	1.36	—	C$_{74}$:13393	1	13.0	1.51	—	C$_{80}$:31923	0	5.7	1.15	6
C$_{70}$:8094	1	0.0	1.59	—	C$_{76}$:19138	1	0.0	1.38	—	C$_{82}$:39715	0	0.0	1.48	6
C$_{70}$:7892	2	6.8	1.40	—	C$_{76}$:17459	1	0.5	1.69	—	C$_{82}$:39718	0	0.6	1.58	9
C$_{70}$:8042	2	13.4	1.70	—	C$_{76}$:19151	0	4.8	1.14	2	C$_{82}$:39714	0	2.4	1.58	5
C$_{72}$:11188	1	0.0	1.49	—	C$_{78}$:24109	0	0.0	1.55	5	C$_{84}$:51581	0	0.0	1.98	13
C$_{72}$:10612	1	5.9	1.64	—	C$_{78}$:24107	0	0.0	1.47	3	C$_{84}$:51580	0	5.7	1.34	12
C$_{72}$:11158	2	22.6	1.54	—	C$_{78}$:22595	1	8.5	1.37	—	C$_{84}$:51577	0	7.8	1.78	9

注：IPR 表示该尺寸的满足独立五边形原则的富勒烯出现的顺序。

（2）计算结果

从表 3-12 可以看到，YCN@C$_{68}$ 最低能量的异构体有一个很大的 HOMO-LUMO 能隙（1.98eV），它的笼是有两个 B$_{55}$ 键的 non-IPR C$_{68}$:6094。能量次低的两个异构体比第一个分别高 8.8kcal/mol 和 16.0kcal/mol。YCN@C$_{70}$ 最低能量的异构体有一个很大的 HOMO-LUMO 能隙（1.59eV），它的笼是 non-IPR C$_{70}$:8094。结构分析表明 C$_{70}$:7892 和 C$_{70}$:8094 分别有两对和一对 B$_{55}$ 键，表明融合的五边形和内嵌金属离子的相互作用对稳定相应的 EMF 有很重要的作用。按能级次序接下来的两个异构体是有两对 B$_{55}$ 键的经典异构体，但是能量分别比 YCN@C$_{70}$:8094 高 6.8kcal/mol 和 13.4kcal/mol。能量最低的异构体 YCN@C$_{72}$:11188 有一个大的能隙 1.49eV，排第二的异构体比排第一的能量高 5.9kcal/mol，在 1000K 和 2000K 下的含量分别为 5.1% 和 22.7%。排序第三和其他的异构体能量都较高。这里得到的能量最低的异构体和先前理论预测的一致[103]。YCN@C$_{72}$:11188 的 Y 原子靠近 B$_{55}$ 键的位置，N 原子几乎在碳笼的中心。参考所有可

用的实验事实，单金属富勒烯 $M@C_{72}$（M＝Ca、Mg）使用的是 non-IPR $C_{72}^{[104,105]}$。因此，可以推断，YCN 团簇转移 2 个电子到碳笼，形成 $YCN@C_{72}$：11188。

计算表明，$YCN@C_{74}$ 的最优异构体的笼是唯一满足 IPR 的 C_{74}：14246。能量排序第二和第三的异构体能量比 $YCN@C_{74}$：14246 分别高 7.3kcal/mol 和 13.0kcal/mol，两个笼都是有一对融合五边形的 non-IPR C_{74} 笼。对于 $YCN@C_{74}$：14246，Y 原子位于 B_{66} 键的位置，类似于 $M@C_{74}$（M＝Ba、Yb）[106,107] 中的二价金属原子。对于 $YCN@C_{76}$，计算表明能量最低的异构体是 $YCN@C_{76}$：19138，能量次低的是 $YCN@C_{76}$：17459，和先前理论预测的一致[108]。计算的 C_{76}^{2-}：19138 和 C_{76}^{2-}：17459 的 HOMO-LUMO 能隙分别为 0.89eV 和 0.72eV，然而，相应的 $YCN@C_{76}$ 能隙分别上升到 1.38eV 和 1.69eV，表明当 YCN 团簇嵌入的时候增大了它们的动力学稳定性。因此，$YCN@C_{76}$：19138 和 $YCN@C_{76}$：17459 的合成在理论上是可行的。对于 $YCN@C_{76}$ 的两个异构体，金属原子位于融合五边形的交界处，N 原子几乎位于碳笼的中心。$YCN@C_{78}$ 能量最低异构体的笼是众所周知的 C_{78}：24109（IPR：5），能量次低的 $YCN@C_{78}$：24107（IPR：3），比其高 0.5kcal/mol。在这两个异构体中，N 原子几乎位于碳笼的中心，金属原子位于 B_{66} 键的位置。对于 $YCN@C_{78}$：22595，N 原子位于碳笼的中心，金属原子位于 B_{55} 键的位置，YCN 团簇采取的是 V 形结构，键角大约 150°。$YCN@C_{78}$ 的能量排序和先前报道的相一致[109]。C_{78}^{2-}：24109 和 C_{78}^{2-}：24107 的 HOMO-LUMO 能隙分别为 0.90eV 和 0.87eV，然而，嵌入 YCN 团簇后 HOMO-LUMO 能隙增加为 1.55eV 和 1.47eV，表明它们具有较大的动力学稳定性。因此，由于它们低的相对能量和高的动力学稳定性，这两个异构体或者其中一个可能在实验中获得。能量最低的 $YCN@C_{80}$ 的笼是满足 IPR 的 C_{80}：31920（IPR：3），根据它的二价阴离子的能量排序它位于第三，但这些二价阴离子的能量差异只有 1.1kcal/mol。C_{80}：31920 也是电子结构相似的单金属富勒烯 $Yb@C_{80}^{[110]}$ 的母笼，$YCN@C_{80}$ 能量排序第二和第三的异构体的碳笼是 C_{80}：31922（IPR：5）和 C_{80}：31923（IPR：6），这两个异构体也是 C_{80}^{2-} 能量最低的异构体。对于 $YCN@C_{82}$，首次报道的基于 C_{82} 笼的单金属簇富勒烯是 $YCN@C_{82}$：39715（IPR：6）[107]。我们的计算表明 $YCN@C_{82}$：39715 是能量最低的异构体，$YCN@C_{82}$：39718 和 $YCN@C_{82}$：39714 能量比其分别高 0.6kcal/mol 和 2.4kcal/mol，这三个异构体都有很大的 HOMO-LUMO 间隙。这些结果表明 YCN@C_{82}:39718 和 YCN@C_{82}:39714 也可能被生产和分离。实际上，报道的电子结构相似的 TbCN 团簇内嵌在 C_{82}:39714 和 C_{82}:39715 （IPR:6）中。这些结果和最近理论预测的一致[111]。YCN@C_{84} 的最优异构体是 YCN@C_{84}:51581 （IPR:13），与 Yb@C_{84} 是同一个笼[112]，HOMO-LUMO 能隙为 1.98eV，表明其具有高的动力学稳定性。能量次低的是 YCN@C_{84}:51580（IPR:12）。

（3）电子转移相互作用和能量排序

实验和理论研究证明了内嵌的金属团簇将转移一些电子到富勒烯笼。研究表明内嵌金属富勒烯的能级次序大致与相应的负价富勒烯的相一致。对于 $M_3N@C_n$，转移 6 个电子[113,114]，对于 $Sc_2S@C_n$ 和 $Sc_2C_2@C_n$，转移 4 个电子，对于 $M@C_n$（M＝Sc、Y、La 原子），转移 3 个电子，那么 YCN@C_n 呢？

NBO 分析表明，YCN@C_{82} 中 Y、N 和 C 原子的电荷分别是 1.87、－0.86 和 0.2，YCN 团簇转移了 1.21 个电子到富勒烯 C_n。另外的计算表明，转移的电子数目与相应的富勒烯无关。只要计算方法相同，计算得到的不同 YCN@C_n 的异构体转移的电子数目几乎一样。考虑到 DFT 低估了转移的电子数，实验研究表明 Y 转移 3 个电子到富勒烯笼中[92]，YCN 团簇应该是转移 2 个电子到 C_n。实际上，S. Yang 等的实验已证实，YCN@C_{82} 的 ESR 以及还原行为与二价的 C_{82} 的单金属富勒烯一致。因此，YCN@C_{82} 的 YCN 团簇转移 2 个电子到富勒烯[107]。所有的这些可以合理解释其能量排序和 C_n^{2-} 普遍一致的现象。基于这些结果，电子结构应该是（YCN）$^{2+}$@C_n^{2-}。

（4）YCN 团簇的结构

理论计算表明，自由的 YCN 团簇和它的阳离子（YCN）$^{2+}$ 都是直线形的，N 原子在 Y 和 C 的中间。然而，XRD 研究清楚地证明，在 YCN@C_{82} 中 YCN 是三角形的。这里的密度泛函理论计算表明，在 YCN@C_{76} 中 YCN 是直线形的，然而，XRD 研究表明在 C_{76}:19138 中 YCN 是略微 V 形的[98]。为什么 YCN 在富勒烯笼内的理论研究结果与 XRD 实验结果产生了差异？对于 YCN 团簇，如果笼不是对称的或 YCN 团簇没有在沿着对称轴的位置，中间的 N 和末尾的 C 原子从富勒烯受到不同的相互作用力。即使是对称的 YCN@C_n 分子，内嵌原子与相邻金属卟啉 MOEP 配体之间也可能有重要的长程相互作用。以上所有的因素可能将内嵌团簇的方向从直线形改变为三角形或 V 形。因此，内嵌 YCN 团簇的结构取决于笼的对称性、团簇在碳笼内的相对位置以及晶体中配体分子形成的环境。换句话说，通常实验观察到的

YCN@C_n 在它的金属卟啉的共晶中的构象与裸 YCN@C_n 中的理论构象不同。

（5）结构互联和温度效应

如以上所提及的，所有最低能量的异构体与文献结论相一致。实验和理论结果表明，在这些 YCN@C_n 之间可能存在结构演变，图 3-25 中描述了碳笼的生长与收缩以及 Stone-Wales 转化。

图 3-25 显示 C_2 插入 YCN@C_{68} 最低能量异构体的笼 C_{68}:6094 可以形成 YCN@C_{70} 的笼 C_{70}:7892。一个 C_2 插入 C_{68}:6198 可以形成 C_{70}:8042，这个笼经过一步 Stone-Wales 旋转可以形成 C_{70}:8142，进一步的 C_2 插入可形成 C_{72}:11158，它可以转化为能量最低异构体 YCN@C_{72}:11188 的母笼，通过挤出 C_2，C_{72}:11188 可以转化为众所周知的 IPR 结构（C_{70}:8149）。一个 C_2 插入 C_{72}:11188 可形成 C_{74}:14239。进一步将 C_2 插入 C_{74}:14239 可形成 C_{76}:19142，经过一步 Stone-Wales 旋转可以形成能量排序第三的异构体的笼 C_{76}:19151。C_{74}:14239 经过连续的 Stone-Wales 旋转可形成 C_{74}:14049 和 C_{74}:14246，它们是 YCN@C_{74} 能量最低的两个异构体的母笼，C_2 插入 C_{74}:14246 可形成 YCN@C_{76} 能量最低异构体的笼 C_{76}:19138，在 C_{76}:19138 中插入 C_2 可形成 C_{78}:24101，分别经过一步和两步 Stone-Wales 旋转可形成能量排序第二的 YCN@C_{78}:24107（IPR:3）和能量排第一 YCN@C_{78}:24109（IPR:5）母笼。C_2 插入 C_{76}:19142 可形成 C_{78}:23318，经过两步 Stone-Wales 旋转可形成能量最低异构体 YCN@C_{78}:24109（IPR:5）的母笼。C_{78}:24109 直接加入 C_2 可形成 C_{80}:31911，通过一步 Stone-Wales 旋转，C_{80}:31911 又可以转化为能量次低异构体 YCN@C_{80} 的笼（C_{80}:31922），它又可以分别转化为能量排第一和第三的异构体的母笼。C_{80}:31922（IPR:5）中插入 C_2 可转化为 C_{82}:39686，其连续的 Stone-Wales 旋转可以转化为 YCN@C_{82} 三个能量最低的异构体 C_{82}:39714（IPR:5）、C_{82}:39715（IPR:6）和 C_{82}:39718（IPR:9）。在 C_{82}:39715 中插入 C_2 可形成 C_{84}:51536，它通过连续的 Stone-Wales 旋转可转化为能量最低异构体 YCN@C_{84}:51581 的母笼。

虽然只分析了富勒烯的结构连接性，但它实际上也是相应 YCN@C_n 的结构连接性。

这种连接性表明，YCN@C_n 在放电条件下，它们之间的结构演化是可能的。当然，结构连接性只是结构演变的先决条件。实际上，内嵌金属富勒烯是在高温下形成的，上述理论预测仅基于 0K 处的相对能量。因此，熵的

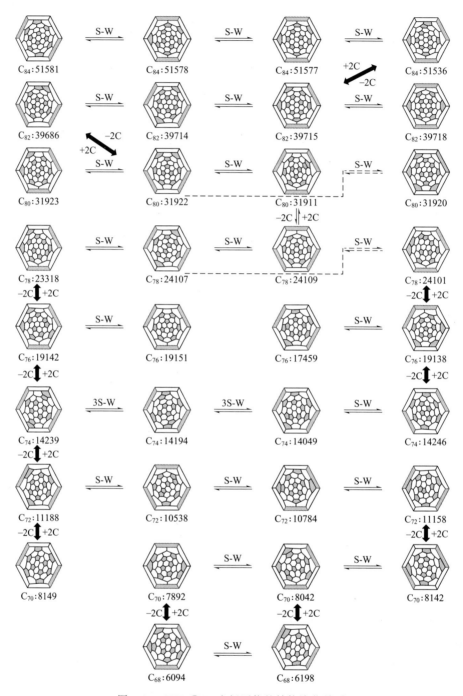

图 3-25 YCN@C_n 之间可能的结构演化关系

贡献没有被考虑，这可能改变异构体丰度，尤其是那些在 0K 时能量差异小的优势异构体[115]。为了研究升高温度能否推动可能的结构演变，根据 Z. Slanina 等[58] 提出的公式研究最低能量异构体的相对浓度。$YCN@C_n$（n=76~82）的相对浓度-温度关系如图 3-26 所示，温度间隔为 100K。由于间隔很小，温度低于 200K 的区域的变化对于最低能量异构体并不明显。

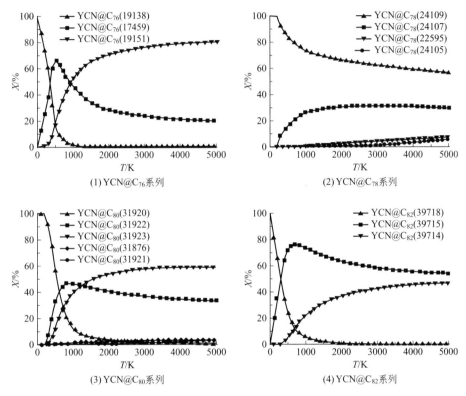

图 3-26　$YCN@C_n$（n=76~82）的能量上有利的异构体之间的相对浓度

图 3-26 表明，在 520K 或者更高温度时，C_{76}:17459 和 C_{76}:19151 的金属簇化合物比 C_{76}:19138 的金属簇化合物更优。在温度升高时，$YCN@C_{78}$:24109 的相对浓度显著下降，然而第二个优势异构体 $YCN@C_{78}$:24107 的相对浓度显著增加。通过 Stone-Wales 旋转连接的 $YCN@C_{80}$ 三种异构体，即 $YCN@C_{80}$:31920、$YCN@C_{80}$:31923 和 $YCN@C_{80}$:31922 的相对浓度随着温度显著变化，第二和第三个异构体在 720K 和 610K 时更优。类似地，$YCN@C_{82}$ 最有利的异构体依次改变其能量排序，第二和第三异构体分别在 330K 和 710K 改变其能量排序，三种异构体通过 Stone-Wales 旋转直接相连。

形貌上，富勒烯可以通过 C_2 插入或连续插入两个碳原子来生长。对于后面的路径，由于单个碳原子比 C_2 有着更高的活性，能垒应该更低；然而，因为碳原子存在于高温区，而富勒烯存在于反应器的低温区域，碳原子与反应器中的分子富勒烯碰撞的可能性要小得多。因此在这里只考虑第一条途径。在这里讨论将一个 C_2 单元加到 $C_{74}:14246$ 形成 $C_{76}:19138$ 来探究 C_2 插入机制。如图 3-27 所示，反应由五个步骤组成。第一步对应于外部的 C_2 团簇接近 $C_{74}:14246$ 的一个 C-C 键以形成第一中间体（INT_1）。这一步是无能垒和放热的，反应释放 -34.7kcal/mol。下一步是连接的 C_2 与富勒烯相互作用形成第二个中间体（INT_2），含有一个卡宾原子的奇数富勒烯 C_{75}。具有 7.5kcal/mol 能垒的过渡态（TS_1）位于连接两个中间体的位置。第三步是重排不饱和卡宾，形成第三个中间体（INT_3），其中包含一个邻接七边形和三个六边形的正方形。该步骤需要克服能垒为 50.4kcal/mol 的过渡态（TS_2）。INT_3 的能量比 INT_2 低 35.0kcal/mol，表明卡宾迁移在能量上有利。第四步通过过渡态（TS_3）形成具有四边形异构体的中间体（INT_4），

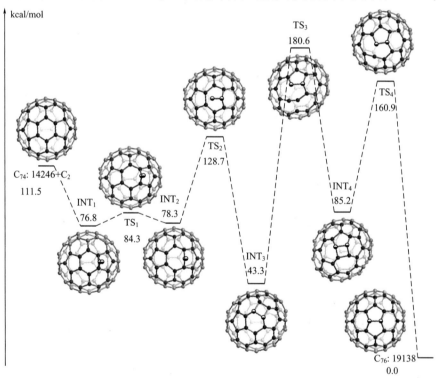

图 3-27　$C_{74}:14246$ 插入 C_2 形成 $C_{76}:19138$ 的机理

两个加成原子标记为 ◦，相对吉布斯自由能是 2000K 条件下计算得到的

其能垒为 137.3kcal/mol。最后一步对应于从 INT_4 形成产物 C_{76}，其计算的能垒为 75.7kcal/mol。图 3-27 显示了完整的能量变化情况和关键结构。很明显，由于最高的反应能垒，关闭笼的第四步是速率决定步骤。

图 3-25 显示，优势异构体可通过 Stone-Wales 旋转在水平方向异构化为其他的优势碳笼。由于 Stone-Wales 转换对于不同的异构体对而言都是相似的，因此不需要检查每个涉及的 Stone-Wales 转换。以 C_{76}：17459 和 C_{76}：19138 之间的转换为例来探讨异构化机制。如图 3-28 所示，第一步对应于桥接的 B_{66} 键被断开以形成具有新卡宾原子的中间体（INT）。过渡态（TS_1）位于 INT 和反应物之间，势垒为 140.8kcal/mol。下一步形成产物 C_{76}：19138 的能垒是 28.6kcal/mol。

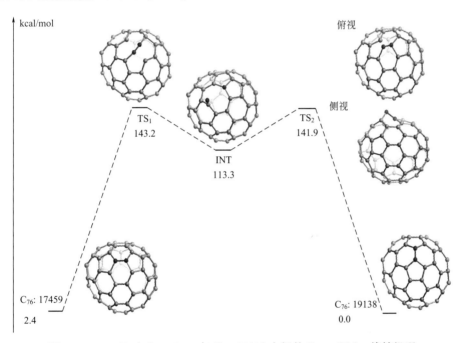

图 3-28　2000K 时 C_{76}：17459 与 C_{76}：19138 之间的 Stone-Wales 旋转机理

应该指出，虽然 C_2 插入和 Stone-Wales 旋转的能垒相对较高，但电弧放电反应中的高温和产生的光子可以促进 C_2 插入和 Stone-Wales 旋转。

对于 YCN@C_{76}，能量最低的前两个异构体通过 Stone-Wales 旋转可以相互转化，图 3-26 表明，能量最优的异构体在低于 1000K 的温度下含量就被第二和第三异构体超过。对于 YCN@C_{78}，类似地，能量最低和次低的异构体可以通过 Stone-Wales 旋转相互转化，温度升高，能量次低的含量显著升高。对于 YCN@C$_{80}$ 和 YCN@C$_{82}$，能量排第一和第三的异构体可以通过 Stone-Wales 旋转相互转化；温度升高时，最优异构体的相对浓度极速下降，并在温度低于 1000K 时被后面两种异构体超过。对于 YCN@C$_{84}$，图 3-25 显示，能量排序第一和第三的异构体，它们彼此可以相互转化，温度升高时能量最优异构体的相对浓度极速下降。所有这些在高温下的计算结果进一步支持了 YCN@C$_n$ 最优异构体之间的结构演化。

（6）小结

通过密度泛函理论和统计热力学计算，考察了 YCN 团簇在 C$_n$ 中的结构、性质和相应金属富勒烯之间的结构连接关系。计算结果表明，单金属簇富勒烯 YCN@C$_n$ 的最优异构体和可利用的理论和实验结果非常吻合。形貌分析表明，YCN@C$_n$（$n = 68 \sim 84$）最低能量的异构体通过 C$_2$ 插入/挤出和 Stone-Wales 旋转可形成结构关系网，在高温下相互转化；焓-熵相互作用可以在高温下显著改变低能异构体的相对丰度。所有的这些结果都表明，在电弧放电条件下这些金属簇富勒烯有着结构演化关系。因此，这些结果合理解释了它们在烟灰中结构的多样化，并部分揭示了它们的形成机理。

3.8.4 金属富勒烯结构演化关系

要使金属富勒烯真正走向应用，提高金属富勒烯的产量是不可逾越的障碍。目前而言，如果按照最常用的电弧放电法来生产，高效液相色谱法来分离的话，金属富勒烯的日产量处于毫克数量级，远远不能够满足应用上的需求。因此，产量的提高是必须要解决的问题。然而，要提高产量，必须开发新的方法。要开发新合成方法，搞清金属富勒烯的形成机理是前提。欲阐明形成机理，研究金属富勒烯结构演化关系是根本要求。

在前面的叙述中，分别研究了单金属氰化物富勒烯、双金属团簇富勒烯、三金属氮化物富勒烯的结构演化关系，实际上就是研究了电荷转移数分别为 2、4 和 6 的团簇的内嵌富勒烯的形成和结构演化关系。整合以上结果，可以看出，整个金属富勒烯家族在结构上存在广泛的内在联系，即不同团簇内嵌富勒烯的生长有不同的路径。然而，某些碳笼对两种或以上的内嵌团簇都是优选的碳笼，表明金属富勒烯之间具有三维的结构关联性。这些结果完美解释了金属富勒烯生产过程中产物的多样性和产率的差异性。

3.9 金属富勒烯的性质

3.9.1 金属富勒烯的电化学和前线分子轨道

自第一个纯金属富勒烯得到合成开始，内嵌金属富勒烯的电化学性质就成为研究的焦点。从那时起，几乎所有新分离的内嵌金属富勒烯和它们的衍生物都通过电化学手段进行表征，特别是通过循环伏安法或脉冲伏安法。氧化还原电位，尤其是第一氧化电位和第一还原电位提供了有关金属富勒烯电子性质的信息，并且可以直接用来估计 HOMO-LUMO 能隙。

由于内嵌了金属原子或金属团簇，内嵌金属富勒烯的氧化还原行为比富勒烯的氧化还原行为更复杂。内嵌金属富勒烯可以被认为是一种特殊类型的配合物，类似于有机金属中的那些配合物。就有机金属化合物的电化学而言，配体可以表现出自己的氧化还原活性，或者不参与氧化还原过程。以同样的方式，富勒烯和内嵌物种可以在内嵌金属富勒烯中表现出氧化还原活性，或不表现出氧化还原活性。在第一种情况下，只有碳笼是氧化还原活性的，意味着内嵌物种的价态和自旋态在电化学过程中保持不变。在第二种情况下，内嵌团簇是氧化还原活性物质，而富勒烯仅作为惰性容器，这种类型的电子转移被描述为内嵌式电子转移过程[116]。一个明显的发生氧化还原活性的先决条件是基于金属的前线分子轨道具有合适的能量。在实验中，内嵌氧化还原过程可以通过意想不到的氧化还原行为和/或使用光谱电化学方法展示。在离子自由基的电子顺磁共振谱中，当内嵌团簇具有氧化还原活性时，往往表现出丰富的超精细结构，即具有大的超精细耦合常数。

（1）单金属富勒烯

在单金属富勒烯中，金属原子转移所有价电子到富勒烯上。由于金属原子与电子态相关的轨道的能量远低于金属富勒烯分子的前线分子轨道的能量，单金属富勒烯的 HOMO 和 LUMO 完全位于富勒烯笼上。因此，单金属富勒烯的氧化还原性质仅由富勒烯决定。结果，单金属富勒烯的氧化还原性质对内嵌金属原子的依赖性不强，而仅决定于内嵌金属的价态。单金属内嵌富勒烯通常表现出可逆的氧化还原性。

$Li@C_{60}$ 是报道的 C_{60} 的内嵌金属富勒烯结构中唯一的产量足以进行电化学研究的物种。在中性状态下，$Li@C_{60}$ 是顺磁性的，其稳定形式是阳离子 $Li^+@C_{60}$。$Li@C_{60}$ 的小能隙（0.47V）是顺磁性单金属内嵌富勒烯的常见特征。

二价金属的单金属富勒烯 $M@C_{2n}$（M＝Ca、Sm、Eu、Tm、Yb）是具有闭壳层电子结构的抗磁性分子。因为它们是相当好的电子受体，它们的氧化还原性质与大尺寸空富勒烯类似。$M@C_{2n}$ 的电化学能隙通常超过 1V。

对于三价单金属富勒烯分子 $M@C_{2n}$（M＝Sc、Y、La、Ce、Pr、Nd、Gd、Er、Lu），因笼上有未配对电子而成为自由基，其还原行为与空富勒烯和二价金属富勒烯 $M@C_{2n}$ 的显著不同。它们的电化学能隙值通常接近 0.5V，这种内嵌金属富勒烯通常比富勒烯更易还原或氧化。

需要注意的是，尽管内嵌金属富勒烯的电化学行为随着内嵌金属原子的价态不同而有显著不同，但是，化学衍生化可以显著改变它们的氧化还原电位。金属富勒烯衍生物可以分为两组。第一组是不改变顺磁性的环加成产物，这类衍生物的电化学能隙仍然较小[117,118]；另一组是衍生化后开壳结构转化为衍生物的闭壳结构，这强烈影响氧化还原电位。在这种情况下，氧化电位正向移动，而还原电位则负向移动，由此产生的电化学能隙值通常超过 1V。

（2）双金属富勒烯

实验结果显示，双金属富勒烯中，金属原子以三价金属为主。因内嵌金属原子之间存在金属-金属成键轨道，这种金属成键轨道的能量与碳笼的分子轨道能相近，因而内嵌两个三价金属原子的双金属富勒烯的内嵌原子具有氧化还原活性；相应地，内嵌的金属原子之间的分子轨道可以是双金属内嵌富勒烯的 HOMO 或 LUMO。

在双金属内嵌富勒烯中，M-M 成键分子轨道到底是内嵌金属富勒烯的 HOMO 还是 LUMO，取决于碳笼前线分子轨道的能量与金属-金属成键轨道的能量的相对大小。金属富勒烯中，M-M 成键分子轨道的能量类似于自由金属二聚体的最低分子轨道能量，它通常具有 $ns\sigma_g^2$ 轨道的特征[119]。M_2 二聚体中，$ns\sigma_g^2$ 轨道的能量与自由金属原子从 $ns^2(n-1)d^1$ 激发到 $ns^1(n-1)d^2$ 的激发能相关。因此，该激发能在很大程度上决定了双金属富勒烯结构中金属原子的价态。

由于基于镧的双金属内嵌富勒烯的 La-La 成键轨道是该金属富勒烯的 LUMO，一个 $La_2@C_{2n}$ 分子的还原应该是一个内部的还原过程，而氧化是基于富勒烯的。$La_2@C_{2n}$ 的电化学研究（2n＝72、78、80）表明，这些内嵌金属富勒烯表现出 2～3 个可逆的单电子还原步骤。

电子自旋共振（EPR）谱测试证明，$La_2@C_{80}$ 的还原是以金属为基础的。双金属内嵌富勒烯中，M-M 键轨道具有混杂的 spd 特征。当这样的轨道被一个电子填充时，在相应的阴离子自由基 EPR 谱中，可以预期具有大的超精细常数。$[La_2@C_{80}$-$I_h]^-$ 阴离子自由基的 EPR 显示一个巨大的 ^{139}La 耦合常数，证明自旋密度主要定域在金属原子上。证明 La 和 Ce 双金属富勒烯还原发生在内嵌原子上的另外一点是第一和第二还原电位差。对于氧化还原过程发生在笼上的情况，第一和第二还原（或氧化）电位差通常在 0.4~0.5V 范围内。而内嵌团簇主导的氧化还原过程涉及的不同步骤之间的电位差更大。所有的 $La_2@C_{2n}$ 和 $Ce_2@C_{2n}$ 双金属内嵌富勒烯的第一和第二还原电位差在 1.2~1.4V 范围内，远远大于基于碳笼的还原电位。

如果内嵌金属富勒烯的 HOMO 是基于金属基的，金属富勒烯的氧化电位对应于金属的 HOMO，而还原电位对应于富勒烯的还原电位。由于 M_2 二聚体的 $ns\sigma_g^2$ 轨道能与自由金属原子的 $ns^2(n-1)d^1 \rightarrow ns^1(n-1)d^2$ 激发能相关，含有 M-M 成键分子轨道且为双金属内嵌富勒烯的 HOMO 轨道的双金属富勒烯的氧化电位将随着金属的不同而变化。特别是能量最低 Lu-Lu 分子轨道应具有最高的氧化电位。因内嵌金属参与了氧化还原过程，双金属内嵌富勒烯的氧化电位强烈依赖于内嵌的金属。

（3）团簇富勒烯

内嵌物种中包含金属和非金属原子的团簇富勒烯的电化学性质会随着前线分子轨道的分布和整个分子的荷电状态而变化。对于氰基单金属簇富勒烯，内嵌团簇通常带电为 +2；对于碳化物团簇富勒烯 $M_2C_2@C_{2n}$、硫化物团簇富勒烯 $M_2S@C_{2n}$ 和氧化物团簇富勒烯 $M_2O@C_{2n}$，内嵌团簇通常带电为 +4；对于金属氮化物团簇富勒烯 $M_3N@C_{2n}$、混合金属碳化物富勒烯 $M_2TiC@C_{80}$、多金属氧化物团簇富勒烯 $Sc_4O_2@C_{80}$ 和许多其他内嵌金属富勒烯，内嵌团簇通常带电为 +6。

对于内嵌团簇荷电为 +2 的金属富勒烯 $MCN@C_{82}$，其氧化还原电位类似于那些含有相同碳笼的二价单金属富勒烯 $M@C_{82}$ 的氧化还原电位[120,121]。这个高度的相似性表明富勒烯主导了这种团簇富勒烯的 HOMO 和 LUMO。这些团簇富勒烯的还原和氧化步骤通常是可逆的。

对于内嵌团簇荷电为 +4 的金属氧化物、碳化物和硫化物团簇富勒烯，如 $Sc_2C_2@C_{82}$、$Sc_2O@C_{82}$ 和 $Sc_2S@C_{82}$，HOMO 主要位于碳笼上，它们的氧化电位处于 0.47~0.54V 范围内，这个氧化电位比有相同碳笼的双金属内嵌富勒烯 $Sc_2@C_{82}$ 的第一氧化电位更正。这些团簇富勒烯的 LUMO 分布显示了富勒烯和团簇之间微妙的平衡：$Sc_2O@C_{82}$ 的 LUMO 位于富勒烯，

$Sc_2S@C_{82}$ 的 LUMO 也主要以富勒烯为基础，但具有显著的金属贡献，而 $Sc_2C_2@C_{82}$ 的 LUMO 主要位于碳化物团簇上。碳笼对第一个还原电位的贡献遵循顺序如下：首先是 $Sc_2O@C_{82}$（$-1.17V$）[122]，其次是 $Sc_2S@C_{82}$（$-1.04V$）[67]，然后是 $Sc_2C_2@C_{82}$（$-0.94V$）。对于有相同碳笼 C_{82}-C_s（IPR:6）的团簇富勒烯，氧化还原电位与内嵌团簇间具有相似的关系。值得注意的是，从可逆性上讲，碳笼为 C_{82}-C_{3v}（IPR:8）和 C_{82}-C_s（IPR:6）的不同团簇富勒烯具有不同的电化学行为：C_{82}-C_s（IPR:6）的团簇富勒烯具有可逆的还原性，C_{82}-C_{3v}（IPR:8）的团簇富勒烯的还原不具有可逆性。

对于三金属氮化物团簇富勒烯，$Y_3N@C_{80}$ 的 HOMO 和 LUMO 主要由碳笼决定，这代表了大多数氮化物团簇富勒烯的情况。相反，$Sc_3N@C_{80}$ 的 LUMO 组成中，团簇的贡献很大。此外，笼内 M_3N 团簇的旋转也影响 LUMO 的空间分布。计算研究表明，在中性状态，$Sc_3N@C_{80}$ 和 $Y_3N@C_{80}$ 都具有 C_3 对称结构，其中金属原子面向六边形。对于 $Sc_3N@C_{80}$ 的阴离子，对称性为 C_{3v}，当金属位于五边形/六边形共享的键时，能量上是最优的。重要的是，在 $Sc_3N@C_{80}$ 中旋转的团簇导致 LUMO 的巨大的重新分布：在 C_3 构象中，轨道在笼和团簇之间平均分配；而在 C_{3v} 构象中，团簇对 LUMO 具有显著贡献。对于 $Y_3N@C_{80}$，由于团簇的尺寸较大，导致 C_{3v} 构象能量较高；因 LUMO 主要由碳笼决定，C_3 构象仍然是中性和阴离子形式的基态。

基于前线轨道的空间分布，人们可以期望 $Sc_3N@C_{80}$ 和 $Y_3N@C_{80}$ 有类似的氧化行为和不同的还原行为。事实上，两者具有相似氧化电位，但是有明显不同的还原电位。$Sc_3N@C_{80}$ 还原时主要是内嵌团簇的还原，其 EPR 谱也证明了这一点[123]。$Y_3N@C_{80}$ 的还原主要集中在富勒烯笼上。这两种氮化物内嵌富勒烯不仅具有不同的氧化还原电位，它们的可逆性也不一样。

因产率相对较高，包含许多不同尺寸的碳笼和不同金属的氮化物团簇，氮化物团簇富勒烯的电化学性质受到广泛研究。对于基于 Sc 的氮化物团簇富勒烯，研究了的富勒烯包括 C_{68}、C_{78}、C_{80} 和 C_{82}。值得注意的是，$Sc_3N@C_{80}$-I_h 在该系列中具有最高的氧化电位，而另一种异构体 $Sc_3N@C_{80}$-D_{5h} 的第一氧化电位比 $Sc_3N@C_{80}$-I_h 的低 $0.25V$。B. Elliott 等使用两种异构体的氧化电位差对这两种异构体进行分离[124]。对于 $Sc_3N@C_{68}$，其氧化还原行为也受到深入研究，并通过 EPR 测试确认了还原发生在笼上，这个结果与 DFT 预测的 HOMO 和 LUMO 的分布一致[125]。

对于中等尺寸的氮化物团簇，其氧化还原特性在某种程度上类似于 $M_3N@C_{80}$-I_h（IPR:7）的性质。第一个氧化步骤通常是可逆的，而电化学还原步骤是不可逆的。具有相同碳笼的不同的三金属氮化物团簇富勒烯的氧化还原电位变化几乎不超过 0.1V，并且通常较小。随着碳笼的变化，电化学能隙逐渐减小，从 $M_3N@C_{78}$（22010）的 2.0V 到 $M_3N@C_{96}$ 的 1.7V。

　　对于六价团簇的团簇富勒烯，C_{80}-I_h 笼的内嵌金属富勒烯是最丰富的，对于某些金属原子，甚至是只有这个异构体的金属富勒烯的量是足够进行电化学研究的。对于这些内嵌金属富勒烯，相比于 $Y_3N@C_{80}$-I_h，其第一氧化还原电位是基于团簇的。同时，大部分团簇富勒烯的第一氧化电位接近 +0.6V，这表明该过程发生在富勒烯上。尽管存在一些例外，也就是氧化是发生在内嵌团簇上的，典型的例子是 $Sc_4C_2@C_{80}$、$Sc_4O_2@C_{80}$、$M_2TiC_2@C_{80}$（M=Sc、Dy）。

　　富勒烯 C_{80}-I_h 的内嵌金属富勒烯 $La_2@C_{80}$、$Sc_3CN@C_{80}$、$Sc_4C_2@C_{80}$ 和 $Sc_4O_2@C_{80}$ 的前线分子轨道中，HOMO 和 LUMO 的分布可以再次作为实验测量的氧化还原电位的指导。例如，$Sc_4O_2@C_{80}$ 的 HOMO 和 LUMO 都是位于 Sc_4O_2 团簇上。实验上，$Sc_4O_2@C_{80}$ 在 0.00 和 -1.10V 分别呈现出可逆的还原和氧化特性，这远远偏离富勒烯的氧化还原电位。EPR 证明了 $Sc_4O_2@C_{80}$ 的自由基阴离子和自由基阳离子中自旋密度分布在团簇上。在 $Sc_3CN@C_{80}$ 中，LUMO 位于团簇上，其第一还原电位为 -1.05V。相反，HOMO 主要定位在碳笼上，$Sc_3CN@C_{80}$ 的第一氧化电位是 0.60V，这个数值处于碳笼型氧化值的范围内[126]。相反，$Sc_4C_2@C_{80}$ 的 HOMO 位于 Sc_4C_2 团簇上，它的第一氧化电位是 0.01V，而 LUMO 具有较大的笼成分，并且 $Sc_4C_2@C_{80}$ 的第一还原发生在相当负的电位 -1.53V[127]。在某些情况下，前线分子轨道具有团簇和碳笼的混合特征，双方都具有相当的贡献。

　　总体而言，金属原子或金属团簇与碳笼的大 π 键之间的相互作用使得内嵌金属富勒烯具有多样而迷人的电子结构，这些性质也反映在这些分子的电化学性质中。单金属富勒烯表现出以富勒烯为基础的氧化还原活性，从双金属富勒烯开始以及更复杂的团簇富勒烯，前线轨道可以部分或完全局限在内嵌物种上。因此，可以通过研究带电的金属富勒烯结构中内嵌团簇的电化学行为来研究金属富勒烯内部的不寻常的成键特性和自旋特性。

3.9.2　金属富勒烯的电子自旋共振

　　一方面，电子从内嵌金属原子转移到富勒烯使得这些内嵌金属富勒烯特别稳定。另一方面，这种电子转移可能导致一个未配对的电子位于金属富勒烯的单占据分子轨道（SOMO）上。例如 $La@C_{82}$，La 阳离子通常呈三价形式，它向 C_{82} 笼提供三个电子；然而，根据 Pauli 不相容原理，一个未配对电子停留在碳笼上。

La@C_{82} 是第一个用电子自旋共振谱（ESR）研究的顺磁性内嵌金属富勒烯，随后研究了 Sc@C_{82}、Y@C_{82}、Sc_3C_2@C_{80}[128~131] 和 Y_2@C_{79}N[132] 等的顺磁性。此外，通过改变温度和外部修饰实现了对这些顺磁物种的电子自旋操纵[133]。这些顺磁性物种在化学、物理、材料和生物学等领域，特别是在量子信息处理、磁开关、存储器件、单分子磁体和自旋电子学等方面有着广泛的应用。下面介绍 M@C_{82}、Sc_3C_2@C_{80}、Y_2@C_{79}N 和 $TiSc_2N$@C_{80} 等的自旋共振性质及其调控方法。

（1）M@C_{82}（M＝Sc、Y、La）的电子自旋共振

在 M@C_{82}（M＝Sc、Y、La）中，Sc、Y、La 的核自旋量子数分别是 7/2、1/2 和 7/2。因此，会产生电子-核自旋耦合作用。这种耦合作用可以通过 ESR 来测试。ESR 谱线数可以用以下公式来计算：$2nI+1$，其中 n 是等价的金属核的数目，I 是自旋量子数。基于此，Sc@C_{82} 和 La@C_{82} 在 ESR 谱中都有 8 条谱线，而 Y@C_{82} 则有 2 条谱线。在 ESR 谱中，有两个参数通常可以揭示电子的自旋特性，即 g 因子和超精细耦合常数 a。g 因子可以给出顺磁性中心的信息。超精细耦合常数 a 是由未配对电子与原子核相互作用引起的。表 3-13 列出了 M@C_{82}（M＝Sc、Y、La）的超精细耦合常数。应当指出，Sc@C_{82}（IPR:9）有较大的超精细耦合常数（3.82G）和比其他 M@C_{82} 小的 g 因子（1.9999）。众所周知，超精细耦合常数大则反映了自旋密度变得更加局域化。理论计算显示，La@C_{82}（IPR:9）和 Y@C_{82}（IPR:9）的电子自旋定域在 C_{82} 笼上。不同的是，在 Sc@C_{82}（IPR:9）中，未配对电子主要在碳笼中，部分位于 Sc 核内，导致超精细耦合常数值增加。确切点说，Sc@C_{82} 中 Sc 上的自旋密度主要是与 Sc 的 d 轨道有关，使得超精细耦合常数提高一个数量级。然而，在 La@C_{82}（IPR:9）和 Y@C_{82}（IPR:9）中，d 轨道的作用不明显。

表 3-13 M@C_{82}（M＝Sc、Y、La）的超精细耦合常数 a 和 g 因子

金属富勒烯	a/G	g	温度	溶剂
La@C_{2v}(9)-C_{82}	1.2	2.0008	室温	二硫化碳
La@C_s(6)-C_{82}	0.83	2.0002	室温	甲苯
Y@C_{2v}(9)-C_{82}	0.49	2.0006	室温	甲苯
	0.48	2.00013	室温	二硫化碳
Y@C_s(6)-C_{82}	0.32	2.0001	室温	甲苯
Sc@C_{2v}(9)-C_{82}	3.82	1.9999	室温	二硫化碳
Sc@C_s(6)-C_{82}	1.16	2.0002	室温	二硫化碳

$Sc@C_{2v}(9)-C_{82}$ 中，Sc 的 3d 轨道上的未配对电子导致了它易自旋的特征。据报道，$Sc@C_{2v}(9)-C_{82}$ 在 $270\sim150K$[134] 温度范围内的 ESR 性质发生了很大的变化。简单地说，在低温下，强磁场下的 ESR 信号强度降低，整个 ESR 谱呈现顺磁各向异性。这种各向异性可能是由于 g 因子和超精细张量旋转平均不足所致。对于金属富勒烯 $M@C_{82}$，内嵌金属通常是运动的，其运动程度与环境温度有关。Sc 核的弱运动导致 d 轨道的电子与 Sc 核之间的偶极相互作用增大和 $Sc@C_{2v}(9)-C_{82}$ 的各向异性。但对于 $La@C_{2v}(9)-C_{82}$ 和 $Y@C_{2v}(9)-C_{82}$，它们具有较小的超精细耦合常数（hfcc），电子自旋主要分布在笼上。与 $Sc@C_{2v}(9)-C_{82}$ 不同，由于电子自旋离域在 C_{82} 笼上，它们的 ESR 在低温下表现出轻微的各向异性。此外，结果显示，低温下 $Sc@C_{82}$ 在甲苯和 CS_2 溶液中，其 ESR 谱的线宽对 Sc 核磁矩的量子数有依赖性，这可能是超精细张量和 g 张量没有因旋转而充分平均所致。

外部衍生化可以改变碳笼的 π 轨道而影响电子结构，从而改变其不成对的自旋分布。用 XRD 和 ESR 谱[118] 研究了 $La@C_{2v}(9)-C_{82}$ 的卡宾衍生物（$La@C_{82}$-Ad）。XRD 分析显示，加成单元添加到 B_{66} 键上而打开该键，形成相应的断键的异构体。此外，该 $La@C_{82}$-Ad 异构体的 hfcc 为 0.89G，小于原始 $La@C_{2v}(9)-C_{82}$ 的 hfcc（1.2G）。类似地，$Sc@C_{2v}(9)-C_{82}$ 与金刚烷基卡宾反应得到的衍生物 $Sc@C_{82}$-Ad 有四种异构体，它们具有不同的 hfcc（5.76G、3.72G、3.67G、4.14G），与原始的 $Sc@C_{2v}(9)-C_{82}$（3.78G）[135] 不同。值得注意的是，对于 $Sc@C_{82}$-Ad，Ad 加成到接近于内部 Sc 金属的 B_{66} 键，并且与上述 $La@C_{82}$-Ad 异构体有相同的结构。然而，$Sc@C_{82}$-Ad 衍生物的 hfcc（5.76G）比 $Sc@C_{2v}(9)-C_{82}$ 的大（3.78G）。$Sc@C_{82}$-Ad 异构体的 hfcc 增加揭示了化学衍生化后，金属富勒烯 $Sc@C_{82}$ 的 Sc 上的 d 轨道的自旋增加。

（2）$Sc_3C_2@C_{80}$ 的电子自旋共振

对于 $Sc_3C_2@C_{80}$，未配对电子位于内部的 Sc_3C_2 团簇上。在室温下 $Sc_3C_2@C_{80}$ 的甲苯溶液的 ESR 谱中，可观察到 22 条相对强度为 1：3：6：10：15：21：28：36：42：46：48：48：46：42：36：28：21：15：10：6：3：1 的谱线。根据这些谱图，可以得到 hfcc 为 6.22G，g 因子为 1.9985，这个谱是由电子自旋和三个等价的 Sc 核耦合而成[17]。

实验显示，$Sc_3C_2@C_{80}$ 的顺磁特性对温度很敏感，特别是它的线宽受温度的影响最为明显。在 $Sc_3C_2@C_{80}$ 溶液中，其谱线宽度随温度的降低而减小。在 $Sc_3C_2@C_{80}$ 的二硫化碳（CS_2）溶液中，在 $180\sim290K$ 的温度范围内，线宽没有明显的温度依赖性；而且在 180K 时，由于内嵌 Sc_3C_2 团簇是旋转的，也没有发现明显的各向异性顺磁性质。此外，$Sc_3C_2@C_{80}$ 的较大线宽（1G）可归因于三个 Sc 核自旋态略有不同。这 22 条线是来自于内部 Sc_3C_2 簇的旋转，这种内嵌团簇的运动将三个 Sc 的环境均一化了（表 3-14），即三个 Sc 的环境变得一样了。

表 3-14 $Sc_3C_2@C_{80}$ 的超精细耦合常数 a 和 g 因子

金属富勒烯	a/G	g	温度/K	溶剂
$Sc_3C_2@C_{80}$	6.51	1.9985	200	二硫化碳
$Sc_3C_2@C_{80}$	6.22	1.9985	室温	甲苯
$Sc_3C_2@C_{80}$	6.256	2.0006	室温	二氯苯
$Sc_3C_2@C_{80}$ 的吡咯烷衍生物	8.602;4.822;4.822	2.0007	室温	二氯苯
$Sc_3C_2@C_{80}$-Ad	7.39	1.99835	室温	二硫化碳
$Sc_3C_2@C_{80}$ 的开笼衍生物	6.73;4.00;4.00	—	室温	二硫化碳
$TiSc_2N@C_{80}$	—	1.9579	室温	甲苯
$TiY_2N@C_{80}$	—	1.9454	室温	甲苯

对 $Sc_3C_2@C_{80}$ 进行了化学修饰而控制其顺磁性。对该物质的外部修饰不仅改变了其分子结构，而且影响了自旋态。对于与烷基卡宾反应得到的衍生物 $Sc_3C_2@C_{80}$-Ad，其 ESR 显示出 7.39G（双核）和 1.99G（单核）的 hfcc 谱[131]；与吡咯反应得到的 $Sc_3C_2@C_{80}$-吡咯烷衍生物则显示出 8.602G（单核）和 4.822G（双核）的 hfcc 谱[136]。此外，$Sc_3C_2@C_{80}$ 与四嗪反应得到的富勒烯衍生物在 6.73G（单核）和 4.00G（双核）[137]处可发现两套 hfcc，表示三个 Sc 原子在碳笼中有两种不同的等价位（1∶2）。此外，加成位置对超精细耦合有很大的影响。例如，在 $Sc_3C_2@C_{80}$-Ad 中，Ad 单元增加到 B_{66} 键，而 $Sc_3C_2@C_{80}$-吡啶和 $Sc_3C_2@C_{80}$-四嗪加合物中，加成位点是 B_{56} 键。因此，$Sc_3C_2@C_{80}$-Ad 具有非常不同的 hfcc 模式（两个具有较大 hfcc 的核和一个具有最大 hfcc 的核）。

当氮氧自由基和 $Sc_3C_2@C_{80}$ 相连且这两个自旋中心之间的长度为 1~3nm 时，$Sc_3C_2@C_{80}$ 的顺磁性可受到邻近分子的影响，从而可以实现对 $Sc_3C_2@C_{80}$ 的 ESR 信号的远程控制。有趣的是，这个复杂的系统只显示了氮氧自由基的 ESR 信号，$Sc_3C_2@C_{80}$ 分子的 ESR 信号被"关闭"。详细的分析表明，在 $FSc_3C_2@C_{80}PNO·$ 中，氮氧自由基与 $Sc_3C_2@C_{80}$ 之间的强偶极相互作用使自旋-自旋弛豫时间减小，导致线宽增大并削弱了 $Sc_3C_2@C_{80}$ 的

ESR 信号。

此外，$Sc_3C_2@C_{80}$ 分子的 ESR 信号可以通过改变两个自旋中心之间的距离或降低温度来"打开"[138]。拉长的自旋-自旋距离将降低自旋-自旋相互作用强度，使 $Sc_3C_2@C_{80}$ 部分的 ESR 信号再次出现。不同的是，温度的降低会削弱这种双自旋体系的自旋相互作用，进而增强 $Sc_3C_2@C_{80}$ 分子的 ESR 信号。这类 ESR 信号可切换的金属富勒烯在量子信息处理和分子器件中有着潜在的应用。

（3）$TiM_2N@C_{80}$ 和 $Sc_4C_2H@C_{80}$ 的电子自旋共振

$TiM_2N@C_{80}$ 和 $Sc_4C_2H@C_{80}$ 是两种新的自旋活性物种。$TiM_2N@C_{80}$ 在甲苯溶液中表现出宽的 ESR 信号，在 200～300K 的温度范围内没有发生分裂[139]。随着温度降低，信号强度逐渐增大。对于 $TiY_2N@I_h\text{-}C_{80}$，在室温下检测到一个 g 因子为 1.9579 的类似的宽信号，随着测量温度降低到 200K，该信号变得更加强烈和清晰。这些 ESR 结果表明，$TiSc_2N@I_h\text{-}C_{80}$ 和 $TiY_2N@I_h\text{-}C_{80}$ 具有较高的 g 张量各向异性，这可能是由于 Ti^{3+} 电子自旋所致。

同样，具有开壳层电子结构的 $Sc_4C_2H@I_h\text{-}C_{80}$ 在 60K 的温度下也具有非常宽的 EPR 信号。在室温下，$Sc_4C_2H@I_h\text{-}C_{80}$ 溶液没有明显的 EPR 线。当温度降至 60K 时，检测到一条明显的 EPR 线。没有超精细耦合揭示了 EPR 是来源于 Sc 3d 轨道上的未配对电子的自旋。对于 $TiM_2N@I_h\text{-}C_{80}$ 和 $Sc_4C_2H@I_h\text{-}C_{80}$，这类 EPR 谱可归因于 g 张量的显著各向异性，这可能是由于 $Sc_4C_2H@I_h\text{-}C_{80}$ 和 Ti^{3+}（$3d^1$）中嵌入的电子自旋对 $TiM_2N@I_h\text{-}C_{80}$ 的各向异性所致。

（4）$Y_2@C_{79}N$ 的电子自旋共振

内嵌的氮杂富勒烯 $Y_2@C_{79}N$ 具有开壳层电子结构，一个未配对的电子位于 Y_2 二聚体上。$Y_2@C_{79}N$ 具有三组超精细信号的 ESR 谱，由未配对的电子自旋和两个等价的 Y 核耦合而成。在 298K 时，$Y_2@C_{79}N$ 表现出三组信号，强度比为 $1:2:1$；进一步分析表明，该信号为 81.8G（两个核），g 因子为 1.9700。

$Y_2@C_{79}N$ 的顺磁特性对温度高度敏感。在 203K 的低温下，高磁场下的 ESR 信号强度开始增大，这可以归结为顺磁性各向异性和顺磁张量的平均不足[140]。这种随温度而变化的 ESR 性质与上述 $Sc@C_{82}$ 的相似，这种顺磁各向异性表明这两个 Y 核在低温下的运动受限。未配对自旋位于 $Y_2@C_{79}N$ 的内部 Y_2 团簇时，共振结构出现了不充分的旋转平均。对 $Y_2@C_{79}N$ 进行外部修饰也显著影响该分子的自旋特性。$Y_2@C_{79}N$-吡咯衍生物具有与

$Y_2@C_{79}N$ 不同的 ESR 谱。衍生物中，Y_2 二聚体具有两组不同的超精细耦合常数，分子也是顺磁各向异性的。

（5）结论

通过 ESR 谱分析，有助于揭示金属富勒烯的几何结构、电子结构和内嵌团簇的动力学。对于顺磁金属富勒烯，其变化的性质和敏感的自旋特性可作为分子传感器和磁开关。此外，由于可以调控这些金属富勒烯的自旋特性，因此，可以设计出基于这些金属富勒烯的分子磁体。应该指出的是，顺磁性金属富勒烯的自旋-自旋相互作用和自旋相干性有待进一步研究，以扩大它们在量子信息处理或存储器件中的应用。

3.10　金属富勒烯的应用

1991 年，Y. Chai 等以 La_2O_3 和石墨混合物为原料，首次用电弧放电法制备出宏观量级的内嵌金属富勒烯 $La@C_{82}^{[141]}$。从那以后，研究人员合成、提取了许多内嵌金属富勒烯。1999 年，S. Stevenson 通过在电弧炉内通入少量的氮气得到了一系列金属氮化物富勒烯，更为重要的是，合成的内嵌金属氮化物富勒烯的产率较传统富勒烯高；进一步的研究发现，富勒烯和内嵌团簇间存在电荷转移从而使整个富勒烯更加稳定。之后，发现了不同类型的内嵌团簇富勒烯[142,143]。内嵌富勒烯不但含有富勒烯本体的物理化学性质，还兼具内嵌原子或团簇的磁性、光致发光等诸多优异特性，使它们在生物、有机太阳能电池等方面有着重要的应用[144~152]。

3.10.1　生物方面

由于碳笼的无毒性使内嵌富勒烯可以用于医疗，且内部金属可以有效地与周围环境分离出来，这与用于放射医学和诊断学中所用的金属螯合物相比，具有高稳定性和低毒性。此外，需要内嵌金属富勒烯的剂量比较少。这些优点使内嵌金属富勒烯在生物医学应用方面有着较好的发展前景。

（1）核磁共振造影剂

传统商业使用的核磁共振造影剂都是基于钆（Gd）的螯合物（Gd-DTPA），这是因为它可增大质子弛豫率，从而提高成像质量。但它也存在致命的缺点，即 Gd^{3+} 会在体内释放而存在残留[153]。而内嵌 Gd 金属富勒烯，由于 Gd 离子可以固定在碳笼内而不会泄漏。因此，该类型富勒烯及其衍生物是传统核磁共振造影剂的理想代替物[154~156]。尽管钆基富勒烯本身具有较好的成像功能，但由于其溶解性的限制，必须对其进行表面修饰从而增强它的水溶性。

多羟基衍生化反应是最早运用于钆基富勒烯的。早在 2001 年，M. Mikawa 等[157]合成了 Gd@C$_{82}$的多羟基衍生物 Gd@C$_{82}$(OH)$_{40}$，并在体内和体外对其顺磁性进行测试。测试结果显示新型水溶性富勒烯的质子弛豫率(81mmol^{-1}·s^{-1})是商业核磁共振造影剂(Gd-DTPA)(3.9mmol^{-1}·s^{-1})的 20 倍 (pH=7.5，1.0T)，这使 Gd@C$_{82}$(OH)$_{40}$在较低的浓度下显示较强的信号。随后，该组又合成了一系列水溶性多羟基的镧系元素 (La、Ce、Gd、Dy、Er) 的内嵌金属富勒烯 [M@C$_{82}$(OH)$_n$]，并测试了其作为核磁共振造影剂的质子弛豫率[158]。结果表明，这些内嵌镧系的金属富勒烯羟基衍生物的质子弛豫率均显著高于对应镧系元素-DTPA 螯合物。如表 3-15 所示，在所有的内嵌金属富勒烯羟基衍生物中，Gd@C$_{82}$(OH)$_n$的质子弛豫率最高。

表 3-15 Ln 化合物在 0.47T① 的弛豫率   单位：mmol^{-1}·s^{-1}

Ln 化合物	r_i	La	Ce	Gd	Dy	Er
Ion②	r_1	0.0	0.0	12	0.5	0.4
	r_2	0.0	0.0	14	0.6	0.5
M-DTPA②	r_1	0.0	0.0	4.4	0.1	0.1
	r_2	0.0	0.0	5.0	0.1	0.1
Fullerenols	r_1	0.8	1.2	73	1.1	1.3
	r_2	1.2	1.6	80	1.9	1.5

① 在 20MHz、19℃±1℃，pH 值为 7±1 相应内嵌富勒烯的质子弛豫率值。

② 相应离子和金属-DTPA 在相同条件下的质子弛豫率值。

J. Zhang 等[159]发现富勒烯醇的稳定性与羟基的个数有关，当羟基个数 $n>36$ 时，会导致碳笼破损从而使 Gd 离子泄漏。基于此他们合成了 Gd@C$_{82}$(OH)$_{16}$，经测试发现其质子弛豫率 (19.3mmol^{-1}·s^{-1}) 是商业核磁共振造影剂 (7.0mmol^{-1}·s^{-1}) 的 2.8 倍，表明富勒烯醇也可作为核磁共振造影成像的高效造影剂。

2005 年，S. Laus 等[160]发现水溶性金属富勒烯 Gd@C$_{60}$[C(COOH)$_2$]$_{10}$ 和 Gd@C$_{60}$(OH)$_n$($n=27$) 均具有较高的质子弛豫率，且该值与水溶液是否含盐有关。在盐存在下，相应的富勒烯的聚集程度较小，导致了质子弛豫率降低。因此，可用质子弛豫率作为水溶性金属富勒烯聚集特性的探针。

C. Y. Shu 等[161]将 Gd@C$_{82}$与 β-氨基酸的碱溶液反应得到了新型的内嵌 Gd 的金属富勒烯衍生物：Gd@C$_{82}$O$_m$(OH)$_n$(NHCH$_2$CH$_2$COOH)$_l$（$m=$ 6，$n=16$，$l=8$）。质子弛豫率测试结果表明，该衍生物的质子弛豫率 9.1mmol^{-1}·s^{-1}比商用核磁共振造影剂的 5.6mmol^{-1}·s^{-1}略高。

D. K. Macfarland 等[162]在 Gd@C$_{82}$表面修饰了聚乙二醇得到了新型的衍生物：Gd@C$_{82}$-R$_x$，（R$_x$$=-$[N(OH)(CH$_2CH_2$O)$_nCH_3$]$_x$，其中 $n=1$、3、6，$x=10\sim22$），该系列衍生物具有较小的粒径（10～15nm），且它的质子弛豫率可达 205mmol^{-1}·s^{-1}（20MHz），是传统造影（Magnevist）的 54 倍。

相比 C$_{60}$，Gd@C$_{82}$的产率是较低的。于是在 2010 年，Y. S. Grushko 等[163]采用 Gd@C$_{82}$和空心富勒烯的混合物的衍生物作为核磁共振造影剂，首先采用 H$_2$O$_2$作为氧化剂使其表面羟基化，然后测试在 pH$=7$ 时进行，衍生物团簇的直径是 25nm，且质子弛豫率是商用造影剂（Gadovist）的 15～30 倍。

2015 年，R. Cui 等[164]利用石墨烯和 Gd@C$_{82}$合成了新型的水溶性金属富勒烯衍生物 GO-Gd@C$_{82}$，它的质子弛豫率和体内成像效果均比 Gd@C$_{82}$(OH)$_x$高，可作为新型的造影剂，如图 3-29 所示。

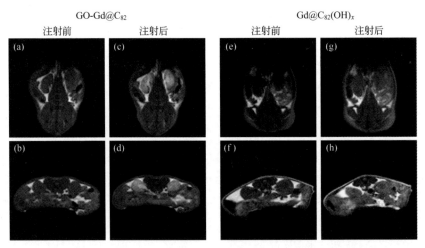

图 3-29 GO-Gd@C$_{82}$和 Gd@C$_{82}$(OH)$_x$在小鼠体内成像情况[164]

Gd$_3$N@C$_{80}$是一种内嵌 Gd 的金属氮化物的富勒烯，由于其内部含有 3 个 Gd^{3+}，因此比 Gd@C$_{82}$和 Gd@C$_{60}$具有更强的顺磁性，所以在相同浓度下，该种内嵌富勒烯的成像质量更佳[165]。除此之外，内嵌的 Gd$_3$N 会向富

勒烯转移 6 个电子，使整个碳笼的稳定性比单金属富勒烯大大提高。

早在 2006 年，P. P. Fatouros 等[166]利用聚乙二醇修饰 Gd₃N@C₈₀，同时在碳笼表面羟基化以增强其水溶性，与商业造影剂相比，修饰后金属富勒烯的质子弛豫率显著提高。

2009 年，C. Y. Shu 等[167]在 Gd₃N@C₈₀ 表面修饰了羟基和羧基，最终得到了 $Gd_3N@C_{80}(OH)_{26}(CH_2CH_2COOM)_{16}$（M=Na 或 H），在 2.4T 下，这两种衍生物的质子弛豫率分别达到了 207mmol⁻¹·s⁻¹ 和 282mmol⁻¹·s⁻¹，比传统造影剂（Magnevist）高 50 多倍。这使得该造影剂在较低浓度下便可显示较强的信号。随后，J. Zhang 等[168]又将不同分子量（350~5000）的水溶性聚乙二醇（PEG）键合在 Gd₃N@C₈₀ 表面，得到了含不同分子量 PEG 的内嵌富勒烯衍生物 $Gd_3N@C_{80}[diPEG(OH)_x]$，并在不同的磁场检测其质子弛豫率，发现修饰了质量为 350/750 的聚乙二醇的衍生物的质子弛豫率最高，在 2.4T 下可达 237mmol⁻¹·s⁻¹。

王春儒等[169]利用简单的一步法合成了两种三金属氮化物富勒烯的羟基衍生物 $Sc_xGd_{3-x}N@C_{80}O_m(OH)_n$（x=1、2；m=12；n=26），其质子弛豫率（20.7mmol⁻¹·s⁻¹ 和 17.6mmol⁻¹·s⁻¹）分别是商用核磁共振成像造影剂 Gd-DTPA（3.2mmol⁻¹·s⁻¹）的 6.4 和 5.5 倍。这些表明三金属氮化物金属富勒烯的羟基衍生物是潜在的核磁共振成像造影剂。这为核磁共振造影提供了一种的新的思路。

K. Braun 等[170]对金属氮化物富勒烯 $Gd_xSc_{3-x}N@C_{80}$ 表面进行修饰，得到的衍生物的质子弛豫率是传统的造影剂的 500 多倍，在较低的 Gd 离子浓度下显示较强的成像信号。

除了以 C₈₀ 为碳笼的钆基氮化物富勒烯在核磁共振造影方面有较好的应用之外，碳笼为 84 的内嵌金属富勒烯同样有较好的应用。在 2014 年 J. Y. Zhang 研究了 $Gd_3N@C_s\text{-}C_{84}(OH)_x$ 的成像能力[171]。发现在 9.4T 的磁场下，该富勒烯衍生物的质子弛豫率为 63mmol⁻¹·s⁻¹，比 Gd₃N@C₈₀ 和商用的造影剂要高。因此，Gd₃N@C₈₄ 也可作为优良的核磁共振造影剂。

（2）X 射线造影剂

金属富勒烯除了可用于核磁共振造影剂外，还可作为 X 射线造影剂。2002 年，由 E. B. Lezzi 等[172]提取并表征了内嵌金属富勒烯 Lu₃N@C₈₀ 和一系列 Lu/Sc 混合的 $Lu_{3-x}A_xN@C_{80}$（A=Gd 或 Ho，x=0~2），由于 Lu 原子有大的横截面，所以拥有较强的 X 射线造影能力。此外，由于有 Gd 原子，$Lu_{3-x}Gd_xN@C_{80}$ 也可应用在核磁共振造影成像。

2010 年，该组采用相同的合成方法，将放射性元素[177]Lu 离子嵌入到内嵌金属氮化物富勒烯 $Lu_3N@C_{80}$ 中形成[177]$Lu_xLu_{3-x}N@C_{80}$[173]。发现在 β-衰变过程中并没有 Lu^{3+} 泄漏。因此，将其与荧光标记的白细胞介素-13 键合，用于放射治疗。

2012 年，该组利用四氮杂环十二烷基四乙酸将 $Gd_3N@C_{82}$ 与放射性[177]Lu 元素相连形成[177]Lu-DOTA-f-$Gd_3N@C_{80}$，由于 $Gd_3N@C_{80}$ 可作为核磁共振造影剂在肿瘤部位成像，[177]Lu-DOTA 可充当放射性治疗剂，所以该金属富勒烯衍生物既可以实现成像，也可完成治疗的功效[174]。

内嵌金属富勒烯也可用于肿瘤方面的治疗。如 2015 年，T. H. Li 等[175]合成一种基于 $Gd_3N@C_{80}$ 的衍生物——$Gd_3N@C_{80}(OH)_x(NH_2)_y$，并将此与白细胞介素-13 键合。利用 $Gd_3N@C_{80}$ 的造影功能且对 U-251GBM 细胞的较强靶向性，可有效地用于向 U-251GBM 细胞进行静脉输送并治疗。

（3）肿瘤靶向治疗

如何实现精准的肿瘤靶向治疗而不损伤正常组织一直是医学界追求的目标。最近，中国科学院化学研究所王春儒等开发了基于金属富勒烯纳米颗粒的肿瘤治疗技术，在实现肿瘤靶向治疗的道路上迈出了重要的一步[176]。

众所周知，实体肿瘤组织实际上是由肿瘤细胞和肿瘤血管形成的一个完整微环境系统，不仅包含肿瘤细胞，内部还有丰富的肿瘤血管。现代生物医学研究已经证明，肿瘤血管与正常血管在结构上存在巨大差异。一般来说，正常血管需要一年时间才能够长成，是由内膜、中膜和外膜构成的三层密实结构，而肿瘤血管只用几天即可长成，结构上是单层薄膜。由于构成肿瘤血管的内皮细胞间隙较大、结构不完整，导致肿瘤血管通常包含有大量纳米尺度的小孔，使小分子和一些纳米颗粒能够透孔而出。

目前已有很多研究利用肿瘤血管的小孔对小分子和纳米颗粒的高通透性来设计药物，通过控制药物颗粒的尺寸使其能够透过肿瘤血管进入瘤体，从而有效地提高抗肿瘤药物在肿瘤内的浓度。王春儒等研究发现，当纳米颗粒的尺度在 50～200nm 时，要经过几分钟甚至几十分钟才能通过肿瘤血管的间隙，在这一过程中纳米颗粒被肿瘤血管的内皮细胞紧密包围，从而可以通过合适的设计而特异性地破坏肿瘤血管。

王春儒等利用磁性金属富勒烯设计了尺度在 150nm 左右的水溶性纳米颗粒，它能够通过吸收射频提高热力学能，在几分钟至几十分钟后由于热力学能升高发生相变，并伴随着体积剧烈膨胀。王春儒等将金属富勒烯纳米颗粒静脉注入到小鼠体内，数分钟后这些纳米颗粒抵达肿瘤位置并长时间卡在血管壁上。这时再对小鼠施加射频"引爆"这些纳米颗粒。研究结果发现，这些镶嵌在肿瘤血管壁上的金属富勒烯纳米颗粒"爆炸"时有效地破坏了肿瘤血管，而后迅速阻断了肿瘤的营养供应，几个小时内就可完全"饿死"肿瘤细胞。

因为几乎所有的肿瘤细胞都连接在肿瘤血管上，而正常细胞只连接在正常血管上，因此这种方法能够非常精准地杀灭肿瘤而对正常生物组织和器官无害，可称之为针对实体肿瘤的靶向治疗。

实验发现，整个治疗过程快速、高效、低毒，而且对于肝癌、肺癌、乳腺癌等多种实体瘤均有显著疗效，是一种广谱的肿瘤治疗技术。目前该技术已经申请了国内和国际专利，正在进行临床前实验。

（4）防护化疗损伤

最近，王春儒等[177]报道了利用氨基酸修饰的金属富勒烯纳米材料实现肿瘤化疗的新技术。肿瘤化疗往往会带来严重的骨髓抑制等毒副作用，给患者造成极大的创伤；利用金属富勒烯纳米材料高效清除自由基，高选择性且快速富集在小鼠骨髓中的特性，开发了基于金属富勒烯的新型化疗辅助药物。研究表明，金属富勒烯实现了多方面的化疗保护效果，对白细胞计数最高可提升 166% ，对淋巴细胞最高可提升 285% ，对于骨髓以及脾脏等多器官均有显著保护效果，且未影响化疗药物的肿瘤治疗效果。该材料是一种快速、高效、毒副作用小的新型肿瘤化疗辅助药物，具有巨大的发展潜力。

3.10.2　能量转换方面

聚合物太阳能电池（PSCs）由于其低成本、重量轻、灵活性高等优点而成为有前景的可再生能源设备。富勒烯及其衍生物由于具有很强的电子接受能力，在 PSCs 中被广泛用作受体。其中，苯基-C_{61}-丁酸甲酯（PCBM）是最常见的 PSCs 受体[178,179]。与空富勒烯（如 C_{60}）相比，内嵌富勒烯通过改变内嵌物质，提供了分子轨道能量的简单调制方法，这对 PSCs 器件的开路电压具有决定性作用。

早在 2001 年，S. F. Yang 等[180]将金属富勒烯应用在光电化学中，将内嵌金属富勒烯 $Dy@C_{82}$ 与二十烷酸混合（$Dy@C_{82}/AA$），并将它的单层和多层膜从 N_2 和水的界面沉积到 ITO 基底上，并研究了 $Dy@C_{82}/AA$ 薄膜在 ITO 上的光电化学响应情况。测试观察到稳定的阳极光电流，并且随着偏压和光强度的增加而增加。在还原剂抗坏血酸的存在下，发现阳极光电流是纯电解质阳极光电流的 3 倍，证明了电子是从电解质溶液经薄膜然后到达

ITO 电极。且与 C_{60}/AA 的光电响应相比，Dy@C_{82}/AA 表现出更强的光电流量子产率。

之后，该组将二十烷基酸换成金属酞菁（MPc），采用相同的工艺与 Dy@C_{82} 混合并在 ITO 表面成膜，并研究了这些膜的光电化学性质[181]。发现 Dy@C_{82}/MPc 膜性质与金属酞菁的取代基和中心金属离子有关，且与纯 MPc 和 Dy@C_{82} 相比，混合薄膜具有更强的量子效应。

2004 年，该组通过在 Dy@C_{82} 中掺杂聚 3-己基噻吩（P3HT）并形成薄膜，由于两者之间存在着光诱导效应，用于光电化学器件时，阴极光电流明显增强[182]。此外，研究发现当 P3HT：Dy@C_{82} 的摩尔比为 20：1 时器件的光电流效率最高。这项研究为未来聚合物太阳能电池的设计提供了重要的信息。

2013 年，Y. Xu 等[183] 使用液-液界面沉淀法制备微米尺寸的六方单晶 $Sc_3N@C_{80}$ 棒。然后通过电泳沉积制备 $Sc_3N@C_{80}$ 棒改性的 ITO 电极，其表现出比由 $Sc_3N@C_{80}$ 滴涂膜获得的更高的光电流响应。这表明一维棒状结构可以促进棒之间的有效载流子传输并减少膜中的电荷复合损失（图 3-30 是制备过程示意图）。

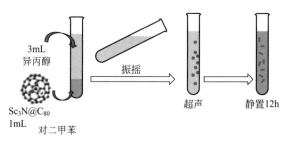

3mL 异丙醇

$Sc_3N@C_{80}$ 1mL 对二甲苯

振摇 → 超声 → 静置12h

图 3-30　$Sc_3N@C_{80}$ 六方单晶棒的制备过程示意图[183]

构建基于富勒烯供体-受体共轭体系是富勒烯应用于能量转换方面的另一途径。2009 年，由 R. B. Ross 等[184] 首次采用内嵌金属富勒烯 $Lu_3N@C_{80}$ 的 PCBM 衍生物 $Lu_3N@C_{80}$-PCBH 作为聚合物太阳能电池受体，获得了 890mV 的高开路电压，比 C_{60}-PCBM 作为受体高 260mV；此外，基于 $Lu_3N@$ C_{80}-PCBH 受体的太阳能电池器件的光电转换效率可达 4%。进一步研究表明，适合的 LUMO 能级能够更多地捕获光子的能量，有助于 P3HT/$Lu_3N@$ C_{80}-PCBH 达到更高的转换效率。

在此基础上，R. B. Ross 等研究了 $Lu_3N@C_{80}$-PCBH 与 P3HT 的不同混合比例对 PSC 器件的活性层形貌和性能的影响[185]。经研究发现，P3HT 和

$Lu_3N@C_{80}$-PCBH 的最佳混合比例为 1∶1，这明显不同于 C_{60}-PCBM 系统，这是由于 $Lu_3N@C_{80}$ 和 C_{60} 的尺寸差异导致的。另外，作者提出通过使用内嵌金属 $Lu_3N@C_{80}$-PCBH 受体改进了 LUMO 能级，使其与其他低能隙供体聚合物结合，可以使转换效率大于 10%。

2008 年，由 J. R. Pinzón 等[186]首次利用内嵌金属富勒烯 $Sc_3N@I_h$-C_{80} 作为供体，二茂铁作为受体，合成了具有光诱导效应的分子内电子转移的化合物，并采用时间分辨瞬态光谱表征证实了光致电子从二茂铁转移到 $Sc_3N@I_h$-C_{80} 上。随后，J. R. Pinzón 等将 $Sc_3N@I_h$-C_{80} 与三苯胺（TPA）合成了两个异构体[187]，与 C_{60} 类似衍生物相比，$Sc_3N@I_h$-C_{80} 的衍生物具有更长的光诱导电荷分离态和较低的第一还原电位，表明 $Sc_3N@I_h$-C_{80} 可代替 C_{60} 作为有机太阳能电池更好的受体材料。

2011 年，S. Wolfrum 等合成了 $Sc_3N@C_{80}$ 与锌卟啉（$Sc_3N@C_{80}$-ZnP）的复合物并研究了其电子转移过程。研究发现，电荷分离态的寿命与溶剂的类型有关。在苯腈溶液中，将 $Sc_3N@C_{80}$ 与锌卟啉之间的电子转移/复合反应推回到正常的马库斯区域，使其寿命达到 2.6ms[188]。

2012 年，L. Feng 等[189]采用 $Lu_3N@C_{80}$ 作为供体，间苯二酰亚胺（PDI）为受体，合成了一个新型的受体-供体偶联物。通过飞秒瞬态吸收光谱证实，在光激发下，电子从 $Lu_3N@C_{80}$ 基态转移到 PDI 的激发态，表明了 $Lu_3N@C_{80}$ 的供电子能力；通过将 $Lu_3N@C_{80}$-PCBM 作为电子供体用于 PDI 衍生物为电子受体的双层异质结太阳能电池中，虽然只有 0.054% 的中等效率，但 $Lu_3N@C_{80}$ 的给电子性质得到了证实。

2013 年，M. Rudolf 等[190]设计并合成了线型供体-受体偶联物 $Lu_3N@C_{80}$-PDI，在激发态下 $Lu_3N@C_{80}$ 和 PDI 之间发生分子间电子转移，导致形成单重态自由基离子对[1]$[(Lu_3N@C_{80})^+$-$PDI^-]$，经历系间窜越（ISC）产生三重态自由基离子对[3]$[(Lu_3N@C_{80})^+$-$PDI^-]$。引人注目的是，三重态自由基离子对的寿命比单重态自由基离子对的寿命长近 1000 倍。

3.10.3　其他方面

除了将内嵌金属富勒烯衍生物应用于以上两方面，还可以将其装入碳纳米管（CNT）内部，通过结合金属富勒烯和 CNT 的优点，为纳米碳复合材料用于晶体管提供另一种思路和方法。

早在 2006 年，由 H. Shiozawa 等[191]将内嵌金属氮化物富勒烯 $Dy_3N@C_{80}$ 填充到单壁碳纳米管 SWCNT 中，形成了 $Dy_3N@C_{80}@SWCNT$。利用光

发射光谱为探针，研究了新型碳纳米材料的填充因子和电子特性。测试结果发现 $Dy_3N@C_{80}$ 在 SWCNT 中的填充因子为 $(74\pm10)\%$。此外，发现 $Dy_3N@C_{80}@SWCNT$ 中 Dy 的化合价约为 3.0，略大于 $Dy_3N@C_{80}$，可能是由于 $Dy_3N@C_{80}$ 与 SWCNT 之间存在电子转移相互作用。后来，A. Fallah 等[192] 成功将金属富勒烯 $Sc_3N@C_{80}$ 嵌入碳纳米管中。测试结果表明，金属富勒烯在碳纳米管中的稳定温度可以达到 1200℃ 左右，说明它的热稳定性比较高。此外，由于金属富勒烯与碳纳米管间可能存在电荷转移相互作用，将 $Sc_3N@C_{80}$ 内嵌在碳纳米管中时，Sc 的价态从 +2.5 变成 +3。

2010 年，J. F. Zhang 等[193] 成功将三金属氮化物富勒烯 $Gd_3N@C_{80}$ 和 $Lu_3N@C_{80}$ 内嵌到 SWCNT 中，并对获得的材料进行外部功能化。进一步的实验表明，所合成的新材料可作为核磁共振诊断造影剂。

3.11 金属富勒烯研究展望

有关金属富勒烯的合成、结构和性质研究已经非常广泛而深入。金属富勒烯也是富勒烯基材料中被认为性质最丰富、最有应用潜力的富勒烯基纳米材料。就目前看，金属富勒烯的研究已经从纯粹的以合成和结构表征为主要任务的基础研究，过渡到面向生物、医药、能源、信息领域的应用基础研究阶段。这一阶段涉及的科学和技术问题远比第一阶段多，需要多学科领域研究人员的协作才可能取得突破，可谓前景光明，但是注定道路曲折。

参 考 文 献

[1] Takata M，Umeda B，Nishibori E，et al. Confirmation by X-ray diffraction of the endohedral nature of the metallofullerene Y@C$_{82}$. Nature，1995，377：46-49.

[2] Nishibori E，Takata M，Sakata M，et al. Giant motion of La atom inside C$_{82}$ cage. Chem Phys Lett，2000，330：497-502.

[3] Lu J，Zhang X W，Zhao X G，et al. Strong metal-cage hybridization in endohedral La@C$_{82}$，Y@C$_{82}$ and Sc@C$_{82}$. Chem Phys Lett，2000，332：219-224.

[4] Wang C R，Kai T，Tomiyama T，et al. C$_{66}$ fullerene encaging a scandium dimer. Nature，2000，408：426-427.

[5] Akasaka T，Nagase S，Kobayashi K，et al. ^{13}C and ^{139}La NMR studies of La$_2$@C$_{80}$：First evidence for circular motion of metal atoms in endohedral dimetallo-fullerenes. Angew Chem Int Ed，1997，36：1643-1645.

[6] Nishibori E，Takata M，Sakata M，et al. Pentagonal-dodecahedral La$_2$ charge density in [80-I$_h$] fullerene：La$_2$@C$_{80}$. Angew Chem Int Ed，2001，40：2998-2999.

[7]　Shimotani H，Ito T，Iwasa Y，et al. Quantum chemical study on the configurations of encapsulated metal ions and the molecular vibration modes in endohedral dimetallofullerene $La_2@C_{80}$. J Am Chem Soc，2004，126：364-369.

[8]　Kato H，Taninaka A，Sugai T，et al. Structure of a missing-caged metallofullerene：$La_2@C_{72}$. J Am Chem Soc，2003，125：7782-7783.

[9]　Cao B P，Wakahara T，Tsuchiya，et al. Isolation，characterization，and theoretical study of $La_2@C_{78}$. J Am Chem Soc，2004，126：9164-9165.

[10]　Cao B P，Nikawa H，Nakahodo T，et al. Addition of adamantylidene to $La_2@C_{78}$：isolation and single-crystal X-ray structural determination of the monoadducts. J Am Chem Soc，2008，130：983-989.

[11]　Umemoto H，Ohashi K，Inoue T，et al. Synthesis and UHV-STM observation of the T_d-symmetric Lu metallofullerene：$Lu_2@C_{76}(T_d)$. Chem Comm，2010，46：5653-5655.

[12]　Wang C R，Georgi P，Dunsch L，et al. $Sc_2@C_{76}(C_2)$：a new isomerism in fullerene structure. Curr Appl Phys，2002，2：141-143.

[13]　Yannoni C S，Hoinkis M，Vries MS. de，et al. Scandium clusters in fullerence cages. Science，1992，256：1191-1192.

[14]　Loosdrecht van P H M，Johnson R D，Vries de M S，et al. Orientational dynanucs of the Sc_3 Trimer in C_{82}：An EPR study. Phys Rev Lett，1994，73：3415-3418.

[15]　Takata M，Nishibori E，Sakata M，et al. Triangle scandium cluster imprisoned in a fullerene cage. Phys Rev Lett. 1999，83：2214-2217.

[16]　Kobayashi K，Nagase S. Theoretical study of structures and dynamic properties of $Sc_3@C_{82}$. Chem Phys Lett，1999，313：45-51.

[17]　Kurihara H，Iiduka Y，Rubin Y，et al. Unexpected formation of a $Sc_3C_2@C_{80}$ bisfulleroid derivative. J Am Chem Soc，2010，134：4092-4095.

[18]　Popov A A，Zhang L，and Dunsch L. A pseudoatom in a cage：trimetallofullerene $Y_3@C_{80}$ mimics $Y_3N@C_{80}$ with nitrogen substituted by a pseudoatom. ACS Nano，2010，4：795-802.

[19]　Xu W，Feng L，Calvaresi M，et al. An experimentally observed trimetallofullerene $Sm_3@I_h$-C_{80}：Encapsulation of three metal atoms in a cage without a nonmetallic mediator. J Am Chem Soc，2013，135：4187-4190.

[20]　Tagmatarchis N，Aslanis E，Prassides K，et al. Mono-，di-and trierbium endohedral metallofullerenes：production，separation，isolation，and spectroscopic study. Chem Mater，2001，13：2374-2379.

[21]　Guo Y J，Zheng H，Yang T，et al. Theoretical insight into the ambiguous endohedral metallofullerene Er_3C_{74}：covalent interactions among three lanthanide atoms. Inorg Chem，2015，54：8066-8076.

[22]　Stevenson S，Rice G，Glass T，et al. Small-bandgap endohedral metallofullerenes in high yield and purity. Nature，1999，401：55-57.

[23]　Stevenson S，Fowler P W，Heine T，et al. A stable non-classical metallofullerene family. Nature，2000，408：427-428.

[24]　Olmstead M M，Lee H M，Duchamp J C，et al. $Sc_3N@C_{68}$：folded pentalene coordination in an

endohedral fullerene that does not obey the isolated pentagon rule. Angew Chem，2003，115：928-931.

[25] Yang S F，Popov A A，Dunsch L. Violating the isolated pentagon rule (IPR)：the endohedral Non-IPR C_{70} Cage of $Sc_3N@C_{70}$. Angew Chem Int Ed，2007，46：1256-1259.

[26] Zhang Y，Ghiassi K B，Deng Q M，et al. Synthesis and structure of $LaSc_2N@C_s$(hept)-C_{80} with one heptagon and thirteen pentagons. Angew Chem Int Ed，2015，54：495-499.

[27] Beavers C M，Zuo T M，Duchamp J C，et al. $Tb_3N@C_{84}$：an improbable，egg-shaped endohedral fullerene that violates the isolated pentagon rule. J Am Chem Soc，2006，128：11352-11353.

[28] Chaur M N，Melin F，Ashby J，et al. Lanthanum nitride endohedral fullerenes $La_3N@C_{2n}$($43 \leqslant n \leqslant 55$)：Preferential Formation of $La_3N@C_{96}$. Chem Eur J，2008，14：8213-8219.

[29] Kobayashi K，Sano Y，Nagase S. Theoretical study of endohedral metallofullerenes：$Sc_{3-n}La_nN@C_{80}$(n=0-3). J Comput Chem，2001，22：1353-1358.

[30] Gan L H，Yuan R. Influence of cluster size on the structures and stability of trimetallic nitride fullerenes $M_3N@C_{80}$. Chem Phys Chem，2006，7：1306-1310.

[31] Perdew J P，Wang Y. Accnrate and simple analytic representation of the electron-gas correlation energy. Phys Rev B，1992，45：13244-13249.

[32] Becke A D. A multicenter numerical Integration scheme for polyatomic molecules. J Chem Phys，1988，88：2547-2553.

[33] Lee C，Yang W T，Parr R G. Development of the Colic-Salvetti correlation-energy formula into a functional of the electron density. Phys Rev B，1988，37：785-789.

[34] Delley B. An all-electron numerical method for solving the local density functional for polyatomic molecules. J Chem Phys，1900，92：508-517.

[35] Delley B. From molecules to solids with the $DMoL^3$ approach. J Chem Phys，2000，113：7756-7764.

[36] Park S S，Liu D，Hagelberg F. Comparative Investigation on Non-IPR C_{68} and IPR C_{78} Fullerenes Encaging Sc_3N Molecules. J Phys Chem A，2005，109：8865-8873.

[37] Echegoyen L，Chancellor C J，Cardona C M，et al. X-Ray crystallographic and EPR spectroscopic characterization of a pyrrolidine adduct of $Y_3N@C_{80}$. Chem Commun，2006，25：2653-2655.

[38] Yang S F，Troyanov S I，Popov A A，et al. Deviation from the planaritysa large Dy_3N cluster encapsulated in an I_h-C_{80} cage：an X-ray crystallographic and vibrational spectroscopic study. J Am Chem Soc，2006，128：16733-16739.

[39] Zuo T M，Beavers C M，Duchamp J C，et al. Isolation and structural characterization of a family of endohedral fullerenes including the large，chiral cage fullerenes $Tb_3N@C_{88}$ and $Tb_3N@C_{86}$ as well as the I_h and D_{5h} Isomers of $Tb_3N@C_{80}$. J Am Chem Soc，2007，129：2035-2043.

[40] Stevenson S，Phillips J P，Reid J E，et al. Pyramidalization of Gd_3N inside a C_{80} cage. The synthesis and structure of $Gd_3N@C_{80}$. Chem Commun，2004，24：2814-2815.

[41] Wang C R，Kai T，Tomiyama T，et al. A scandium carbide endohedral metallofullerene：(Sc_2C_2)@C_{84}. Angew Chem Int Ed，2001，40：397-399.

[42] Inoue T，Tomiyama T，Sugai T，et al. Trapping a C_2 radical in endohedral metallofullerenes：synthesis and structures of (Y_2C_2)@C_{82} (isomers Ⅰ，Ⅱ，and Ⅲ). J Phys Chem B，2004，108：

7573-7579.

[43] Chen C H, Abella L, Cerón M R, et al. Zigzag Sc_2C_2 carbide cluster inside a [88] fullerene cage with one heptagon, $Sc_2C_2@C_s$(hept)-C_{88}: A kinetically trapped fullerene formed by C_2 insertion. J Am Chem Soc, 2016, 138: 13030-13037.

[44] Wang T S, Chen N, Xiang J F, et al. Russian-Doll-Type metal carbide endofullerene: synthesis, isolation, and characterization of $Sc_4C_2@C_{80}$. J Am Chem Soc, 2009, 131: 16646-16647.

[45] Stevenson S, Mackey M A, Stuart M A, et al. A distorted tetrahedral metal oxide cluster inside an icosahedral carbon cage. Synthesis, isolation, and structural characterization of $Sc_4(\mu_3\text{-}O)_2@I_h$-$C_{80}$. J Am Chem Soc, 2008, 130: 11844-11845.

[46] Popov A A, Chen N, Pinzón J R, et al. Redox-active scandium oxide cluster inside a fullerene cage: spectroscopic, voltammetric, electron spin resonance spectroel ectrochemical, and extended density functional theory study of $Sc_4O_2@C_{80}$ and its ion radicals. J Am Chem Soc, 2012, 134: 19607-19618.

[47] Mercado B Q, Olmstead M M, Beavers C M, et al. A seven atom cluster in a carbon cage, the crystallographically determined structure of $Sc_4(\mu_3\text{-}O)_3@I_h$-$C_{80}$. Chem Commun, 2010, 46: 279-281.

[48] Mercado B Q, Stuart M A, Mackey M A, et al. $Sc_2(\mu_2\text{-}O)$ Trapped in a Fullerene Cage: The Isolation and Structural Characterization of $Sc_2(\mu_2\text{-}O)@Cs(6)$-$C_{82}$ and the Relevance of the Thermal and Entropic Effects in Fullerene Isomer Selection. J Am Chem Soc, 2010, 132: 12098-12105.

[49] Dunsch L, Yang S F, Zhang L, et al. Metal sulfide in a C_{82} fullerene cage: a new form of endohedral clusterfullerenes. J Am Chem Soc, 2010, 132: 5413-5421.

[50] Chen N, Beavers C M, Mulet-Gas M, et al. $Sc_2S@C_s$(10528)-C_{72}: A dimetallic sulfide endohedral fullerene with a non-isolated pentagon rule cage. J Am Chem Soc, 2012, 134: 7851-7860.

[51] Chen N, Mulet-Gas M, Li Y Y, et al. $Sc_2S@C_2$(7892)-C_{70}: a metallic sulfide cluster inside anon-IPR C_{70} cage. Chem Sci, 2013, 4: 180-186.

[52] Gan L H, Chang Q, Zhao C, et al. $Sc_2S@C_{74}$: Linear metal sulfide cluster inside an IPR-violating fullerene. Chem Phys Lett, 2013, 570: 121-124.

[53] 雷丹, 赵冲, 甘利华. 金属硫化物富勒烯 $Sc_2S@C_{90}$ 的结构与性质. 化学学报, 2014, 72: 1105-1109.

[54] Kobayashi K, Nagase S. Endohedral metallofullerenes. Are the isolated pentagon rule and fullerene structures always satisfied. J Am Chem Soc, 1997, 119: 12693-12694.

[55] Yang T, Zhao X, Nagase S. Quantum chemical insight of the dimetallic sulfide endohedral fullerene $Sc_2S@C_{70}$: Does it possess the conventional D_{5h} cage. Chem Eur J, 2013, 19: 2649-2654.

[56] Gan L H, Lei D, Zhao C, et al. Theoretical prediction of the structures and properties of metal sulfide fullerene $Sc_2S@C_{80}$. Chem Phys Lett, 2014, 604: 101-104.

[57] Chen N, Chaur M N, Moore C, et al. Synthesis of a new endohedral fullerene family, $Sc_2S@C_{2n}$ (n=40-50) by the introduction of SO_2. Chem Commun, 2010, 46: 4818-4820.

[58] Slanina Z, Lee SL, Uhlik F, et al. Computing relative stabilities of metallofullerenes by Gibbs energy treatments. Theor Chem Acc, 2007, 117: 315-322.

[59] Stone A J, Wales D J. Theoretical studies of icosahedral C_{60} and some related species. Chem Phys

Lett，1986，128：501-503.

[60] Bader R F W. Atoms in Molecules：A Quantum Theory. Oxford：Oxford University Press，1994.

[61] Dang J S，Wang W W，Zheng J J，et al. Fullerene genetic code：inheritable stability and regioselective C_2 Assembly. J Phys Chem C，2012，116：16233-16239.

[62] Gan L H，Wu R，Tian J L，et al. An atlas of endohedral Sc_2S cluster fullerenes. Phys Chem Chem Phys，2017，19：419-425.

[63] Frisch M J. Gaussian 09，Revision A 02. Gaussian Inc：Pittsburgh，PA，2009.

[64] Wang L J，Zhong R L，Sun S L，et al. The V-shaped polar molecules encapsulated into Cs (10528)-C_{72}：stability and nonlinear optical response. Dalton Trans，2014，43：9655-9660.

[65] Feng Y Q，Wang T S，Wu J Y，et al. Structural and electronic studies of metal carbide cluster-fullerene $Sc_2C_2@C_s$-C_{72}. Nanoscale，2013，5：6704-6707.

[66] Zhang M R，Hao Y J，Li X H，et al. Facile synthesis of an extensive family of $Sc_2O@C_{2n}$ （n=35~47) and chemical insight into the smallest member of $Sc_2O@C_2$(7892)-C_{70}. J Phys Chem C，2014，118：28883-28889.

[67] Mercado B Q，Chen N，Rodriguez-Fortea A，et al. The shape of the Sc_2(μ_2-S) unit trapped in C_{82}：crystallographic，computational，and electrochemical studies of the isomers，Sc_2(μ_2-S)$@C_s$ (6)-C_{82} and Sc_2(μ_2-S)$@C_{3v}$(8)-C_{82}. J Am Chem Soc，2011，133：6752-6760.

[68] Zhao C，Lei D，Gan L H，et al. Theoretical study on experimentally detected $Sc_2S@C_{84}$. Chem Phys Chem，2014，15：2780-2784.

[69] Wei T，Wang S，Liu F P，et al. Capturing the long-sought small-bandgap endohedral fullerene $Sc_3N@C_{82}$ with low kinetic stability. J Am Chem Soc，2015，137：3119-3123.

[70] Zuo T，Walker K，Olmstead M M，et al. New egg-shaped fullerenes：non-isolated pentagon structures of $Tm_3N@C_s$(51365)-C_{84} and $Gd_3N@C_s$(51365)-C_{84}. Chem Commun，2008，9：1067-1069.

[71] Gan L H，Lei D，Fowler P W. Structural interconnections and the role of heptagonal rings in endohedral trimetallic nitride template fullerenes. J Comput Chem，2016，37：1907-1913.

[72] Mulet-Gas M，Rodriguez-Fortea A，Echegoyen L，et al. Relevance of thermal effects in the formation of endohedral metallofullerenes：the case of $Gd_3N@C_s$(39663)C_{82} and other related systems. Inorg Chem，2013，52：1954-1959.

[73] Mercado B Q，Beavers C M，Olmstead M M，et al. Is the isolated pentagon rule merely a suggestion for endohedral fullerenes? The structure of a second egg-shaped endohedral fullerenes $Gd_3N@C_s$ (39663)-C_{82}. J Am Chem Soc，2008，130：7854-7855.

[74] Amsharov K Y，Ziegler K，Mueller A，et al. Capturing the antiaromatic #6094C_{68} carbon cage in the radio-frequency furnace. Chem Eur J，2012，18：9289-9293.

[75] Gan L H，Lei D and Zhao C. A computational study on $Sc_2S@C_{68}$ and $Sc_2O_2@C_{68}$. RSC Adv，2015，5：30409-30415.

[76] Hao Y J，Feng L，Xu W，et al. $Sm@C_{2v}$(19138)C_{76}：A non-IPR cage stabilized by a divalent metal. Ion Inorg Chem，2015，54：4243-4248.

[77] Zhao P，Li M Y，Guo Y J，et al. Single step stone-wales transformation linking two thermodynamically stable $Sc_2O@C_{78}$ isomers. Inorg Chem，2016，55：2220-2226.

[78] Beavers C M, Chaur M N, Oimstead M M, et al. Large metal ions in a relatively small fullerene cage: the structure of $Gd_3N@C_2$(22010)-C_{78} departs from the isolated pentagon rule. J Am Chem Soc, 2009, 131: 11519-11524.

[79] Saha B, Irle S, and Morokuma K. Hot giant fullerenes eject and capture C_2 molecules: QM/MD simulations with constant density. J Phys Chem C, 2011, 115: 22707-22716.

[80] Zhang J Y, Bowles F L, Bearden D W, et al. A missing link in the transformation from asymmetric to symmetric metallofullerene cages implies a top-down fullerene formation mechanism. Nat Chem, 2013, 5: 880-885.

[81] Dunk P W, Mulet-Gas M, Nakanishi Y, et al. Bottom-up formation of endohedral mono-metallofullerenes is directed by charge transfer. Nat Commun, 2014, 5: 5844-5851.

[82] Olmstead M M, Bettencourt-Dias A, Duchamp J C, et al. Isolation and structural characterization of the endohedral fullerene $Sc_3N@C_{78}$. Angew Chem Int Ed, 2001, 40: 1223-1225.

[83] Popov A A, Krause M, Yang S F, et al. C_{78} cage isomerism defined by trimetallic nitride cluster size: a computational and vibrational spectroscopic study. J Phys Chem B, 2007, 111: 3363-3369.

[84] Yang T, Zhao X, Li L S, et al. Large gadolinium nitride cluster encapsulated inside a Non-IPR carbon cage: a theoretical characterization on $Gd_3N@C_{78}$. Chem Phys Chem, 2012, 13: 449-452.

[85] Ma Y H, Wang T S, Wu J Y, et al. Size effect of endohedral cluster on fullerene cage: preparation and structural studies of $Y_3N@C_{78}$-C_2. Nanoscale, 2011, 3: 4955-4957.

[86] Svitova A L, Popov A A, Dunsch L. Gd-Sc-Based mixed-metal nitride cluster fullerenes: mutual influence of the cage and cluster size and the role of scandium in the electronic structure. Inorg Chem, 2013, 52: 3368-3380.

[87] Gan L H, Zhao J Q, Hui Q. Nonclassical fullerenes with a heptagon violating the pentagon adjacency penalty rule. J Comput Chem, 2010, 31: 1715-1721.

[88] Campanera J M, Bo C, Poblet J M. General rule for the stabilization of fullerene cages encapsulating trimetallic nitride templates. Ange Chem Int Ed, 2005, 44: 7230-7233.

[89] Bettinger H F, Yakobson B I, Scuseria G E. Scratching the surface of buckminsterfullerene: the barriers for stone-wales transformation through symmetric and asymmetric transition states. J Am Chem Soc, 2003, 125: 5572-5580.

[90] Endo M, Kroto H W. Formation of carbon nanofibers. J Phys Chem, 1992, 96: 6941-6944.

[91] Popov A A, Dunsch L. Structure, stability, and cluster-cage interactions in nitride clusterfullerenes M_3N @C_{2n} (M=Sc, Y; 2n=68~98): a density functional theory study. J Am Chem Soc, 2007, 129: 11835-11849.

[92] Shinohara H. Endohedral metallofullerenes. Rep Prog Phys, 2000, 63: 843-892.

[93] Iiduka Y, Wakahara T, Nakajima K, et al. Experimental and theoretical studies of the scandium carbide endohedral metallofullerene $Sc_2C_2@C_{82}$ and its carbene derivative. Angew Chem Int Ed, 2007, 46: 5562-5564.

[94] Lu X, Nakajima K, Iiduka Y, et al. Structural elucidation and regioselective functionalization of an unexplored carbide cluster metallofullerene $Sc_2C_2@C_s$(6)-C_{82}. J Am Chem Soc, 2011, 133: 19553-19558.

[95] Stevenson S, Rose C B, Maslenikova J S, et al. Selective synthesis, isolation, and crystallographic char-

acterization of $LaSc_2N@I_h-C_{80}$. Inorg Chem，2012，51：13096-13102.

[96] Hernández E，Ordejón P，Terrones H. Fullerene growth and the role of nonclassical isomers. Phys Rev B，2001，63：193403-193406.

[97] Yang S F，Chen C B，Liu F P，et al. An improbable monometallic cluster entrapped in a popular fullerene cage：$YCN@C_s(6)-C_{82}$. Sci Rep，2013，3：1487-1491.

[98] Liu F P，Wang S，Gao C L，et al. Mononuclear cluster fullerene single-molecule magnet containing strained fused-pentagons stabilized by a nearly linear metal cyanide cluster. Angew Chem，2017，129：1856-1860.

[99] Liu F P，Wang S，Guan J，et al. Putting a terbium-monometallic cyanide cluster into the C_{82} fullerene cage：$TbCN@C_2(5)-C_{82}$. Inorg Chem，2014，53：5201-5205.

[100] Liu F P，Gao C L，Deng Q M，et al. Triangular monometallic cyanide cluster entrapped in carbon cage with geometry-dependent molecular magnetism. J Am Chem Soc，2016，138：14764-14771.

[101] Zhao W J，Cao A H，Tian J L，et al. Structural connectivity and formation mechanism of monometallic cluster fullerenes $YCN@C_n$（$n=68\sim84$）. Int J Quantum Chem，2018，118，DOI：10.1002/qua.25647.

[102] Bettinger H F，Yakobson B I，Scuseria G E. Scratching the surface of buckminsterfullerene：the barriers for stone-wales transformation through symmetric and asymmetric transition states. J Am Chem Soc，2003，125：5572-5580.

[103] Gao X，Zhao L J，Wang D L. Theoretical study on monometallic cyanide cluster fullerenes $YCN@C_{72}$. Int J Quantum Chem，2016，116：438-443.

[104] Slanina Z，Zhao X，Grabuleda X，et al. $Mg@C_{72}$ MNDO/d evaluation of the isomeric composition. J Mol Graphics Modell，2001，19：252-255.

[105] Slanina Z，Kobayashi K，Nagase S. $Ca@C_{72}$ IPR and non-IPR structures：computed temperature development of their relative concentrations. Chem Phys Lett，2003，372：810-814.

[106] Reich A，Panthöfer M，Modrow H，et al. The structure of $Ba@C_{74}$. J Am Chem Soc，2004，126：14428-14434.

[107] Xu J X，Tsuchiya T，Hao C，et al. Structured determination of a missing-caged metallofullerene：$Yb@C_{74}$（Ⅱ）and the dynamic motion of the encaged ytterbium ion. Chem Phys Lett，2006，419：44-47.

[108] Meng Q Y，Wang D L，Xin G，et al. Linear monometallic cyanide cluster fullerenes $ScCN@C_{76}$ and $YCN@C_{76}$：A theoretical prediction. Comput Theor Chem，2014，1050：83-88.

[109] Zhao L J，Wang D L. Monometallic cyanide cluster fullerene $YCN@C_{78}$：a theoretical prediction. Int J Quantum Chem，2015，115：779-784.

[110] Lu X，Lian Y F，Beavers C M，et al. Crystallographic X-ray analyses of $Yb@C_{2v}(3)-C_{80}$ reveal a feasible rule that governs the location of a rare earth metal inside a medium-sized fullerene. J Am Chem Soc，2011，133：10772-10775.

[111] Zheng H，Zhao X，He L，et al. Quantum chemical determination of novel C_{82} monometallofullerenes involving a heterogeneous group. Inorg Chem，2014，53：12911-12917.

[112] Lu X，Slanina Z，Akasaka T，et al. $Yb@C_{2n}$（n=40，41，42）：new fullerene allotropes with unexplored electrochemical properties. J Am Chem Soc，2010，132：5896-5905.

[113] Campanera J M., Bo C, Poblet J M. General rule for the stabilization of fullerene cages encapsulating trimetallic nitride templates. Angew Chem, 2010, 117: 7396-7399.

[114] Chaur M N, Valencia R, Rodriguez-Fortea A, et al. Trimetallic nitride endohedral fullerenes: experimental and theoretical evidence for the $M_3 N^{6+} @ C_{2n}^{6-}$ model. Angew Chem, 2009, 121: 1453-1456.

[115] Zhao X, Gao W Y, Yang T, et al. Violating the isolated pentagon rule (IPR): endohedral non-IPR C_{98} cages of $Gd_2@C_{98}$. Inorg Chem, 2012, 51: 2039-2045.

[116] Popov A A, and Dunsch L. Electrochemistry in cavea: endohedral redox reactions of encaged species in fullerenes. J Phys Chem Lett, 2011, 2: 786-794.

[117] Yamada M, Feng L, Wakahara T, et al. Synthesis and characterization of exohedrally silylated M @C_{82} (M=Y and La). J Phys Chem B, 2005, 109: 6049-6051.

[118] Maeda Y, Matsunaga Y, Wakahara T, et al. Isolation and characterization of a carbene derivative of La@C_{82}. J Am Chem Soc, 2004, 126: 6858-6859.

[119] Popov A A, Avdoshenko S M, Penda's A M, et al. Bonding between strongly repulsive metal atoms: an oxymoron made real in a confined space of endohedral metallofullerenes. Chem Commun, 2012, 48: 8031-8050.

[120] Liu F P, Wang S, Guan J, et al. Putting a terbium-monometallic cyanide cluster into the C_{82} fullerene cage: TbCN@C_2(5)-C_{82}. Inorg Chem, 2014, 53: 5201-5205.

[121] Liu F P, Gao C L, Deng Q M, et al. Triangular monometallic cyanide cluster entrapped in carbon cage with geometry-dependent molecular magnetism. J Am Chem Soc, 2016, 138: 14764-14771.

[122] Tang Q Q, Abella L, Hao Y J, et al. $Sc_2O@C_{3v}$(8)-C_{82}: a missing isomer of $Sc_2O@C_{82}$. Inorg Chem, 2016, 55: 1926-1933.

[123] Jakes P, Dinse K P. Chemically induced spin transfer to an encased molecular cluster: an EPR study of $Sc_3 N@C_{80}$ radical anions. J Am Chem Soc, 2001, 123: 8854-8855.

[124] Elliott B, Yu L, Echegoyen L. A simple isomeric separation of D_{5h} and I_h $Sc_3 N@C_{80}$ by selective chemical oxidation. J Am Chem Soc, 2005, 127: 10885-10888.

[125] Rapta P, Popov A A, Yang S F, et al. Charged states of $Sc_3 N@C_{68}$: an in situ spectroelectrochemical study of the radical cation and radical anion of a Non-IPR fullerene. J Phys Chem A, 2008, 112: 5858-5865.

[126] Wang T S, Feng L, Wu J Y, et al. Planar quinary cluster inside a fullerene cage: synthesis and structural characterizations of $Sc_3 NC@C_{80}$-I_h. J Am Chem Soc, 2010, 132: 16362-16364.

[127] Feng Y Q, Wang T S, Wu J Y, et al. Electron-spin excitation by implanting hydrogen into metallofullerene: the synthesis and spectroscopic characterization of $Sc_4 C_2 H@ I_h$-C_{80}. Chem Commun, 2014, 50: 12166-12168.

[128] Shinohara H, Sato H, Ohkohchi M, et al. Encapsulation of a scandium trimer in C_{82}. Nature, 1992, 357: 52-54.

[129] Shinohara H, Inakuma M, Hayashi N, et al. Spectroscopic properties of isolated $Sc_3@C_{82}$ metallofullerene. J phys Chem, 1994, 98: 8597-8598.

[130] Kato T, Bandou S, Inakuma M, et al. ESR study on structures and dynamics of $Sc_3@C_{82}$. J phys Chem, 1995, 99: 856-858.

[131] Iiduka Y, Wakahara T, Nakahodo T, et al. Structural determination of metallofullerene Sc_3C_{82} revisited: a surprising finding. J Am Chem Soc, 2005, 127: 12500-12501.

[132] Zuo T M, Xu L S, Beavers C M, et al. $M_2@C_{79}N$ (M=Y, Tb): isolation and characterization of stable endohedral metallofullerenes exhibiting M—M bonding interactions inside Aza [80] fullerene cages. J Am Chem Soc, 2008, 130: 12992-12997.

[133] Popov A A, Yang S F, Dunsch L. Endohedral fullerenes. Chem Rev, 2013, 113: 5989-6113.

[134] Inakuma M, Shinohara H. Temperature-dependent EPR studies on isolated scandium metal-lofullerenes: $Sc@C_{82}$ (I , II) and $Sc@C_{84}$. J Phys Chem B, 2000, 104: 7595-7599.

[135] Hachiya M, Nikawa H, Mizorogi N, et al. Exceptional chemical properties of $Sc@C_{2v}(9)-C_{82}$ probed with adamantylidene carbene. J Am Chem Soc, 2012, 134: 15550-15555.

[136] Wang T S, Wu J Y, Xu W, et al. Spin divergence induced by exohedral modification: ESR study of $Sc_3C_2@C_{80}$ fulleropyrrolidine. Angew Chem, 2010, 122: 1830-1833.

[137] Kurihara H, Iiduka Y, Rubin Y, et al. Unexpected formation of a $Sc_3C_2@C_{80}$ bisfulleroid deriva-tive. J Am Chem Soc, 2012, 134: 4092-4095.

[138] Wu B, Wang T S, Feng Y Q, et al. Molecular magnetic switch for a metallofullerene. Nat Com-mun, 2015, 6: 6468-6473.

[139] Yang S F, Chen C B, Popov A A, et al. An endohedral titanium (III) in a clusterfullerene: put-ting a non-group-III metal nitride into the C_{80}-I_h fullerene cage. Chem Commun, 2009, 42: 6391-6393.

[140] Ma Y H, Wang T S, Wu J Y, et al. Susceptible electron spin adhering to an yttrium cluster in-side an azafullerene $C_{79}N$. Chem Commun, 2012, 48: 11570-11572.

[141] Chai Y, Guo T, Jin C, et al. Fullerenes with metals inside. J Phys Chem, 1991, 95: 7564-7568.

[142] Chaur M N, Melin F, Ortiz A L, et al. Chemical, electrochemical, and structural properties of endohedral metallofullerenes. Angew Chem Int Ed, 2009, 48: 7514-7538.

[143] Dunsch L, Yang S F. Metal nitride cluster fullerenes: their current state and future prospects. Small, 2009, 40: 1298-1320.

[144] Liu Y, Jiao F, Qiu Y, et al. The effect of $Gd@C_{82}(OH)_{22}$ nanoparticles on the release of Th1/Th2 cytokines and induction of TNF-alpha mediated cellular immunity. Biomaterials, 2009, 30: 3934-3945.

[145] Liang X J, Meng H, Wang Y Z, et al. Metallofullerene nanoparticles circumvent tumor resistance to cisplatin by reactivating endocytosis. PNAS, 2010, 107: 7449-7454.

[146] Meng H, Xing G, Blanco E, et al. Gadolinium metallofullerenol nanoparticles inhibit cancer me-tastasis through matrix metalloproteinase inhibition: imprisoning instead of poisoning cancer cells. Nanomedicine, 2012, 8: 136-146.

[147] Li Y Y, Tian Y H, Nie G J. Antineoplastic activities of $Gd@C_{82}(OH)_{22}$ nanoparticles: tumor mi-croenvironment regulation. Sci China Life Sci, 2012, 55: 884-890.

[148] Guldi D M, Feng L, Radhakrishnan S G, et al. A molecular $Ce_2@I_h-C_{80}$ switch-unprecedented oxidative pathway in photoinduced charge transfer reactivity. J Am Chem Soc, 2010, 132: 9078-9086.

[149] Takano Y，Herranz M A，Martin N，et al. Donor-acceptor conjugates of lanthanum endohedral metallofullerene and pi-extended tetrathiafulvalene. J Am Chem Soc，2010，132：8048-8055.

[150] Pinzón J R，Cardona C M，Herranz M A，et al. Metal nitride cluster fullerene $M_3N@C_{80}$ （M＝Y，Sc) based dyads：synthesis，and electrochemical，theoretical and photophysical studies. Chem Eur J，2009，15：864-877.

[151] Ross R B，Cardona C M，Swain F B，et al. Tuning conversion efficiency inmetallo endohedral fullerene-based organic photovoltaic devices. Adv Funct Mater，2009，19：2332-2337.

[152] Yang S F，Wei T，Jin F. When metal clusters meet carbon cages：endohedral clusterfullerenes. Chem Soc Rev，2017，46：5005-5058.

[153] Caravan P，Ellison J J，McMurry T J.，et al. Gadolinium（Ⅲ）chelates as MRI contrast agents：structure，dynamics，and applications. Chem Rev，1999，99：2293-2352.

[154] Cong H L，Yu B，Akasaka T，et al. Endohedral metallofullerenes：An unconventional core-shell coordination union. Coord Chem Rev，2013，257：2880-2898.

[155] Zheng J P，Zhen M M，Wang C R，et al. Recent progress of molecular imaging probes based on gadofullerenes. Chin J Anal Chem，2012，40：1607-1615.

[156] Anilkumar P，Lu F，Cao L，et al. Fullerenes for applications in biology and medicine. Curr Med Chem，2011，18：2045-2059.

[157] Mikawa M，Kato H，Okumura M，et al. Paramagnetic water-Soluble metallofullerenes having the highest relaxivity for MRI contrast agents. Bioconjug Chem，2001，12：510-514.

[158] Kato H，Kanazawa Y，Okumura M，et al. Lanthanoid endohedral metallofullerenols for MRI contrast agents. J Am Chem Soc，2003，125：4391-4397.

[159] Zhang J，Liu K M，Xing G M，et al. Synthesis and in vivo study of metallofullerene based MRI contrast agent. J Radioanal Nucl Chem，2007，272：605-609.

[160] Laus S，Sitharaman B，Tóth E，et al. Destroying gadofullerene aggregates by salt addition in a-queous solution of $Gd@C_{60}(OH)_x$ and $Gd@C_{60}[C(COOH)_2]_{10}$. J Am Chem Soc，2005，127：9368-9369.

[161] Shu C Y，Gan L H，Wang C R，et al. Synthesis and characterization of a new water-soluble en-dohedral metallofullerene for MRI contrast agents. Carbon，2006，44，496-500.

[162] Macfarland D K，Walker K L，Lenk R P，et al. Hydrochalarones：a novel endohedral metal-lofullerene platform for enhancing magnetic resonance imaging contrast. J Med Chem，2008，51：3681-3683.

[163] Grushko Y S，Kozlov V S，Sedov V P，et al. MRI-Contrasting system based on water-soluble fullerene/Gd-metallofullerene mixture. Fullerene Sci Tech，2010，18：417-421.

[164] Cui R L，Li J，Huang H，et al. Novel carbon nanohybrids as highly efficient magnetic resonance imaging contrast agents. Nano Research，2015，8：1259-1268.

[165] Lu J，Sabirianov R F，Mei W N，et al. Structural and magnetic properties of $Gd_3N@C_{80}$. J Phys Chem B，2006，110：23637-23640.

[166] Fatouros P P，Corwin F D，Chen Z J，et al. In vitro and in vivo imaging studies of a new endohe-dral metallofullerene nanoparticle. Radiology，2006，240：756-764.

[167] Shu C Y，Corwin F D，Zhang J F，et al. Facile preparation of a new gadofullerene-based magnetic

resonance imaging contrast agent with high ^{1}H relaxivity. Bioconjug Chem，2009，20：1186-1193.

[168] Zhang J F，Fatourous P P，Shu C Y，et al. High relaxivity trimetallic nitride（Gd$_3$N）metallofullerene MRI contrast agents with optimized functionality. Bioconjug Chem，2010，21：610-615.

[169] Zhang E Y，Shu C Y，Feng L，et al. Preparation and characterization of two new water-soluble endohedral metallofullerenes as magnetic resonance imaging contrast agents. J Phys Chem B，2007，111：14223-14226.

[170] Braun K，Dunsch L，Pipkorn R，et al. Gain of a 500-fold sensitivity on an intravital MR contrast agent based on an endohedral gadolinium-cluster-fullerene-conjugate：a new chance in cancer diagnostics. Int J Med Sci，2010，7，136-146.

[171] Zhang J Y，Ye Y Q，Chen Y，et al. Gd$_3$N@C$_{84}$（OH）$_x$：a new egg-shaped metallofullerene magnetic resonance imaging contrast agent. J Am Chem Soc，2014，136，2630-2636.

[172] Lezzi E B，Duchamp J C，Flectcher K R，et al. Lutetium-based trimetallic nitride endohedral metallofullerenes：new contrast agents. Nano Letters，2002，2：1187-1190.

[173] Shultz M D，Duchamp J C，Wilson J D，et al. Encapsulation of a radiolabeled cluster inside a fullerene cage,^{177} LuxLu$_{(3-x)}$N@C$_{80}$：an interleukin-13-conjugated radiolabeled metallofullerene platform. J Am Chem Soc，2010，132，4980-4981.

[174] Wilson J D，Broaddus W C，Dorn H C，et al. Metallofullerene-nanoplatform-delivered interstitial brachytherapy improved survival in a murine model of glioblastoma multiforme. Bioconjuga Chem，2012，23：1873-1880.

[175] Li T H，Murphy S，Kiselev B，et al. A new interleukin-13 amino-coated gadolinium metallofullerene nanoparticle for targeted MRI detection of glioblastoma tumor cells. J Am Chem Soc，2015，137：7881-7888.

[176] Zhen M M，Shu C Y，Li J，et al. A highly efficient and tumor vascular-targeting therapeutic technique with size-expansible gadofu-llerene nanocrystals. Sci China Mater，2015，58：799-810.

[177] Zhou Y，Deng R J，Zhen M M，et al. Amino acid functionalized gadofullerene nanoparticles with superior antitumor activity via destruction of tumor vasculature in vivo. Biomaterials，2017，133：107-118.

[178] Thompson B C，Fréchet J M. Polymer-fullerene composite solar cells. Angew Chem Int Ed，2010，47：58-77.

[179] Lu L Y，Zheng T Y，Wu Q H，et al. Recent advances in bulk heterojunction polymer solar cells. Chem Rev，2015，115：12666-12731.

[180] Yang S F，Yang S H. Photoelectrochemistry of langmuir-blodgett films of the endohedral metallofullerene Dy@C$_{82}$ on ITO electrodes. J Phys Chem B，2001，105：9406-9412.

[181] Yang S F，Fan L Z，Yang S H. Preparation，characterization，and photoelectrochemistry of langmuir—blodgett films of the endohedral metallofullerene Dy@C$_{82}$ mixed with metallophthalocyanines. J Phys Chem B，2003，107：8403-8411.

[182] Yang S F，Fan L Z，Yang S H. Significantly enhanced photocurrent efficiency of a poly（3-hexylthiophene）photoelectrochemical device by doping with the endohedral metallofullerene Dy@C$_{82}$.

Chem Phys Letters，2004，388：253-258.

[183] Xu Y，Guo J H，Wei T，et al. Micron-sized hexagonal single-crystalline rods of metal nitride clusterfullerene：preparation，characterization，and photoelectrochemical application. Nanoscale，2013，5：1993-2001.

[184] Ross R B，Cardona C M，Guldi D M，et al. Endohedral fullerenes for organic photovoltaic devices. Nat Mater，2009，8：208-212.

[185] Ross R B，Cardona C M，Swain F B，et al. Tuning conversion efficiency in metallo endohedral fullerene-based organic photovoltaic devices. Adv Funct Mater，2010，19：2332-2337.

[186] Pinzón J R，Plonska-Brzezinska M E，Cardona C M，et al. $Sc_3N@C_{80}$-ferrocene electron-donor/acceptor conjugates as promising materials for photovoltaic applications. Angew Chem Int Ed，2010，47：4173-4176.

[187] Pinzón J R，Gasca D C，Shankara G S，et al. Photoinduced charge transfer and electrochemical properties of triphenylamine I_h-$Sc_3N@C_{80}$ donor-acceptor conjugates. J Am Chem Soc，2009，131：7727-7734.

[188] Wolfrum S，Pinzón JR，Molina-ontoria A，et al. Utilization of $Sc_3N@C_{80}$ in long-range charge transfer reactions. Chem Commun，2011，47：2270-2272.

[189] Feng L，Rudolf M，Wolfrum S，et al. A paradigmatic change：linking fullerenes to electron acceptors. J Am Chem Soc，2012，134：12190-12197.

[190] Rudolf M，Feng L，Slanina Z，et al. A metallofullerene electron donor that powers an efficient spin flip in a linear electron donor-acceptor conjugate. J Am Chem Soc，2013，135：11165-11174.

[191] Shiozawa H，Rauf H，Pichler T，et al. Filling factor and electronic structure of $Dy_3N@C_{80}$ filled single-wall carbon nanotubes studied by photoemission spectroscopy. Phys Rev B，2006，73：205411-205416.

[192] Fallah A，Yonetani Y，Senga R，et al. Thermal/electron irradiation assisted coalescence of $Sc_3N@C_{80}$ fullerene in carbon nanotube and evidence of charge transfer between pristine/coalesced fullerenes and nanotubes. Nanoscale，2013，5：11755-11760.

[193] Zhang J F，Ge J C，Shultz M D，et al. In vitro and in vivo studies of single-walled carbon nanohorns with encapsulated metallofullerenes and exohedrally functionalized quantum dots. Nano Letters，2010，10：2843-2848.

第4章 富勒烯衍生物的结构、性质和应用

1985 年 C_{60} 的发现[1]开创了碳元素研究的新时代。从结构上看，C_{60} 既不同于金刚石，也不同于石墨，而成为碳元素的一种崭新的存在形态。由于其新奇的结构和性质，该物质吸引了化学家、物理学家、材料学家等的研究兴趣。1990 年电弧放电法的发明[2]，使得以 C_{60} 为代表的富勒烯能够大量地合成。因富勒烯不溶于通常的溶剂而在应用上受到极大的限制，科学家们开始对富勒烯进行外部衍生化。到目前为止，富勒烯衍生化已经成为富勒烯科学的新兴发展方向。从结构上看，目前合成报道的富勒烯衍生物种类甚至比富勒烯还多；从性质上看，富勒烯衍生物通常具有更好的水溶性和改善的光、电等性能。因此，富勒烯衍生物展示了更好的应用前景。本章在阐述富勒烯衍生物的结构和性质基础上，概述富勒烯衍生物在太阳能电池、生物医药、光敏剂和光催化剂等领域的应用。

4.1 富勒烯氢化物

4.1.1 $C_{60}H_{36}$

$C_{60}H_{36}$ 应该是 C_{60} 的氢化物中研究得最为广泛的分子。J. Nossal 采用 Birch 还原法[3]合成了 $C_{60}H_{36}$。不过，这种低温方法往往得到的产物成分十分复杂，得到两个主要异构体，没有完全确认分子的结构。A. A. Gakh 等[4]在高温条件下合成了 $C_{60}H_{36}$ 的三个异构体，并用氢谱等技术表征了三个异构体。结果显示 C_1 对称的异构体是最丰富的（60%～70%），其次是 C_3 对称的异构体（25%～30%），T 对称的异构体占的比例最小（2%～5%）。三个异构体的结构紧密相关，每个五边形上都有三个相邻的氢原子，表明在高温条件下，氢原子可在富勒烯笼上发生迁移。

4.1.2 $C_{60}H_{60}$ 和 $C_{20}H_{20}$

$C_{60}H_{60}$ 和 $C_{20}H_{20}$ 是两个研究得比较多的分子。全部氢化，在计算操作上避免了加成位置的困扰，能够排除部分衍生化物质中多种效应的影响而不能够确定主要影响因素的问题。然而，尽管经过各国学者的努力，$C_{60}H_{60}$ 的实验合成仍然未实现。理论研究显示，其能量最低的结构中，部分 C-H 键是在笼内的[5]。鉴于 H····H 之间在碳笼覆盖度高时可能存在显著的 H····H 排斥效应，合成 $C_{60}H_{60}$ 这个理想的分子看来是不可能的。

C_{20} 是最小的富勒烯结构，全由五边形围成。由于所有的五边形都是比邻的，总共有 30 个 B_{55} 键（两个五边形共享的键），是所有富勒烯结构中 B_{55} 键数最多的。根据独立五边形原则和五边形比邻数最小化原则，该分子是高度活泼的。实验上确实也多年来没有得到 C_{20} 的信号，更不要说成功的分离了。2000 年，H. Prinzbach 等[6]通过改进方法，成功合成了 $C_{20}H_{20}$。实验表明，该分子是具有 I_h 对称性的，也就是说，碳笼骨架就是高度活泼的 I_h-C_{20}。

由于氢的覆盖度高时存在 H····H 排斥，中等或以上富勒烯的全氢化物是不可能合成的，而只能够得到部分碳原子被氢化的物质。

4.1.3 $C_{64}H_4$

通过将 CH_4 引入反应器，王春儒等合成、表征了 $C_{64}H_4$[7]。结合质谱、核磁共振谱、红外光谱、紫外光谱及从头算方法，该分子的结构被确定为四个氢原子加成到三个五边形融合处的四个碳原子上，从而稳定化原来高度不稳定的碳原子，分子为 C_{3v} 对称性。外连基团与碳笼间的电荷转移同样是稳定化原来高度不稳定的碳笼的原因。最近，X. Han 等合成了 $C_{64}Cl_4$，并将该物质生长为单晶，进行 XRD 测试[8]。结果表明，$C_{64}Cl_4$ 的结构和 $C_{64}H_4$ 高度相似，同样是四个 Cl 原子加成到三个五边形融合的结构单元上，将四个处于五边形-五边形共用位置的碳原子稳定下来。后一结果从侧面验证了王春儒等的结构的正确性并揭示非独立五边形富勒烯的稳定化规律。Q. B. Yan 等[9]采用第一原理方法研究了 $C_{64}X_4$（X＝H、F、Cl、Br）。结果表明，化学衍生化确实能够加宽 HOMO-LUMO 能隙，稳定原本高活性的富勒烯 C_{64} 分子。计算得到的 $C_{64}H_4$ 的图谱与实验结果一致。

$C_{64}H_4$ 和 $C_{64}Cl_4$ 的合成报道，不仅证实了外部衍生化可以稳定原本高度不稳定的富勒烯，也第一次发现了氢原子、氯原子可以将三个五边形共享的极度活泼的碳原子也稳定下来。这是 non-IPR 碳笼衍生化的重要进展。

4.1.4 多面体烷烃的结构和稳定性

富勒烯科学是一个崭新的研究领域，在成果不断涌现的同时，还与传统的研究领域融合，产生新的研究方向，拓展和深化了传统研究方向。因独特的几何结构，高对称多面体烷烃吸引了研究者的长期关注。其中，因其高度的张力结构，四面体烷 C_4H_4、棱晶烷 C_6H_6、立方烷 C_8H_8 和十二面体烷 $C_{20}H_{20}$ 尤其受到化学家的关注[10~15]。

虽然经过相当大的努力，但是目前仅仅只有棱晶烷 C_6H_6、立方烷 C_8H_8 和正十二面体烷 $C_{20}H_{20}$ 得到实验报道。随着富勒烯科学的发展，一些高对称的富勒烯如 C_{60} 得到合成，富勒烯的氢化物也得到广泛研究，从而使得多面体烷烃的稳定性与弯曲度之间的关系可以得到系统的研究。在此，选择多面体烷烃 $(CH)_n$ 作为模型体系，通过计算研究来理解多面体稳定性和表面弯曲度之间的关系[16]。

所有的几何优化和单点能计算都是采用 Gaussian 03 软件完成的。首先，对四面体烷 C_4H_4、棱晶烷 C_6H_6、立方烷 C_8H_8、十二面体烷 $C_{20}H_{20}$、$C_{40}H_{40}$-D_{5d}、$C_{60}H_{60}$-I_h、$C_{80}H_{80}$-I_h 和 $C_{100}H_{100}$-D_{5d} 进行了 HF/4-31G* 水平的几何优化。接下来，对这些优化结构进行了 HF/6-311G* 和 B3LYP/6-311G* 水平的单点能计算。计算结果在表 4-1 中，优化结构显示在图 4-1 中。

表 4-1　多面体烷烃 $(CH)_n$ 的 C-C、C-H 键长、键角偏差（DA）以及锥化角（PA）

分子	C-C 键长/Å	C-H 键长/Å	DA/(°)	PA/(°)
C_4H_4-T_d	1.460	1.061	148.5	54.7
C_6H_6-D_{3h}	1.505/1.548	1.073	88.5	40.6
C_8H_8-O_h	1.558	1.080	78.5	35.3
$C_{20}H_{20}$-I_h	1.546	1.083	4.4	20.9
$C_{40}H_{40}$-D_{5d}	1.534~1.555	1.079~1.083	9.4~23.1	11.2~17.1
$C_{60}H_{60}$-I_h	1.555/1.570	1.081	23.6	11.6
$C_{80}H_{80}$-I_h	1.562/1.562	1.078	27.1/31.5	10.5/9.0
$C_{100}H_{100}$-D_{5d}	1.551~1.585	1.074~1.079	23.5~39.1	5~11.2

对于多面体烷烃，先前尚无系统的研究。如表 4-1 所示，除了 C_4H_4，其他多面体烷烃的 C-C 键长位于 1.499~1.570Å 之间，这些键长表明 C-C

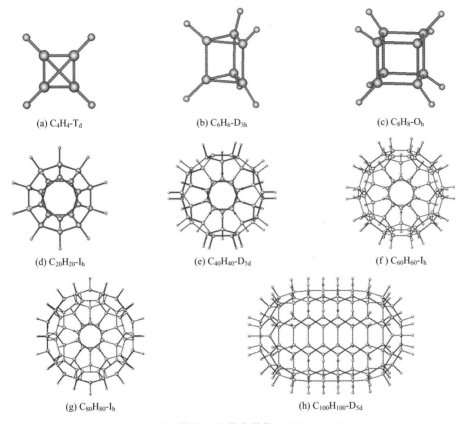

(a) C$_4$H$_4$-T$_d$　　　　(b) C$_6$H$_6$-D$_{3h}$　　　　(c) C$_8$H$_8$-O$_h$

(d) C$_{20}$H$_{20}$-I$_h$　　　　(e) C$_{40}$H$_{40}$-D$_{5d}$　　　　(f) C$_{60}$H$_{60}$-I$_h$

(g) C$_{80}$H$_{80}$-I$_h$　　　　(h) C$_{100}$H$_{100}$-D$_{5d}$

图 4-1　多面体烷烃的优化结构（HF/4-31G*）

是 σ 键，相应的 C 原子采用 sp^3 杂化方式成键。对于 C$_4$H$_4$，C-C 键的长度比其他略微短一点，这可能是独特的三边形结构所致，其 C-H 键比其他分子的 C-H 键短，表示该分子的 C-H 键的强度大。

为了进行比较，定义每个 C-H 单元的能量：

$$E_{n,\text{C-H}} = E_{\text{total,(CH)}_n}/n \tag{4-1}$$

每个 C-H 单元的相对能量：

$$\Delta E_n = E_{n,\text{C-H}} - E_{20,\text{C-H}} \tag{4-2}$$

式中，n 为多面体烷烃中的碳原子数。计算所得的 $E_{n,\text{C-H}}$ 和 ΔE_n 列举在表 4-2 中。

如表 4-2 所示，C$_4$H$_4$ 的 $E_{n,\text{C-H}}$ 是最高的，$E_{n,\text{C-H}}$ 随着 n 的增加而逐渐降低，当 $n=20$ 时达到最低点；接下来逐渐升高。对于 C$_4$H$_4$、C$_6$H$_6$ 和 C$_8$H$_8$，由于分子中的三边形或四边形是高张力环，可以解释分子中每个 C-H 单元

表 4-2 每个 C-H 单元的能量和相对能量

| 项目 | HF/6-311G* | | B3LYP/6-311G* | |
分子	$E_{n,\text{C-H}}$/a. u.	ΔE_n/(kcal/mol)	$E_{n,\text{C-H}}$/a. u.	ΔE_n/(kcal/mol)
$C_4H_4\text{-}T_d$	-38.4059	32.88	-38.6668	31.19
$C_6H_6\text{-}D_{3h}$	-38.4234	21.9	-38.6830	21.02
$C_8H_8\text{-}O_h$	-38.4303	17.57	-38.6896	16.88
$C_{20}H_{20}\text{-}I_h$	-38.4583	0.00	-38.7165	0.00
$C_{40}H_{40}\text{-}D_{5d}$	-38.4510	4.48	-38.7100	4.08
$C_{60}H_{60}\text{-}I_h$	-38.4449	8.41	-38.7048	7.34
$C_{80}H_{80}\text{-}I_h$	-38.4400	11.48	-38.7003	10.18
$C_{100}H_{100}\text{-}D_{5d}$	-38.4382	12.61	-38.6987	11.17

的高相对能量。对于前面三个分子，计算的相对能量排序也与文献中的一致[15,17]。对于后面的五个分子，十二面体烷 $C_{20}H_{20}$ 的表面弯曲度最高，按照富勒烯稳定性判据，这个分子应该是最不稳定的。然而，计算得到的每个 C-H 单元的能量在后面这五个中是最低的。很显然，环张力观点不能够解释这些尺寸更大的富勒烯烷烃的稳定性。锥化角能用于评估富勒烯的稳定性[18,19]，锥化角度越高，稳定性越低。相反，对于后面这些多面体烷烃，虽然它们的碳原子的锥化角逐渐降低，每个 C-H 单元的能量却反而升高。事实上，理论计算表明，$C_{60}H_n$ 的稳定性并不一定随着 n 的升高而升高[20]；同时，实验显示，$C_{20}H_{20}$ 具有相当大的稳定性，表明氢化能稳定高度活性的正十二面体 $C_{20}\text{-}I_h$。以上这些现象清楚地显示，锥化角观点不能够用来解释这些多面体烷烃的稳定性。

考察两个相邻 $\sigma_{\text{C-H}}\text{-}\sigma_{\text{C-H}}$ 键之间的距离，从 $C_{40}H_{40}\text{-}D_{5d}$ 到 $C_{100}H_{100}\text{-}D_{5d}$，计算得到的距离并没有明显的改变，这个结果表明 $\sigma_{\text{C-H}}\text{-}\sigma_{\text{C-H}}$ 或 H⋯H 排斥在决定这些分子的稳定性上不发挥重要作用。

为了理解多面体烷烃中控制每个 C-H 单元的能量的因素，考察了这些分子的几何特征。通常，团簇在化学组成一样的情况下，随着尺寸的增加，每个结构单元的总能量单调降低。但是，对于所考察的高对称多面体，出现先下降后上升的现象。在富勒烯科学领域，关于富勒烯的稳定性，有一个较广泛采用的评估指标，就是碳原子的锥化角。当锥化角越大时，结构稳定性越低。然而，对这些分子的锥化角进行考察却显示，锥化角是单调下降的，也就是说，锥化角观点不能够解释富勒烯氢化物的稳定性。

究其原因，富勒烯与石墨结构相比，前者表面是弯曲的，必然存在弯曲能。弯曲程度越大，相应结构稳定性越低。因此，锥化角的计算实际上是以平面石墨为参考的，这样的原则在处理弯曲面富勒烯结构时有坚实的物理基础，因此，具有广泛的适用性。然而，对于富勒烯的衍生物，碳原子由 sp^2 杂化变为 sp^3 杂化，锥化不是不稳定因素，而是新杂化方式形成的不可避免的条件和结果，最理想的键角应该是 109.5°。键角偏离 109.5° 越大，相应结构越不稳定。基于这样的分析，提出了键角歪曲度评价指标，即求算所有碳原子对应的键角相对于 109.5° 的偏差 DA。计算结果显示，对四面体烷 C_4H_4、棱晶烷 C_6H_6 和立方烷 C_8H_8 而言，$\angle CCH$ 都大于 109.5°，不存在键-键排斥作用，键-键排斥作用主要存在于 $\angle CCC$ 键角所对应的键键之间。随着 n 的增加，键角偏差先是下降，到 $C_{20}H_{20}$ 的时候达到最小值，相应地，四面体烷 C_4H_4 是最不稳定的，而 $C_{20}H_{20}$ 在热力学上是最有利的。对于大于 $C_{20}H_{20}$ 的分子，C-C 键之间的夹角已经很接近 109.5° 或大于 109.5°，因此不存在键-键排斥，但是 C-H 键与 C-C 键之间形成的角度越来越小，逐渐小于 109.5°，斥力越来越大。因此，每个 C-H 单元的能量从 $C_{20}H_{20}$ 开始又逐渐升高。换句话说，随着 n 的增加，从 $C_{20}H_{20}$ 开始，多面体烷烃的稳定性逐渐下降。在 $C_{20}H_{20}$ 中，$\angle CCC$ 和 $\angle CCH$ 几乎都是 109.5°，这样的角度导致分子内的张力能最小化。这正是这些多面体烷烃的每个 C-H 单元能量走势呈 V 形的原因。

为了定量考察分子结构中的张力能，将分子中相对于 109.5° 的键角偏差列举在表 4-1 中。为了比较，锥化角 $PA(\theta-90°)$ 也列举在表 4-1 中（θ 指的是每个碳原子的 $\angle CCH$）。

键角偏差定义为：

$$DA = \sum(109.5° - A)$$

式中，A 是每个碳原子的顶点角，其中，$n \leqslant 20$ 时，A 指的是 $\angle CCC$；$n > 20$ 时，A 指的是 $\angle CCH$。

正如表 4-1 所示，PA 逐渐降低，即表面弯曲度逐渐降低，这个趋势与 $E_{n,C-H}$ 的变化趋势显著不同。相反，键角偏差 DA 的趋势与每个 C-H 单元能量的趋势具有良好的一致性。因此，键角偏差而导致的 σ-σ 排斥相互作用决定了这些多面体烷烃的稳定性，而相对于标准 σ 键的角度偏差可以用于评估这些具有弯曲表面的多面体烷烃的稳定性。

4.1.5　富勒烯氢化物小结

（1）富勒烯的氢化反应实际上是 H_2 对富勒烯的加成反应，形成附加的

C-H 键。对于富勒烯氢化物 C_nH_m，由于奇数个 C-H 键会使得整个分子的电子数为奇数，相应的 C-C 键中有一个碳原子上会有成单电子，使得整个分子具有自由基特性而不稳定。因此，氢化富勒烯的计量式中，氢原子的个数是偶数。

（2）对于氢化富勒烯，即便知道氢化加成产物中的氢原子个数，由于加成模式的极端多样性和富勒烯的碳原子性质的相似性，仍然是难以确定该氢化物结构的。

（3）目前已经有多种方法合成氢化富勒烯，最重要的方法是 Birch 还原，即用富勒烯与熔融状态的二氢蒽（dihydroanthracene）进行反应；其次是氢转移反应；再一个就是富勒烯与锌和盐酸的还原反应。这些方法得到的产物都是高度复杂的，共同的特征是主产物都是 $C_{60}H_{18}$ 和 $C_{60}H_{36}$。还有一种方法就是直接通过电弧放电法，这种方法合成阶段涉及的步骤最少，但是分离、纯化非常耗时，而且产率也很低，不适合于需要大量产物的场合。

（4）结构化学上讲，H⋯H 键的键能大，要进行氢化反应，通常要在高温高压下进行，这可能导致富勒烯的破损。这是富勒烯氢化物合成反应中，产物成分极端复杂的一个主要原因。另外一个原因就是富勒烯的原子的反应特性差异相对较小，随着反应时间、温度和压强以及催化剂的不同，加成模式和覆盖度差异大，这也会导致产物种类繁多，即使是同一组成的氢化物，其异构化现象也很严重，这些都为结构表征带来麻烦和挑战。

4.2　富勒烯氟化物

4.2.1　$C_{58}F_{18}$

P. A. Troshin 等[21]在 550℃ 条件下将 C_{60} 进行氟化，得到了毫克级的 $C_{58}F_{18}$ 和 $C_{58}F_{17}CH_3$。他们通过质谱测试和氟核磁共振谱测试，认为产物的结构是含有一个七边形的 C_{58}，氟化物结构见图 4-2。令人感兴趣的是，这一结构中，五边形-五边形共用的碳原子并没有被饱和完的情况下，部分氟原子加成到了非活性的碳原子上。这个现象与前面的 $C_{50}Cl_{10}$、$C_{56}Cl_8$ 等不一样。结构测定表明，$C_{58}F_{18}$ 中，部分氟原子加成到六边形上而形成环形结构。计算含有 18 个活性碳原子的 C_{58} 的衍生物 $C_{58}X_{18}$（X＝H、F、Cl），结果表明，即使所有 X 原子都加到了活性位点上，得到的所有结构的能量都高于已经报道的含有一个七边形的 C_{58} 为母体碳笼的氢化物和氟化物[22a]。

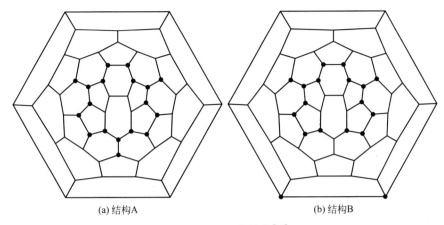

(a) 结构A   (b) 结构B

图 4-2 $C_{58}F_{18}$ 的结构[21]

受到含有七边形的非经典富勒烯衍生物 $C_{58}F_{18}$ 成功合成的激励，D. L. Chen 等[22b] 采用密度泛函理论方法对 $C_{58}X_{18}$ 进行了更广泛的研究。计算发现了图 4-2(a) 所示的衍生化模式比报道的图 4-2(b) 所示衍生化模式更加稳定，结构中同样含有七边形，只是外部的原子的加成位置有所变化。他们还计算了两个分子的核独立化学位移值，发现结构 A 的芳香性比 B 的强，并认为结构 B 的合成是特定生产条件的结果，结构 A 同样能够被合成出来。

这些结果说明，富勒烯衍生物在引入了七边形后，稳定化机制相比于经典富勒烯衍生物都有所不同；另外，这些结果还说明，富勒烯衍生物是否能够合成，不仅仅取决于热力学因素，还取决于动力学因素。

4.2.2 $C_{84}F_{40}$、$C_{84}F_{44}$、$C_{60}F_{36}$ 和 $C_{60}F_{48}$

A. D. Darwish 等[23] 将 MnF_3 或 CoF_3 在 500℃下与 C_{84} 反应，得到两个衍生物 $C_{84}F_{40}$ 和 $C_{84}F_{44}$。^{19}F NMR 结构测定表明，对于 $C_{84}F_{40}$，结构中含有四个苯环和两个萘环；对于 $C_{84}F_{44}$，含有四个苯环和两个有点错位的苯环。在这两个结构中，每一个苯环的周围都含有 6 个 sp^3 杂化碳原子，而每个萘环的周围含有 8 个 sp^3 杂化碳原子。这些氟原子加成位置使得结构中满足最大离域性。其中，从苯环数量上讲，$C_{84}F_{44}$ 是目前分离的芳香性最强的富勒烯衍生物。

S. Kawasaki 等[24] 合成了 $C_{60}F_{36}$ 和 $C_{60}F_{48}$，并采用质谱、XRD 和电子衍射等对合成的样品进行了表征。结果显示，$C_{60}F_{36}$ 和 $C_{60}F_{48}$ 在室温下，其晶体分别为体心立方和体心四方结构，$C_{60}F_{48}$ 在高温时其结构从体心四方转变为面心立方结构。

由于富勒烯衍生物的种类特别多，即使是同组成的衍生物，其异构体也特别多，导致富勒烯氟化物研究过程中，常常是合成容易纯化难。在纯化后的产物基础上的进一步研究就更少了，这是少见的将衍生物纯化进行进一步的 XRD 测试的报道。

4.2.3　$C_{60}F_{60}$

与氢化物、氯化物、溴化物等相比，氟的强吸电子能力使得富勒烯氟化物与前述几种富勒烯基化合物的物理、化学性质都会有显著的不同，这会使得富勒烯氟化物有潜在的不同应用。实际上，自从富勒烯 C_{60} 被发现，富勒烯的氟化就受到相当多的关注。然而，实验发现，与 C_{60} 的氢化相似，只能得到部分氟化物，而得不到 $C_{60}F_{60}$ 这个全氟化物。理论研究显示，最稳定的全氟化物结构中，部分 C-F 是在笼内的，且笼不是最高对称性的 IPR-C_{60}，而是 non-IPR 的[25]。这些结果显示笼外的加成原子之间存在排斥作用，随着氟化程度的提高，整个分子的立体张力升高，稳定性下降。因此，这样的全氟化物分子是不可能合成出来的。

与氢化富勒烯相似，氟化富勒烯的组成中，氟原子的个数也是偶数。合成过程中，产物种类也是极端复杂的。与富勒烯氢化物的情况不同的是，氟原子的半径更大，其富勒烯加成产物中，随着覆盖度的增大，相邻 C-F 键之间的排斥强于 C-H 间的排斥作用。可以预计，高覆盖度氟化物富勒烯衍生物的稳定性比相应的氢化物富勒烯的更低，合成也会更难。另外，对于富勒烯氟化物，由于氟的电负性大，C-F 键的强度大，合成得到富勒烯氟化物后进行进一步的反应应该是很难的。因此，在富勒烯氟化反应基础上进行进一步衍生化的思路是没有前景的。

4.3　富勒烯氯化物

4.3.1　$C_{50}Cl_{10}$

通过将四氯化碳引入反应器，谢素原等合成了富勒烯衍生物 $C_{50}Cl_{10}$[26]。他们通过 NMR 实验确定的结构如图 4-3 所示，即 10 个氯原子加成到了 C_{50} 的五组 B_{55} 的碳原子上，恰好将活性碳原子中和掉。吕鑫等的理论计算结果也是与实验结构高度一致并解释了 $C_{50}Cl_{10}$ 高度稳定的原因[27]。最近，谢素原课题组将 $C_{50}Cl_{10}$ 生长为单晶[8]，通过 XRD 实验再次验证了原来确定的结构（在富勒烯科学领域，对于富勒烯及其相关化合物的结构测定，公认的最可靠的结构测定结果是单晶 XRD 的测试结果）。这些结果清楚地表明，外部原子确实容易加成到五边形-五边形共用的碳原子上，将张力释放而得到稳定的 sp^3 杂化碳。

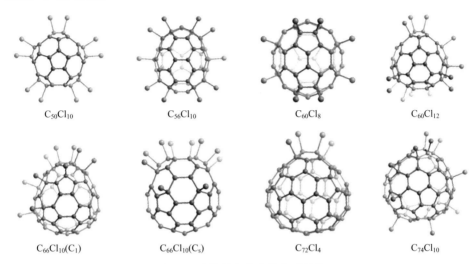

C$_{50}$Cl$_{10}$　　　　C$_{56}$Cl$_{10}$　　　　C$_{60}$Cl$_8$　　　　C$_{60}$Cl$_{12}$

C$_{66}$Cl$_{10}$(C$_1$)　　　　C$_{66}$Cl$_{10}$(C$_s$)　　　　C$_{72}$Cl$_4$　　　　C$_{74}$Cl$_{10}$

图 4-3　富勒烯氯化物的分子结构

在 C$_{50}$Cl$_{10}$ 报道之前，对于富勒烯衍生物，无论是氢化物、卤化物，还是其他基团连接的化合物，都是通过化学合成得到的。也就是首先合成、分离出富勒烯，在此基础上将富勒烯与化学试剂反应，得到富勒烯的衍生物。这种方法的缺点是显而易见的，即多步反应，产率会受到限制；另外，由于产物的多样性，分离纯化也非常困难。然而，谢素原等采用的方法是一步法，直接在反应器中生成了富勒烯氯化物，这是技术层面的进步。从学术上讲，这个化合物的合成和报道还表明，不稳定的非独立五边形富勒烯可以通过衍生化实现稳定，富勒烯衍生物的碳笼也从 IPR 结构拓展到了整个经典富勒烯结构。因此，预示着富勒烯衍生物的种类可以大幅度增长，理论意义巨大。这个工作的意义，类似于金属富勒烯领域中 Sc$_2$@C$_{66}$ 和 Sc$_3$N@C$_{68}$ 的报道的意义，都是极大促进了相关分支学科的发展。

4.3.2　其他富勒烯氯化物

谭元植等[28]采用电弧放电法和高效液相色谱技术，合成、分离得到 C$_{56}$Cl$_{10}$（碳笼的 IUPAC 编号为 913）。单晶 XRD 结果显示，碳笼含有 4 个 B$_{55}$ 键，这些键对应的活性碳原子上都连接了 Cl 原子而稳定化，另外两个 Cl

原子位于对称的位置上。这种加成模式最大化地释放了碳笼张力，并使得余下的碳原子形成了两个芳香性的碎片 C_{16} 和 C_{30}。这个实验报道进一步证明了衍生化可以稳定高活性富勒烯，并揭示了富勒烯衍生物的稳定化机制中的两个主要因素是张力释放和芳香性稳定化。

采用类似的方法，该研究组合成和表征了 $C_{60}Cl_8$（IUPAC：1809）和 $C_{60}Cl_{12}$（IUPAC：1804）[29]。单晶 XRD 结果显示，其 B_{55} 键对应的活性碳原子上都连接了 Cl 原子而得到稳定。C_{60}：1809 和 C_{60}：1804 与众所周知的富勒烯 I_h-C_{60} 在结构上是可以通过 Stone-Wales 旋转相互转化的。因此，实验进一步证明了衍生化可以稳定高活性富勒烯这一观点，并为富勒烯的形成机理提供了强有力的佐证。

最近，采用电弧放电法和高效液相色谱分离技术，谢素原等还报道了富勒烯氯化物 $C_{66}Cl_{10}$[30]、$C_{72}Cl_4$[31] 和 $C_{74}Cl_{10}$[32]，分子结构参见图 4-3。XRD 研究显示，$C_{66}Cl_{10}$、$C_{72}Cl_4$ 和 $C_{74}Cl_{10}$ 都不是满足独立五边形原则的，其碳笼分别是 C_{66}：4348、C_{72}：11188 和 C_{74}：14049。理论计算和实验都证明了氯化是稳定这些高活性碳笼的原因。

4.4 富勒烯衍生物的理论研究

X. F. Gao 等[33]采用密度泛函理论方法研究了 non-IPR 富勒烯 C_{54} 的稳定化方式。通过对 B_{55} 数量以及分布、键共振能以及张力能等角度的分析，确定具有最少 B_{55} 结构的 C_{54}：540 是 $C_{54}Cl_8$ 的最优碳笼。计算结果表明，non-IPR 富勒烯的稳定化条件应该是将所有的 B_{55} 涉及的活性碳原子都加成完毕。从张力释放角度看，将 B_{55} 键对应的碳原子加成完毕能够将张力释放完毕，这个观点毫无疑问是正确的，对于确定富勒烯衍生物的加成模式也是有帮助的。不过，对于富勒烯衍生物，其稳定化机制中还存在另外一个重要的因素，即没有被衍生化的碳原子趋向于形成芳香性的环状或带状结构。因此，通常还有少数原子加成到非 B_{55} 键对应的碳原子上。

D. L. Chen 等采用密度泛函理论方法，系统研究了 $C_{56}Cl_8$ 和 $C_{56}Cl_{10}$ 的结构和性质。结果显示，这两个衍生物的笼是 C_{2v} 对称的 C_{56}：913 而不是能量最低的 D_2 对称的 C_{56}：916。结果还显示，该衍生物是高度芳香性的，其生成过程在能量上也是极为有利的[34]。这个预测的结构在一年后得到了实验的证明。

以上这些理论研究都是针对单一分子或单一加成元素进行的。为了考察富勒烯不同类型的加成衍生物的结构、稳定性与加成元素种类的关系，采用密度泛函理论方法对 $C_{60}X_{18}$、$C_{70}X_{10}$ 和 $C_{80}X_{12}$（X＝H、F、Cl、Br）进行了系统的计算研究[35,36]。计算结果显示，对于 $C_{60}X_{18}$ 和 $C_{70}X_{10}$ 的最有利结构，其加成模式与加成原子的尺寸和电负性都有关系，加成原子的电负性和加成原子之间的立体张力影响相应衍生物的结构和性质。对于 $C_{80}X_{12}$（X＝H、F），最低能量的异构体都是违反五边形分离原则的；然而，在 $C_{80}X_{12}$（X＝Cl、Br）异构体中，最低能量的异构体都是满足五边形分离原则的。由于范德华半径较小，H 或 F 加成到笼上时外部原子之间的排斥作用小，因此在其优势结构中，H 或 F 优先加成到五边形共用的碳原子上。相反，对于氯化、溴化富勒烯，为了避免外部加成原子之间存在严重空间排斥作用，其优势结构中 Cl 或 Br 优先加成到 1,4-位点上。计算结果还显示，氢化、卤化的反应热遵循如下顺序，即氟化＞氯化＞氢化＞溴化。这些结果表明富勒烯衍生物的稳定性和衍生化模式与加成原子的尺寸和电负性有关。

　　总体而言，关于富勒烯的衍生化模式，理论模拟和计算能够得到很有价值的结论。但是，由于加成模式的多样性，目前的理论计算和模拟在实验数据严重缺乏的情况下尚不足以精确预测富勒烯衍生物的最终结构。

4.5　富勒烯衍生物加成模式和稳定化机制

　　对于部分衍生化的物质，其稳定性不但受到键-键排斥的影响，而且还受到 π 电子共轭效应的影响。要分析、预测富勒烯衍生物的稳定性，需要考虑已经加成有外部基团或原子的碳原子的局部张力，还需要考虑没有被加成的碳原子区域的电子效应和几何效应。整个分子的稳定性是各种因素的综合效应。

　　对于富勒烯衍生物，外部原子易于加成到五边形-五边形共用的碳原子或四边形所在的碳原子上。最近的研究也证实，对于含有七边形的 C_{36}，五边形-五边形共用的边数越多，相应结构的全氢化物越稳定[37]。但是，对于部分衍生化的富勒烯结构则难以预测其稳定结构。由此可见，对于富勒烯衍生物，五边形-五边形共用边数只是决定其稳定性的一个重要因素，富勒烯衍生物的稳定性还受到其他的重要因素的影响。要判断、评估或预测富勒烯衍生物的稳定性，需要找到富勒烯衍生物的稳定化机制，并在此基础上建立简单有效的判据。

　　对于富勒烯衍生物，因为衍生化使得键连有基团或原子的碳原子的杂化

方式变为 sp^3，对于这些碳原子，不能够用传统的与 sp^2 杂化方式相关的理论，如芳香性、π 电子共轭效应、锥化角等判据进行判断，需要考虑键-键排斥作用。sp^3 杂化碳原子所对应的键中，两个键之间的夹角是 $109.5°$。当大于这个数值时，键-键排斥力可以忽略；然而，当小于 $109.5°$ 时，键-键之间存在排斥作用。而且，这种排斥作用随着键角偏离快速增加。因此，要评估富勒烯衍生物的稳定性，需要将键角偏差考虑进去。如果是部分衍生化（通常是这样），则需要考察哪些原子是加成反应的活性位点。考虑键角偏差的同时，需要考虑没有加成外部原子或基团的碳原子所形成的 π 体系的稳定化效应。

相对而言，Cl-Cl 键的强度小于 H-H 键和 F-F 键，同时强于 Br-Br 键，这使得富勒烯的氯化是富勒烯直接衍生化的理想途径。也正是基于这样的原因，富勒烯氯化物得到广泛而深入的研究。与氢化富勒烯和氟化富勒烯相比，相似的地方是碳笼的覆盖度与稳定性之间大致呈 V 形走势；不同的是，氯原子的尺寸更大，在高覆盖度时，相邻 C-Cl 之间的排斥作用会更大。因此，可以预料，高覆盖度的富勒烯氯化物和富勒烯溴化物都是不稳定的，也是很难合成、分离出来的。

4.6 富勒烯衍生物的化学合成

由于在大多数的溶剂中富勒烯的溶解度是非常有限的，于是便限制了富勒烯的使用。原理上讲，通过在笼外进行化学修饰可以调控分子的溶解度、光电性质以及生物化学性质，同时也可以引入官能团以及特殊性基团，得到特殊结构以及特殊用途的富勒烯衍生物。因此，富勒烯衍生化具有重要的研究价值。前面提及的富勒烯衍生物要么是直接在电弧放电过程中合成，要么是对富勒烯笼上碳原子的简单加成，所得到的富勒烯衍生物的结构相对简单。这些富勒烯衍生物的合成为研究富勒烯的加成模式以及化学活性提供了良好基础，是进一步衍生化的先导性工作。然而，这些结构简单的富勒烯衍生物的溶解性仍然较差，而且难以规模化生产，应用上受到极大限制。

为了实现烯衍生物的更广泛应用，人们通过在富勒烯表面进行目标导向的功能化反应，合成了结构多样，性质和性能丰富的富勒烯衍生物。这些化学衍生化方法中，由于富勒烯容易发生环加成反应，且反应产率高、易控制，所以，目前大多数的富勒烯衍生物均由富勒烯的环加成反应制备得到。

4.6.1 ［1＋2］环加成反应

［1＋2］环加成反应主要是用来制备富勒烯的三边形衍生物，如亚甲基富勒烯、富勒烯氮丙啶以及环氧乙烷等加成产物。亚甲基富勒烯的合成主要有 3 种方法：与稳定的碳负离子反应；卡宾反应；与重氮化合物通过先加成、后热分解或光解的方法。

第一种方法是利用富勒烯与稳定的碳负离子反应，如图 4-4 所示。1993 年 C. Bingel[38] 首次在碱性条件下将 C_{60} 与溴代丙二酸衍生物反应得到了亚甲基富勒烯衍生物。因具备条件温和、反应产率较高等优点，该反应被广泛使用。此后，该反应通过在碘或四溴化碳和 DBU 的存在下在富勒烯表面原位生成溴代或碘代丙二酸衍生物加以改进。改良后反应速率大大提高，且反应产率也有明显上升。目前，该反应被广泛用于富勒烯衍生物的制备，比如富勒烯羧酸衍生物的制备[39] 以及与发色基团（酞菁、卟啉等）相连合成给-受体体系等[40,41]。

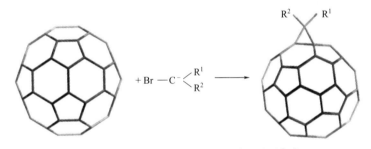

图 4-4 亚甲基富勒烯衍生物的合成路线[38]

第二种方法是利用富勒烯和单线态卡宾通过 B_{66} 加成选择性得到亚甲基富勒烯，如图 4-5 所示。Y. H. Zhu 等[42] 采用在离子液体超声且含催化剂（锌粉、镁粉等）的条件下，将卤化物与富勒烯 C_{60} 反应得到了单一且产率较高的 B_{66} 加成产物。

第三种方法是采用重氮化合物与富勒烯反应得到目标产物。F. Diederich 等[43] 首次在室温搅拌条件下利用 C_{60} 与二苯基重氮甲烷反应得到目标产物。除此之外，重氮化合物也被用于作为合成卡宾的前体，但要比第二种方法复杂。值得注意的是，利用此类反应也可以获得专一的 B_{66} 加成反应产物。

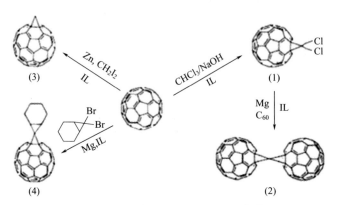

图 4-5　富勒烯与卡宾反应示意图[42]

4.6.2　［2+2］环加成反应

富勒烯与炔胺、苯胺以及烯酮的反应均属于［2+2］环加成反应。相比于［1+2］反应，该类反应报道得较少。典型的［2+2］反应是富勒烯与环己烯酮的反应。在光条件下，环己烯酮激发产生三重态中间体，然后与富勒烯反应得到环加成产物。

4.6.3　［2+3］环加成反应

腈氧化物、叠氮化物可以与富勒烯发生［2+3］反应。经典的 Prato 反应属于［2+3］环加成反应，主要利用氨基酸与醛反应脱水形成甲亚胺叶立德中间体，然后与富勒烯反应，如图 4-6 所示。其中，决速步是中间甲亚胺叶立德的产生，通常溶剂的极性、反应温度以及反应产物的活性均对中间体的产生起到关键作用。M. Maggini 等[44]最先报道了该类反应。

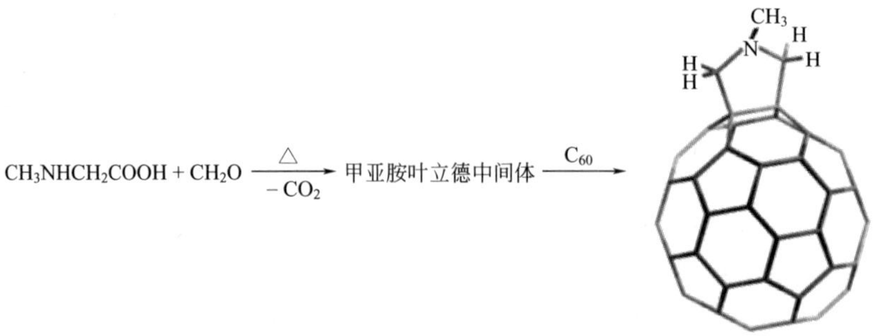

$$CH_3NHCH_2COOH + CH_2O \xrightarrow[-CO_2]{\triangle} 甲亚胺叶立德中间体 \xrightarrow{C_{60}}$$

图 4-6　富勒烯吡咯烷衍生物合成路线[44]

富勒烯与腈氧化物可以得到富勒烯的异噁唑啉衍生物。通常采用羟基亚胺氯化物脱去氯化氢或硝基烷烃得到。富勒烯与叠氮化合物的反应可制备得到其三吡唑啉衍生物，但采用该方法得到的衍生物都容易分解。

4.6.4　[2+4] 环加成反应

富勒烯可以与二烯烃类化合物发生环加成产物得到 B_{66} 加成产物。富勒烯的 Diels-Alder 反应便是该反应类型的一种。P. Hudhomme 等[45]采用该方法成功将四硫富瓦烯与富勒烯反应。目前该反应已成为科学家构建分子的不可缺少的重要方法之一。

4.7　富勒烯衍生物的应用

本章前面提到的富勒烯氢化物、卤化物等衍生物都是氢原子或卤素原子加到碳笼上，形成的结构相对简单。从原理上讲，富勒烯能够实现这种加成反应就为富勒烯的深度衍生化提供了可能，即将富勒烯的 C-X 键（X＝H、F、Cl、Br）上的 X 进行取代而得到结构更为多样、性质更为丰富的富勒烯衍生物。实际上，研究人员将富勒烯作为反应物之一进行直接的衍生化，得到羟基衍生物、羧基衍生物等，这些衍生物与前述衍生物不同，具有良好的水溶性，为富勒烯的应用提供了更大的可能性。另外，有研究人员合成了含有碳链或碳环的富勒烯衍生物，如 PCBM 等。这些富勒烯衍生物被证明在许多领域都有良好的应用前景。下面简要述之。

4.7.1　太阳能电池

因高的电子迁移率、可调的能级以及强吸光能力，富勒烯衍生物不仅可以作为有机聚合物太阳能电池的受体材料和阴极修饰层，还能应用于钙钛矿太阳能电池的电子传输层和修饰层。另外，因能溶解于许多有机溶剂中，富勒烯衍生物能够通过溶液加工的方法制成薄膜，极大地简化了太阳能电池器件的制备工艺。

（1）作为有机聚合物太阳能电池受体材料

理想的富勒烯衍生物受体材料需要具有较好的溶解性、合适的能级、高的电子迁移率、与给体材料之间具有良好的相容性以及成膜性等。目前，多种富勒烯衍生物如环丙烷类富勒烯衍生物 [60]PCBM、[70]PCBM 和茚加成富勒烯衍生物 ICBA 已经作为有机聚合物太阳能电池材料[46~48]。图 4-7

为代表性的富勒烯衍生物太阳能电池受体材料。

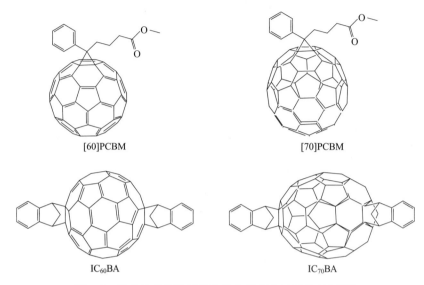

图 4-7　代表性的富勒烯衍生物太阳能电池受体材料[48]

（2）有机聚合物太阳能电池阴极修饰层

2010 年，C. H. Hsieh 等将苯乙烯引入到 PCBM 中，合成了可交联的富勒烯衍生物[49]，并将其旋涂于 ZnO 上，经过热处理，制备了坚固、致密的网状结构，这样的交联结构作为 ZnO 修饰层，相应器件的开路电压、短路电流密度、填充因子和光电转换效率都有显著改善。2014 年，Z. A. Page 等报道了含胺的新型醇溶性富勒烯衍生物的合成及应用于阴极修饰层[50]，由于具有较高的电子迁移率，这种富勒烯衍生物用于修饰层的电池器件中，随着膜厚度的增加，器件光电转换效率降低并不明显。

（3）作为钙钛矿太阳能电池电子传输层及其修饰层

与有机聚合物太阳能电池相比，钙钛矿太阳能电池具有高的吸光系数、长的激子扩散长度以及快的电荷传输能力等优点。但是，其所产生的大量激子却不能很好地在活性层与电极的界面处分离。研究表明，向钙钛矿与电极之间引入空穴传输层和电子传输层能够较好地解决这个问题。富勒烯衍生物由于具有强的电子亲和性能和高的电子迁移率，可以用来作为电子传输层以收集并传输电子。S. Y. Sun 等以富勒烯衍生物 PCBM 作为电子传输层，通过室温涂膜的方法应用于钙钛矿太阳能电池[51]，这种室温加工的方法有助于构筑柔性大面积太阳能电池器件。

对于钙钛矿太阳电池来说，作为电子传输层的金属氧化物，在工作过程中虽然能促进激子在电极及活性层界面有效分离，但是由于表面缺陷多，导致钙钛矿与金属氧化物之间往往不能进行很好的电子传输。2013 年，A. Abrusci 等将富勒烯衍生物的自组装单层应用于钙钛矿-聚合物杂化太阳能电池[52]。在该太阳能电池中，引入富勒烯衍生物后，一方面它能够显著增强电子传输，提高激子分离效率；另一方面，富勒烯衍生物能不断接受从钙钛矿传输而来的电子，阻止电子运动至具有很多缺陷态的二氧化钛，从而减少开路电压损失。

W. Z. Xu 等利用 $PC_{61}BM$ 作为太阳能电池的电子提取层，实验结果显示，在电子提取层制备过程中，加入了吡啶后膜的导电能力得到显著提高，膜更光滑且载流子寿命更长。这些研究为开发更高效率的杂化钙钛矿太阳能电池提供了线索[53]。

关于富勒烯衍生物在太阳能电池领域的应用，可喜的是研究人员构筑了结构多样、性能良好的电池器件，为新型电池的开发打下了良好的基础。然而，需要认识到，富勒烯衍生物改进或提高相应太阳能电池器件性能的机制还尚未全面阐释清楚，目前的研究尚处于凭经验的感性认识阶段。深入理解富勒烯衍生物在这些应用中的作用机制必然要求来自物理学、材料学、化学以及工程学等学科的研究人员的共同努力，研究涉及的对象就不仅是单一的化合物，而是多种物质以及广泛的表/界现象。换句话说，要使富勒烯衍生物真正大规模应用到太阳能电池中，不论是学术上还是技术上都还有很长的路要走。

4.7.2　自由基清除剂

由于富勒烯衍生物具有较大的共轭 π 键以及强的吸电子性，使其可以与自由基发生反应，因此经常被用来作为自由基的清除剂，享有"自由基海绵"之称。X. H. Guo 等[54]研究了富勒醇 $C_{60}(OH)_x$ 在血红蛋白生物传感器中的应用，发现其可以清除自由基，从而为血红蛋白提供稳定的环境。除此之外，富勒醇的强清除自由基性可以保护身体内的各种器官如心、肝、肾等以及细胞、组织免受自由基的损害。Z. Hu 等[55]研究了富勒烯的氨基酸衍生物对细胞的保护作用，利用其清除自由基且无明显的毒副作用，对细胞的保护非常明显。

4.7.3　肿瘤成像

癌症，也称为恶性肿瘤。目前，它已成为危害人类生命健康的主要杀手。据世界卫生组织调查统计的一份报告显示，在 2012 年有 1400 万新增癌症病例和约 820 万癌症相关死亡病例，且预计未来 20 年内，每年癌症病例将从 1400 万增加到 2200 万[56]。癌症病例的不断增加与人类生活的环境、自身的生活习惯以及遗传等因素有关。随着科学技术的进步，出现了各种治疗癌症的手段，如手术、化疗、放疗等。但由于癌症具有浸润性、易转移以及易复发等特点，因此，要彻底治愈恶性肿瘤目前仍是一项艰难的课题。早期诊断在降低癌症患者死亡率上扮演着重要的角色。临床结果表明，处于早期癌症的病人经过治疗后的康复率远超于晚期癌症病人，因此，癌症的早期诊断是提高患者康复率和改善质量的关键[57]。

随着材料科学的不断发展，纳米材料在现代科学和现代技术的结合下应运而生，为建立有效的癌症诊断和治疗提供了新的契机。在各种纳米结构材料中，碳纳米材料（碳纳米管、石墨烯、富勒烯）因其独特的物理化学性质而被广泛应用在癌症的诊断和治疗中[58,59]。以 C_{60} 为代表的富勒烯被发现以来，因新奇的结构和独特的理化性质被广泛研究。但由于其较差的水溶性使其在生物医药方面的应用受到限制。要想改变这一现状，需对富勒烯进行化学修饰，增强其水溶性。经修饰后的富勒烯衍生物在抗病毒、抗氧化、肿瘤磁共振成像以及肿瘤治疗方面都具有非常突出的效果[60~69]。

在对癌症进行诊断治疗之前，对肿瘤细胞进行准确的分子成像以及精确的实时监测是非常有必要的。磁共振成像（MRI）因具备无电离辐射损伤、高分辨成像等优点而成为诊断肿瘤、指导外科手术最为有效的方法之一[70,71]。目前临床采用的 MRI 造影剂主要为小分子量的顺磁性钆螯合物造影剂，其缺陷是在体内代谢过程中会有金属钆离子的释放从而产生毒性。

4.7.4 肿瘤治疗

S. H. Friedman 等[72]发现一些水溶性富勒烯衍生物可以有效地抑制 HIV 病毒，并采用试验和理论的手段对其进行证明。K. Buffet 等[73]制备了一系列含岩藻糖的水溶性富勒烯衍生物，研究发现这些衍生物对凝集素均具有很好的抑制效果。A. B. Kornev 等[74]研究了富勒烯四羧酸钠盐在抗毒性、抗癌以及抗氧化活性方面的应用。

S. Bahuguna 等[75]利用富勒醇的强水溶性，将其与抗癌药物甲氨蝶呤通过化学键键合形成了新的纳米材料。该材料具有较高的载药量，在治疗过程中释放量达到 85.67%±3.39%。与纯甲氨蝶呤相比，该复合材料更易于进入细胞内，维持有效的血浆药物浓度。

H. Wang 等[76]利用富勒烯设计并合成了一种类似真核细胞的纳米粒子载药平台，并用来封装抗癌药物阿霉素和吲哚菁绿。与传统的载药粒子相比，该材料的载药率提高了 21 倍，且在体内和体外的实验中其抗癌能力也显著提高。

K. Raza 等[77]将富勒烯 C_{60} 羧基、酰基化后与抗肿瘤药物多烯紫杉醇（DTX）键合形成了新型的水溶性富勒烯衍生物（C_{60}-DTX）。该纳米复合材料对 DTX 的生物利用率提高了 4.2 倍。在治疗肿瘤细胞 MCF-7 和 MDA-MB-231 时，药物的性能增强了许多倍；X. H. Guo 等[78]利用富勒烯 C_{60} 丙二酸的二加成产物（DMA-C_{60}）作为药物载体，结合抗肿瘤药物多烯紫杉醇（DTX）形成了胶束聚合体 DMA-C_{60}/DTX-MC。体外测试结果显示该胶束在光照后使药物的细胞毒性明显增强；该胶束聚合体静脉注射入体内后，可延长药物的作用时间且促进药物在肿瘤内的分布，并且对正常细胞的伤害小，对肿瘤治疗具有显著的效果。

J. Shi 等[79]利用氧化铁纳米颗粒（IONPs）、聚乙二醇（PEG）和 C_{60} 先合成了具有较强水溶性的富勒烯衍生物，然后以此为载体连接抗癌药血卟啉单甲醚（HMME）形成新纳米材料 C_{60}-IONP-PEG/HMME。与游离的 HMME 相比，该材料对癌细胞的杀伤效果明显增强，这是由于复合材料提高了对 HMME 的利用率，同时增加了光动力效果。

S. V. Prylutska 等[80]利用抗癌药阿霉素（DOX）和富勒烯 C_{60} 合成了新型的富勒烯衍生物（C_{60}+DOX），并将其应用在对小鼠肺癌细胞的治疗。试验结果表明，新型纳米材料对小鼠内的肺癌细胞具有明显的抑制作用，表现在肺癌体积减小、肺癌细胞数目减少以及热休克蛋白数目降低等方面。L. Tan 等[81]将水溶性的富勒烯羧酸衍生物 C_{60}-TEG-COOH 和抗癌药阿霉素（DOX）包覆在介孔氧化硅（MSN）表面形成了 pH-敏感、释放药物的复合纳米材料（MSN@C_{60}-DOX），在 pH 为弱酸条件下（pH=5.0 时），抗癌药 DOX 便从复合材料中释放出来从而作用于肿瘤部位，达到治疗癌症的功效。J. Q. Fan 等[82]将抗癌药物阿霉素（DOX）、靶向配体（叶酸）和富勒烯 C_{60} 三者连接起来合成新型水溶性富勒烯衍生物。该分子可与阳性癌细胞作用，从而释放药物达到杀死癌细胞的效果。

近十年的时间，富勒烯衍生物由于具备以下优点而被广泛应用于肿瘤的治疗中。

① 较大的比表面积，可与高密度的显像剂/靶向物质结合，提高对癌细胞的检测敏感度。

② 表面可修饰各种官能团，为开发对癌症具有高度特异性的药物递送系统提供了巨大的可能性。但该领域目前处于起步阶段，在目前仍有许多不足需要去克服，比如肿瘤早期诊断、药物对癌细胞的选择性破坏以及治疗机制等。

4.7.5 光敏剂

(1) 非水溶性富勒烯衍生物

光敏剂 (photosensitizer)，又称增感剂，是指只吸收光子并将能量传递给那些不能吸收光子而本身不参与化学反应，而可恢复到原先状态的分子。因此，光敏剂可用于能量的转移，此外，还可用于光催化有机反应等[83]。

尽管富勒烯具有较强的系间窜越能力且较低的基态能量，但它对光的利用率较低，所以，富勒烯本身并不是一个很好的三重态光敏剂。解决这个问题的方法是在富勒烯表面连接光接收"天线"形成富勒烯衍生物。在光的激发下，光吸收天线部分达到单重激发态，通过能量转移形成 C_{60} 分子的单重激发态 S_1，通过自旋转换作用形成 C_{60} 分子的三重激发态。基于这个原理，一系列富勒烯-发色团衍生物被报道，它们大部分具有较强的可见光以及近红外光吸收。

符合以上要求的光接收"天线"有酞菁、Bodipy 染料、苝酰亚胺 (perylene bisimide) 以及相应的衍生物等。D. Gonzálezrodríguez 等[84]设计并合成了一系列亚酞菁-C_{60} 衍生物。经测试，它们的特征吸收在 $572\sim575nm$ 可见区域；衍生物中亚酞菁的荧光被大部分猝灭，表明分子内部存在能量转移。

R. Ziessel 等[85]合成了具有强吸收的 C_{60}-Bodipy 衍生物。分子中的可见光接收天线 Bodipy 的荧光由于能量转移完全被猝灭，且电荷分离态的能量明显受到溶液极性影响。在非极性溶剂中，单重态能量从 Bodipy 转移到 C_{60} 上。瞬态吸收光谱证明，C_{60} 的三重态能量转移到光接收天线的三重态。然而，在极性溶剂中，由于 C_{60} 的单重激发态的能量高于 Bodipy，所以并不能发生类似的能量转移。相关的不同结构的 Bodipy 分子与 C_{60} 相连的衍生物已被报道很多。

一些 Bodipy 染料的衍生物也可作为光接收天线与富勒烯相连形成新型三重态光敏剂。利用 Styryl-Bodipy 的特征吸收与 Bodipy 相比发生红移，J. Y. Liu 等[86]合成 Styryl-Bodipy-C_{60} 衍生物。吸光天线 Styryl-Bodipy 在 662nm 处的荧光很大程度被猝灭，表明存在分子内部的能量转移。在极性和非极性溶剂中都可以检测到其三重态分布，表明溶剂的极性对其能量转移影响较小。利用瞬态吸收光谱检测到分子的三重态在 Styryl-Bodipy 上，表明三重态的能量是从 C_{60} 转移到"天线"上的。

类似的，L. Huang 等[87]也合成了一系列 Styryl-Bodipy-C_{60} 衍生物，这些分子的吸收分布在 $600\sim650nm$ 范围，光接收天线的荧光显著被猝灭，瞬态吸收光谱显示三重态主要分布在 Styryl-Bodipy 天线上，表明三重态能量转移是从 C_{60} 转移到天线上，且三重态寿命较 C_{60} 相比明显增强。此外，他们研究了在天线上连接不同个数的 C_{60} 对整个分子的性能的影响，结果表明，单个 C_{60} 的效果是最好的。

A. N. Amin 等[88]合成了 Aza-Bodipy-C_{60} 衍生物，该分子在 640nm 处具有强的吸收。Aza-Bodipy 在 682nm 处的荧光被猝灭了。由于 Aza-Bodipy 单重态能级高于 C_{60} 的，所以分子内部单重态能量转移是从天线转移到 C_{60} 上，瞬态吸收光谱检测该分子的三重态分布在天线上且具有较长的三重态寿命（$\tau=83\mu s$），增强了三重态寿命。

随着该类分子的发展，一些在近红外区或红外光区吸收的分子被连接到 C_{60} 上，从而合成具有相应吸光范围的富勒烯衍生物。如 V. Bandi 等[89]合成了一系列 C_{60} 的噻吩并吡咯衍生物，这些衍生物在近红外区有强吸收，在衍生物中光接收天线的荧光都被猝灭，这些现象证明了分子内部存在光诱导电荷转移。飞秒瞬态光谱测试结果进一步证明，超快的光电转移使得该衍生物可以吸收近红外区的光能。

苝酰亚胺（PBI）也是一种常用的光接收天线。Y. F. Liu 等[90]利用氨基取代的 PBI 与 C_{60} 相连合成相应的衍生物，其中一个衍生物的吸收在 537nm 处，不过，PBI 的荧光被显著猝灭；另外一个衍生物的强吸收在 575nm 处，且荧光猝灭率较低，可能原因是后一个化合物中 C_{60} 的单重激发态能级与光接收天线的能级匹配得不是很好。此外，他们利用 1,5-二羟基萘 DHN 作为 $^1O_2$ 捕获剂比较了两者的 $^1O_2$ 产生的能力，与现存的光敏剂亚甲基蓝（MB）相比，两个衍生物单线态产生效率更高，表明两者都具有较强的 $^1O_2$ 产生能力，从纵向相比，第一个化合物产生的 $^1O_2$ 要比第二个产生的多。

（2）水溶性富勒烯衍生物

富勒烯在光的激发下从基态激发到单重激发态（$^1C_{60}{}^*$），通过快速的系间窜越到达三重激发态（$^3C_{60}{}^*$），然后将其三重激发态的能量转移到三重态氧（O_2），从而产生了单线态氧（$^1O_2$）[91,92]。此外，在光照下，富勒烯会产生碳自由基，碳自由基会与 O_2 发生反应生成活性氧（ROS）。$^1O_2$ 作为氧的最低激发态，具有较强的还原能力，可以与许多生物发生反应，具有很重要的生理活性。光动力疗法（PDT）作为一种有潜力的治疗癌症的辅助方法，在治疗过程中利用光敏剂在光照条件下可以产生损伤靶体细胞的活性氧，从而破坏靶体细胞[93]。由于在治疗过程中光敏剂对靶体的高选择性、对正常细胞损伤小以及光动力治疗光源的可调控性等优点，使光动力治疗广泛用于实验研究和临床工作中。

由于富勒烯在水中溶解性极差，且富勒烯的激发波长在紫外光区，对组织的穿透能力有限，所以，要将富勒烯应用于光动力治疗则必须对富勒烯进行衍生化，使其具有良好的水溶性，并且最好在可见光区乃至红外区都具有吸收。

2014 年，L. Y. Huang 等[94]合成 C_{70} 的水溶性富勒烯阳离子衍生物（LC17 和 LC18），分别采用可见光和紫外光对局部感染细菌的小鼠进行体内和体外实验。两种衍生物都具有较好的治疗效果。此外，由于两种衍生物在不同光区吸收不同，从而导致了在不同光源下，两种衍生物的治疗效果不同。对于 LC17，在可见光下的治疗效果较好，而 LC18 则是相反的情况。不久之后，Y. S. Zhang 等基于 C_{60} 合成了 C_{60} 的水溶性阳离子衍生物（LC16）[95]，在 KI 存在下其抗菌效果显著提高。C. Yu 等采用正丁基磺酸盐将 C_{60} 衍生化形成自组装的分子胶束纳米球[96]，在可见光下可以高效持续地产生 $^1O_2$，在添加电子供体后，衍生物可产生 ROS。将其应用于人纤维肉瘤细胞以及鼠肉瘤细胞的光动力治疗时，发现对癌细胞具有很好的抑制作用。

M. R. Guan 等利用卟啉制备了具有较长三重态寿命的富勒烯卟啉二聚体水溶性衍生物 PC_{70}，该分子与富勒烯相比，具有更强的紫外吸收；更重要的是，与传统光敏剂卟啉相比，该衍生物可在低氧条件下产生较多的 $^1O_2$。这一发现克服了传统光敏剂长期存在的因肿瘤局部缺氧而导致光动力效果差的问题[97]。在此基础上，他们又合成了一种具有囊泡结构的富勒烯-卟啉衍生物（FCNVs）光诊疗剂。与传统光敏剂相比，该光敏剂存在以下几个优点：①在近红外区存在有效的吸收，克服了富勒烯对光较低利用率的缺点；②可以有效治疗肿瘤部位并成像，实现了肿瘤的追踪治疗；③具有很好的生物相容性，完成光动力治疗后可被排出体外，几乎无毒副作用[98]。

Q. Li 等[99]研究了 ROS 在光动力治疗中的作用，他们合成了壳聚糖-C_{60} 水溶性衍生物。低含量的这种衍生物在线粒体内可产生 ROS，对恶性黑毒瘤细胞具有明显的抑制功效。S. Kim 等[100]在壳聚糖-富勒烯的基础上，加入二甲基马来酸合成新的纳米凝胶聚合物，在不同 pH 条件下，由于二甲基马来酸的羧基与壳聚糖的氨基的键合能力不同，导致衍生物存在方式不同。经实验证明，当 pH=5.0 时，该聚合体使 $^1O_2$ 的含量增多，提高了光动力治疗肿瘤细胞的效果。

Z. Hu 等[101]合成了一系列富勒烯氨基酸类衍生物（L-苯丙氨酸、叶酸和 L-赖氨酸），在可见光下，将三种衍生物用于 Hela 细胞治疗。结果显示，这三种衍生物均无毒副作用且对肿瘤细胞具有选择性识别，可以减少对正常细胞的伤害；最重要的是这些衍生物在光照下对肿瘤细胞均具有良好的治疗效果。其中叶酸-富勒烯衍生物抗癌效果最好。

X. L. Yang 等[102]采用 Bingel 反应制备了含不同丙二酸数目的富勒烯衍生物，探究该富勒烯衍生物的光诱导细胞毒性与其结构的关系以及涉及光诱导细胞毒性的可能机制。通过对 Hela 细胞光诱导治疗，发现衍生物光诱导细胞毒性与辐射强度和剂量有关；通过羟基自由基猝灭剂检测，发现衍生物对细胞的抑制作用是光照下产生的自由基的作用。

R. Asada 等[103]采用聚乙二醇合成了水溶性富勒烯衍生物 C_{60}-PEG，在可见光照射下，该衍生物产生的羟基自由基是黑暗条件下的 6.5 倍，将其作为光敏剂对人类纤维肉瘤细胞进行治疗，发现在光照 3h 后该肉瘤明显减小。此外，该衍生物对肿瘤细胞中的正常细胞毒害作用较小，说明可以有选择性地对细胞进行进攻。

（3）长寿命光敏剂

近年来，长寿命三重态物质受到广泛关注，其独特的光物理和化学性质使其在光致发光、染料敏化电池以及氧传感等领域有着广泛的应用。但传统的光敏剂因其在可见光区域吸收较弱、三重态寿命较短，使其应用受到限制。对于如何设计具有强的可见光吸收以及无重原子的长寿命三重态光敏剂，人们还缺乏比较系统的认知。

因独特的物理和化学性质，富勒烯可以应用在长寿命三重态光敏剂的设计中。利用富勒烯较强的系间窜越能力，代替重金属原子，与具有强可见光吸收的"天线"相连，形成具有强可见光吸收且长寿命三重态的化合物，并将其应用于低氧下敏化单线态氧。

通常情况下，单线态氧的产生有以下几种方法：光敏化法、酶催化法以及化学合成法。在这些方法中，光敏化合成法是较常用且简便的方法。在这个过程中，首先，光激发光敏剂产生三重激发态，通过能量转移将其三重激发态能量转移到三重态的氧分子，从而产生了氧的单重态，即 $^1O_2$。因此，是否可以高效地产生 $^1O_2$ 与光敏剂的性质息息相关。由于 $^1O_2$ 的寿命较短，设计一个具有较长寿命的三重态光敏剂便至关重要。

过渡金属配合物如 Pt（Ⅱ）、Ru（Ⅱ）以及 Ir（Ⅲ）的配合物常被作为三重态光敏剂。但这些配合物仍有许多不足，例如价格昂贵且存在毒性，更重要的弱点是在可见光区吸收弱[104]。

BODIPYs 是一类具有很强稳定性以及较好光化学活性的多功能性染料[105]，通常情况下它们在可见光区具有较强的吸收且易于修饰，这是三重态光敏剂所需要的，但是其三重态量子效率特别低。如果引入重原子，则会导致合成的光敏剂价格昂贵，不具备大规模生产的现实性。因此，合成一个具有可见光吸收且无重原子的三重态光敏剂是很关键的。

富勒烯是良好的光敏剂，具有高效的 ISC 能力[106]，但由于富勒烯在可见光区吸收较弱，因此，仍然不是很好的三重态光敏剂。

基于以上分析，将富勒烯高效的 ISC 能力和 BODIPYs 等染料分子强的可见光吸收能力结合起来，合成相应的富勒烯衍生物，有望具有高效的 ISC 和良好的光敏性。

4.7.6 光催化剂

传统的光催化材料 TiO_2 因其具有较好的催化性能已开始商业化研究，但由于 TiO_2 对光的利用率较低且存在较高的光生电荷复合率使其发展受到限制。因此，通过改性 TiO_2，增强其催化性能是非常有必要的。富勒烯具有共轭大 π 键和强的电子亲和力，这使其在电子传输的过程中能够有效促进电荷分离从而导致电荷较慢地复合，且富勒烯的能级与一些半导体的能级匹配。两个特性为富勒烯与半导体材料结合而改善和提高半导体材料的光电性能和催化性能提供了可能性。然而，通常合成、分离得到的富勒烯都是闭壳层的稳定结构，是自成一体的，将富勒烯与半导体材料进行物理或机械的混合并不能很好地发挥富勒烯的作用，也难以阐明所形成的复合物或混合物的结构与性能之间的关系。

为此，通过化学的手段，对富勒烯进行衍生化，得到具有官能团的富勒烯衍生物，并利用富勒烯衍生物与半导体材料作用，形成强相互作用的体系，为充分利用富勒烯的特性提供了新的可能；同时，新的官能团的引入也丰富和改善了富勒烯和半导体材料的性能。实际上，这个思路已经得到较为广泛的实践。

（1）富勒烯衍生物作为光催化（助）剂

Y. Park 等[107]提出采用 C_{60} 的羟基衍生物 $C_{60}(OH)_x$ 与 TiO_2 形成配合物，检测其在可见光下的产氢效率。检测发现在可见光下可将 C_{60} 的 HOMO 轨道上的电子转移到 TiO_2 上，增强了复合材料在可见光下的催化效率。然而，这种方法合成的复合物比物理方法得到的混合物的催化性能仅提高了一倍，可能原因是 $C_{60}(OH)_x$ 与 TiO_2 之间的键合力不是太强。随后，科学家发现利用水热法合成的 TiO_2 表面含有大量的羟基，如果在富勒烯表面修饰羧基后，两者通过酯基相连，在光激发下，电子可以通过酯基进行转移，使催化效率进一步提高。

J. G. Yu 等[108]利用浓硝酸将 C_{60} 酸化，使其表面含有大量的羟基和羧基，然后利用钛酸四丁酯为钛源，在水热法的条件下得到了 C_{60}/TiO_2 的复合材料。通过透射电镜和扫描电镜观察到复合材料的形貌为颗粒状。通过紫外光下对丙酮的降解发现采用化学键键合得到的 C_{60}/TiO_2 比物理混合得到的混合物的催化效果好。

此外，S. Mu 等[109]利用富勒烯的羧酸衍生物与二氧化钛纳米粒子在 70℃下反应 8h 得到了 $C_{60}(CHCOOH)_2/TiO_2$ 的复合材料，改性的 TiO_2 纳米材料表现出较高的光催化活性，在紫外光照 1.5h 后，复合材料对 Cr（Ⅵ）还原效率达到 97%。通过紫外可见漫反射和光致发光光谱证明，由于 C_{60} 的加入导致整个复合材料的光生电子和空穴的复合率减小，所以，增强了整个纳米材料的光催化性能。

除了将富勒烯表面羟基化外，也可将富勒烯表面羧基化，即利用浓硝酸将其表面酸化，使其表面含有大量的羟基和羧基，然后负载在 TiO_2 表面。通过此方法合成的 C_{60}-TiO_2 催化剂在降解罗丹明 B 以及降解农药方面都有较好的效果[110]，但利用此方法不能明确 C_{60} 被氧化后的具体结构，因其以一个混合物的形式与 TiO_2 反应，使产物结构不明确。为此，采用 Bingel 反应先合成一个具有明确结构的富勒烯羧酸衍生物，然后再利用水热反应与 TiO_2 反应得到一个结构明确的 $C_{60}(C(COOH)_2)_3$-TiO_2 复合物。当紫外光照射复合物时，光激发 TiO_2 价带电子跃迁到导带上，由于 TiO_2 与 C_{60} 分子通过化学键复合，光生电子会向 C_{60} 转移，这样促进了电子和空穴的分离，有助于提高复合物的光催化性能。虽然 TiO_2 与 C_{60} 化学键合减小了电子和空穴的复合，促进电子与空穴的分离，提高整个复合物的光催化性，但复合物对太阳能的利用率仍然很低。

为了增强 TiO_2 对光的利用率，解决其能带带隙，通常可利用金属增感剂、有机染料增感剂以及半导体增感剂来实现[111]。其中，有机染料增感剂可采用聚吡咯配合物，酞菁配合物和金属卟啉等。通常情况下，有机染料与二氧化钛通过官能团相互连接在一起，在染料和二氧化钛之间存在较快的电子转移。

（2）富勒烯-酞菁-二氧化钛光敏剂

官能化的苯胺是非常重要的化合物，是合成药物、聚合物以及精细化学品常用的中间体[112,113]。通常情况下，对硝基苯进行加氢还原得到苯胺，但这个过程产生大量的中间物种，造成能源浪费；虽可利用铂催化剂和加氢来促进反应，但会造成化学选择性较差；此外，还可以利用较高的氢气压力、较高的反应温度以及贵金属作为催化剂，但是这些苛刻的反应条件使大量制备硝基苯存在很大的问题。因此，开发一种较温和、安全且节能的方法是非常必要的。

以钛酸四丁酯为前驱体，富勒烯羧酸衍生物（$C_{60}(C(COOH)_2)_3$）为添加物，采用水热法先制备了 $C_{60}(C(COOH)_2)_3$-TiO_2 的纳米复合材料，然后以吸附的方法制备了 $PcZn/C_{60}(C(COOH)_2)_3$-TiO_2 新型材料。利用 SEM、HRTEM、XRD、IR、XPS 表征材料，发现引入酞菁和 C_{60} 对 TiO_2 结构并未产生很大的影响。紫外-可见漫反射表明引入 C_{60} 和光敏剂酞菁后，材料在可见光区的吸收增强。通过可见光催化还原硝基苯得出复合材料催化性能与纯 TiO_2 相比提高了 7 倍。可见光下对瞬时光电流以及自由基的变化的测试证明，富勒烯 C_{60} 和金属酞菁的加入扩大了对光的利用率，且减小了光生电子和空穴的复合率，最终增加了材料的光催化性。

复合材料的光催化性能是通过测试其在可见光条件下催化还原硝基苯为苯胺的转化率来检验。分别测试了 TiO_2、$C_{60}(C(COOH)_2)_3$-TiO_2 以及 $PcZn/C_{60}(C(COOH)_2)_3$-TiO_2 在可见光下对硝基苯还原情况。结果见表 4-3。

表 4-3　TiO_2、$C_{60}(C(COOH)_2)_3$-TiO_2 以及 $PcZn/C_{60}(C(COOH)_2)_3$-TiO_2 在可见光条件下对硝基苯的还原效果

催化剂	转化率/%	选择性/%
TiO_2	0	0
$C_{60}(C(COOH)_2)_3$-TiO_2	10.8	95.7
$PcZn/C_{60}(C(COOH)_2)_3$-TiO_2	71.3	98.3

从表 4-3 中可以看出，因在可见光区没有吸收，在可见光照下没有电子产生，催化剂二氧化钛在可见光的照射下，硝基苯没有被还原，转化率为

0。在 TiO_2 表面负载富勒烯衍生物之后，10.8％硝基苯被还原，选择性达到 95.7％。这是因为虽然 TiO_2 不能吸收可见光，但是富勒烯在可见光的照射下，电子可以缓慢地从 TiO_2 的价带跃迁到 C_{60} 的中间价带，然后电子再继续跃迁到 TiO_2 的导带上，由于中间价带的存在，可见光可以被有效地利用并产生光生电子，所以，硝基苯被还原为苯胺。但由于这种吸收较弱，转化率并不是特别高。而在 $C_{60}(C(COOH)_2)_3$-TiO_2 表面进一步负载了 PcZn 后，由于在可见光区有比较强的吸收，在可见光照射下，四羧基酞菁锌吸收可见光变成激发态产生电子，由于金属酞菁的能级与二氧化钛导带匹配，电子可以转移到二氧化钛的导带上，且二氧化钛的导带能级又与富勒烯羧酸衍生物匹配，所以，电子又可以从二氧化钛的导带上转移到富勒烯羧酸衍生物上，实现了光生电子和空穴的分离，提高了量子效率。结果显示，在这样的催化体系中，可见光照 5h 后，硝基苯的转化率达到 71.3％，反应的选择性也非常好，达到 98.3％。

4.7.7　其他应用

到目前为止，富勒烯衍生物在燃料电池中的应用已经受到较为广泛而深入的研究，已经用于甲醇燃料电池中甲醇的催化氧化，也被用于氧化还原反应的催化剂支撑体或直接用作燃料电池的膜电极材料[114]。

4.8　富勒烯衍生物研究展望

就富勒烯衍生物这个分支领域而言，研究较为深入，有机化学家已经可以基于富勒烯合成出结构多样、性质丰富的富勒烯基衍生物。目前的研究主要是开发富勒烯衍生物在能源、生物医药等领域的应用。

参　考　文　献

[1] Kroto H W，Heath J R，O'Brien S C，et al. C_{60}：Buckminsterfullerene. Nature，1985，318：162-163.

[2] Krätschmer W，Lamb L D，Fostiropoulos K，et al. Solid C_{60}：a new form of carbon. Nature，1990，347：354-358.

[3] Nossal J，Saini R K，Sadana A K，et al. Formation，isolation，spectroscopic properties，and calculated properties of some isomers of $C_{60}H_{36}$. J Am Chem Soc，2001，123：8482-8495.

[4] Gakh A A，Romanovich A Y，Bax A. Thermodynamic rearrangement synthesis and NMR structures ofC_1，C_3，and T isomers of $C_{60}H_{36}$. J Am Chem Soc，2003，125：7902-7906.

[5] Zdetsis A D. High-symmetry low-energy structures of $C_{60}H_{60}$ and related fullerenes and nanotubes. Phys Rev B, 2008, 77: 115402-115406.

[6] Prinzbach H, Weiler A, Landenberger P, et al. Gas-phase production and photoelectron spectroscopy of the smallest fullerene C_{20}. Nature, 2000, 407: 60-63.

[7] Wang C R, Shi Z Q, Wan L J, et al. $C_{64}H_4$: production, isolation, and structural characterizations of a stable unconventional fulleride. J Am Chem Soc, 2006, 128: 6605-6610.

[8] Han X, Zhou S J, Tan Y Z, et al. Crystal structures of saturn-like $C_{50}Cl_{10}$ and pineapple-shaped $C_{64}Cl_4$: geometric implications of double-and triple-pentagon-fused chlorofullerenes. Angew Chem Int Ed, 2008, 47: 5340-5343.

[9] Yan Q B, Zheng Q R, Su G. Sructures, electronic properties, spectroscopies, and hexagonal monolayer phase of a family of unconventional fullerenes $C_{64}X_4$ (X=H, F, Cl, Br). J Phys Chem C, 2007, 111: 549-554.

[10] Yildirim T, Ciraci S, Kilic C, et al. First-principles investigation of structural and electronic properties of solid cubane and its doped derivatives. Phys Rev B, 2000, 62: 7625-7633.

[11] Kato T, Yamabe T. The essential role of hydrogen atoms in the electron-phonon interactions in the monocation of cubic hydrocarbon cluster, $(CH)_8$. J Chem Phys, 2003, 118: 10073-10084.

[12] Richardson S L, Martins J L. Ab initio studies of the structural and electronic properties of solid cubane. Phys Rev B, 1998, 58: 15307-15309.

[13] Mascal M. The energetics of shooting ions into the dodecahedrane cage. J Org Chem, 2002, 67: 8644-8647.

[14] Hudson B S, Braden D A, Parker S F, et al. The vibrational inelastic neutron scattering spectrum of dodecahedrane: experiment and DFT simulation. Angew Chem Int Ed, 2000, 39: 514-516.

[15] Earley C W. Ab initio investigation of strain in group 14 polyhedrane clusters (M=4, 6, 8, 10, 12, 16, 20, 24). J Phys Chem A, 2000, 104: 6622-6627.

[16] Gan L H. Theoretical investigation of polyhedral hydrocarbons $(CH)_n$. Chem Phys Lett, 2006, 421: 305-308.

[17] Wu H S, Qin X F, Xu X H, et al. Structures and energies of isolobal $(BCO)_n$ and $(CH)_n$ cages. J Am Chem Soc, 2005, 127: 2334-2338.

[18] Haddon R C. Measure of nonplanarity in conjugated organic molecules: which structurally characterized molecule displays the highest degree of pyramidalization. J Am Chem Soc, 1990, 112: 3385-3389.

[19] Lin T T, Zhang W D, Huang J C, et al. A DFT Study of the amination of fullerenes and carbon nanotubes: reactivity and curvature. J Phys Chem B, 2005, 109: 13755-13760.

[20] Okamoto Y. Ab initio investigation of hydrogenation of C_{60}. J Phys Chem A, 2001, 105: 7634-7637.

[21] Troshin P A, Avent A G, Darwish A D, et al. Isolation of two seven-membered ring C_{58} fullerene derivatives: $C_{58}F_{17}CF_3$ and $C_{58}F_{18}$. Science, 2005, 309: 278-281.

[22] (a) Zhao H L, Pan F, Liu Z H, et al. A computational study on the structures and stability of fullerene derivatives $C_{58}X_{18}$, Comput. and Theor. Chem. 963 (2011) 115-118; (b) Chen D L, Tian W Q, Feng J K, et al. Search for more stable $C_{58}X_{18}$ isomers: stabilities and electronic properties

of seven-membered ring $C_{58}X_{18}$ fullerene derivatives (X = H, F, and Cl). J Phys Chem B, 2007, 111: 5167-5173.

[23] Darwish A D, Martsinovich N, Street J M, et al. C_2 Isomers of $C_{84}F_{40}$ and $C_{84}F_{44}$ are cuboid and contain benzenoid and naphthalenoid aromatic patches. Chem Eur J, 2005, 11: 5377-5380.

[24] Kawasaki S, Aketa T, Touhara H, et al. Crystal structures of the fluorinated fullerenes $C_{60}F_{36}$ and $C_{60}F_{48}$. J Phys Chem B, 1999, 103: 1223-1225.

[25] Jia J F, Wu H S, Xu X H, et al. Fused five-membered rings determine the stability of $C_{60}F_{60}$. J Am Chem Soc, 2008, 130: 3985-3988.

[26] Xie S Y, Gao F, Lu X, et al. Capturing the labile fullerene [50] as $C_{50}Cl_{10}$. Science, 2004, 304: 699-699.

[27] Lu X, Chen Z F, Thiel W, et al. Properties of fullerene [50] and D_{5h} decachlorofullerene [50]: a computational study. J Am Chem Soc, 2004, 126: 14871-14878.

[28] Tan Y Z, Han X, Wu X, et al. An entrant of smaller fullerene: C_{56} captured by chlorines and a-ligned in linear chains. J Am Chem Soc, 2008, 130: 15240-15241.

[29] Tan Y Z, Liao Z J, Qian Z Z, et al. Two I_h-symmetry-breaking C_{60} isomers stabilized by chlorina-tion. Nat mater, 2008, 7: 790-795.

[30] Gao C L, Li X, Tan Y Z, et al. Synthesis of long-sought C_{66} with exohedral stabilization. Angew Chem Int Ed, 2014, 53: 7853-7855.

[31] Tan Y Z, Zhou T, Bao J, et al. $C_{72}C_{14}$: a pristine fullerene with favorable pentagon-adjacent structure. J Am Chem Soc, 2010, 132: 17102-17104.

[32] Gao C L, Abella L, Tan Y Z, et al. Capturing the fused-pentagon C_{74} by stepwise chlorina-tion. Inorg Chem, 2016, 55: 6861-6865.

[33] Gao X F, Zhao Y L. The way of stabilizing Non-IPR fullerenes and structural elucidation of $C_{54}Cl_8$. J Comput Chem, 2007, 28: 795-801.

[34] Chen D L, Tian W Q, Feng J K, et al. Structures and electronic properties of $C_{56}Cl_8$ and $C_{56}Cl_{10}$ fullerene compounds. Chem Phys Chem, 2007, 8: 2386-2390.

[35] Gao L X, Gan L H, An J, et al. A theoretical investigation on the structures and stabilities of $C_{60}X_{18}$ and $C_{70}X_{10}$ (X=H, F, Cl, and Br). Struct Chem, 2011, 22: 749-755.

[36] 高丽霞, 安杰, 李树非, 等. $C_{80}X_{12}$ (X＝H, F, Cl, Br) 的结构和稳定性. 中国科学: 化学, 2011, 41: 1156-1162.

[37] Zhao J Q, Gan L H. Structures and stability of the hydrides of C_{32}, C_{34} and C_{36}. Chem Phys Let, 2008, 464: 73-76.

[38] Bingel C. Cyclopropanierung von fullerenen. Eur J Inorg Chem, 1993, 126: 1957-1959.

[39] Liu Y H, Liu P X, Che L, et al. Tunable tribological properties in water-based lubrication of water-soluble fullerene derivatives via varying terminal groups. Chin Sci Bull, 2012, 57: 4641-4645.

[40] Torre G D L, Bottari G, Torres T. Phthalocyanines and subphthalocyanines: perfect partners for fullerenes and carbon nanotubes in molecular photovoltaics. Adv Eng Mater, 2017, 7: 1601700.

[41] Yamamoto M, Föhlinger J, Petersson J, et al. A ruthenium complex-porphyrin- fullerene-linked molecular pentad as an integrative photosynthetic model. Angew Chem Int Ed, 2017, 56:

3329-3333.

[42] Zhu Y H, Bahnmueller S, Chibun C, et al. An effective system to synthesize methanofullerenes: substrate-ionic liquid-ultrasonic irradiation. Tetra Lett, 2003, 44: 5473-5476.

[43] Diederich F, Isaacs L, Philp D. Syntheses, structures, and properties of methanofullerenes. Chem Soc Rev, 1994, 23: 10948-10953.

[44] Maggini M, Scorrano G, Prato M. Addition of azomethine ylides to C$_{60}$: synthesis, characterization, and functionalization of fullerene pyrrolidines. J Am Chem Soc, 1993, 115: 9798-9799.

[45] Hudhomme P. Diels-Alder cycloaddition as an efficient tool for linking π-donors onto fullerene C$_{60}$. C R Chimie, 2006, 9: 881-891.

[46] Zhao G J, He Y J, Li Y F. 6.5% efficiency of polymer solar cells based on poly (3-hexylthiophene) and indene-C$_{60}$ bisadduct by device optimization. Adv Mater, 2010, 22: 4355-4358.

[47] He Y J, Chen H Y, Hou J H, et al. Indene-C$_{60}$ bisadduct: a new acceptor for high-performance polymer solar cells. J Am Chem Soc, 2010, 132: 1377-1382.

[48] He Y J, Zhao G J, Peng B, et al. High-yield synthesis and electrochemical and photovoltaic properties of indene-C$_{70}$ bisadduct. Adv Funct Mater, 2010, 20: 3383-3389.

[49] Hsieh C H, Cheng Y J, Li P J, et al. Highly efficient and stable inverted polymer solar cells integrated with a cross-linked fullerene material as an interlayer. J Am Chem Soc, 2010, 132: 4887-4893.

[50] Page Z A, Liu Y, Duzhko V V, et al. Fulleropyrrolidine interlayers: tailoring electrodes to raise organic solar cellefficiency. Sciencexpress, 2014, 346: 441-446.

[51] Sun S Y, Salim T, Mathews N, et al. The origin of high efficiency in low-temperature solution-processable bilayer organometal halide hybrid solar cells. Energy Environ Sci, 2013, 7: 399-407.

[52] Abrusci A, Stranks S D, Docampo P, et al. High-performance perovskite-polymer hybrid solar cells via electronic coupling with fullerene monolayers. Nano Letters, 2013, 13: 3124-3128.

[53] Xu W Z, Yao X, Meng T Y, et al. Perovskite hybrid solar cells with a fullerene derivative electron extraction layer. J Mater Chem C, 2017, 5: 4190-5216.

[54] Guo X H, Yang S Y, Cui R L, et al. Application of polyhydroxylated fullerene derivatives in hemoglobin biosensors with enhanced antioxidant capacity. Electrochem Commun, 2012, 20: 44-47.

[55] Hu Z, Guan W C, Wang W, et al. Synthesis of beta-alanine C$_{60}$ derivative and its protective effect on hydrogen peroxide-induced apoptosis in rat pheochromocytoma cells. Cell Bio Inter, 2007, 31: 798-804.

[56] Augustine S, Singh J, Srivastava M, et al. Recent advances incarbon based nanosystems for cancer theranostics. Biomater Sci, 2017, 5: 901-952.

[57] Wu L, Qu X G. Cancer biomarker detection: recent achievements and challenges. Chem Soc Rev, 2015, 44: 2693-2727.

[58] Chen D Q, Dougherty C A, Zhu K C, et al. Theranostic applications of carbon nanomaterials in cancer: focus on imaging and cargo delivery. J Control Release, 2015, 210: 230-291.

[59] Bartelmess J, Quinn S J, Giordani S. Carbon nanomaterials: multi-functional agents for biomedical fluorescence and Raman imaging. Chem Soc Rev, 2015, 44: 4672-4698.

[60] Strom T A, Durdagi S, Ersoz S S, et al. Fullerene-based inhibitors of HIV-1 protease. J Pept Sci,

2015，21：862-870.

[61]　Khakina E A，Kraevaya O A，Popova M L，et al. Synthesis of different types of alkoxy fullerene derivatives from chlorofullerene $C_{60}Cl_6$. Org Biomol Chem，2016，15：773-778.

[62]　Khakina E A，Yurkova A A，Peregudov A S，et al. Highly selective reactions of $C_{60}Cl_6$ with thiols for the synthesis of functionalized [60] fullerene derivatives. Chem Commun，2012，48：7158-7161.

[63]　Kato S，Aoshima H，Saitoh Y，et al. Highly hydroxylated or γ-cyclodextrin-bicapped water-soluble derivative of fullerene：the antioxidant ability assessed by electron spin resonance method and beta-carotene bleaching assay. Bioorg Med Chem Lett，2009，19：5293-5296.

[64]　Ueno H，Yamakura S，Arastoo R S，et al. Systematic evaluation and mechanistic investigation of antioxidant activity of fullerenols using-carotene bleaching assay. J Nanomater，2014，7：1-8.

[65]　Grebowski J，Krokosz A，Konarska A，et al. Rate constants of highly hydroxylated fullerene C_{60}，interacting with hydroxyl radicals and hydrated electrons. Pulse radiolysis study. Radiat Phys Chem，2014，103：146-152.

[66]　Li T H，Murphy S，Kiselev B，et al. A new interleukin-13 amino-coated gadolinium metal-lofullerene nanoparticle for targeted MRI detection of glioblastoma tumor cells. J Am Chem Soc，2015，137：7881-7888.

[67]　Hsieh F Y，Zhilenkov A V，Voronov I，et al. Water-soluble fullerene derivatives as brain medi-cine：surface chemistry determines if they are neuroprotective and antitumor. ACS Appl Mater Interfaces，2017，9：11482-11492.

[68]　Prylutska S V，Skivka L M，Didenko G V，et al. Complex of C_{60} fullerene with doxorubicin as a promising agent in antitumor therapy. Nanoscale Res Lett，2015，10：499-505.

[69]　Watanabe T，Nakamura S，Ono T，et al. Pyrrolidinium fullerene induces apoptosis by activation of procaspase-9 via suppression of Akt in primary effusion lymphoma. Biochem Biophys Res Commun，2014，451：93-100.

[70]　Shin T H，Choi Y，Kim S，et al. Recent advances in magnetic nanoparticle-based multi-modal ima-ging. Chem Soc Rev，2015，44：4501-4516.

[71]　Peng E，Wang F H，Xue J M. Nanostructured magnetic nanocomposites as MRI contrast agents. J Mater Chem B，2015，3：2241-2276.

[72]　Friedman S H，Decamp D L，Sijbesma R P，et al. Inhibition of the HIV-1 protease by fullerene de-rivatives：model building studies and experimental verification. J Am Chem Soc，1993，115，6506-6509.

[73]　Buffet K，Gillon E，Holler M，et al. Fucofullerenes as tight ligands of RSL and LecB，two bacterial lectins. Org Biomol Chem，2015，13：6482-6492.

[74]　Kornev A B，Peregudov A S，Martynenko V M，et al. Synthesis and biological activity of a novel water-soluble methano [60] fullerene tetracarboxylic derivative. Mendeleev Commun，2013，23：323-325.

[75]　Bahuguna S，Kumar M，Sharma G，et al. Fullerenol-based intracellular delivery of methotrexate：a water-soluble nanoconjugate for enhanced cytotoxicity and improved pharmacokinetics. Aaps Pharmscitech，2018，19，1084-1092.

[76] Wang H, Agarwal P, Zhao S T, et al. A biomimetic hybrid nanoplatform for encapsulation and pre cisely controlled delivery of therasnostic agents. Nat Commun, 2015, 6: 10081-10092.

[77] Raza K, Thotakura N, Kumar P, et al. C_{60}-fullerenes for delivery of docetaxel to breast cancer cells: a promising approach for enhanced efficacy and better pharmacokinetic profile. Int J Pharm, 2015, 495: 551-559.

[78] Guo X H, Ding R, Zhang Y, et al. Dual role of photosensitizer and carrier material of fullerene in micelles for chemo-photodynamic therapy of cancer. J Pharm Sci, 2014, 103: 3225-3234.

[79] Shi J, Yu X, Wang L, et al. PEGylated fullerene/iron oxide nanocomposites for photodynamic therapy, targeted drug delivery and MR imaging. Biomater, 2013, 34: 9666-9677.

[80] Prylutska S V, Skivka L M, Didenko G V, et al. Complex of C_{60} fullerene with doxorubicin as a promising agent in antitumor therapy. Nanoscale Res Lett, 2015, 10: 499-506.

[81] Tan L, Wu T, Tang Z W, et al. Water-soluble photoluminescent fullerene capped mesoporous silica for pH-responsive drug delivery and bioimaging. Nanotechnol, 2016, 27: 315104-315114.

[82] Fan J Q, Fang G, Zeng F, et al. Water-dispersible fullerene aggregates as a targeted anticancer prodrug with both chemo- and photodynamic therapeutic actions. Small, 2013, 9: 613-621.

[83] Zhao J Z, Wu W H, Sun J F, et al. Triplet photosensitizers: from molecular design to applications. Chem Soc Rev, 2013, 44: 5323-5351.

[84] Gonzálezrodríguez D, Torres T, Guldi D M, et al. Energy transfer processes in novel subphthalo cyanine-fullerene ensembles. Org Lett, 2002, 4: 335-338.

[85] Ziessel R, Allen B D, Rewinska D B, et al. Selective triplet-state formation during charge recombi nation in a fullerene/Bodipy molecular dyad (Bodipy = borondipyrromethene). Chem Eur J, 2009, 15: 7382-7393.

[86] Liu J Y, Elkhouly M E, Fukuzumi S, et al. Photoinduced electron transfer in a distyryl BODIPY-fullerene dyad. Chem Asian J, 2011, 6: 174-179.

[87] Huang L, Yu X R, Wu W H, et al. Styryl bodipy-C_{60} dyads as efficient heavy-atom-free organic triplet photosensitizers. Org Lett, 2012, 14: 2594-2597.

[88] Amin A N, Elkhouly M E, Subbaiyan N K, et al. A novel BF_2-chelated azadipyrromethene-fullerene dyad: synthesis, electrochemistry and photodynamics. Chem Commun, 2012, 48: 206-208.

[89] Bandi V, Das S K, Awuah S G, et al. Thieno-pyrrole-fused 4, 4-difluoro- 4-bora-3a, 4a- diaza-s-indacene -fullerene dyads: utilization of near-infrared sensitizers for ultrafast charge separation in do nor-acceptor systems. J Am Chem Soc, 2014, 136: 7571-7574.

[90] Liu Y F, Zhao J Z. Visible light-harvesting perylenebisimide-fullerene (C_{60}) dyads with bidirectional "ping-pong" energy transfer as triplet photosensitizers for photooxidation of 1,5-dihydroxynaphtha lene. Chem Commun, 2012, 48: 3751-3753.

[91] Sauve G, Dimitrijevic N M, and Kamat P V. Singlet and triplet excited state behaviors of C_{60} in nonreactive and reactive polymer films. J Phys Chem, 1995, 99: 1199-1203.

[92] Ghosh H N, Pal H, Sapre A V, et al. Charge recombination reactions in photoexcited fullerene C_{60}-amine complexes studied by picosecond pump probe spectroscopy. J Am Chem Soc, 1993, 115: 11722-11727.

[93]　Rud Y，Buchatskyy L，Prylutskyy Y，et al. Using C_{60} fullerenes for photodynamic inactivation of mosquito iridescent viruses. J Enzyme Inhib Med Chem，2012，27：614-617.

[94]　Huang L Y，Wang M，Dai T H，et al. Antimicrobial photodynamic therapy with decacationic monoadducts and bisadducts of [70] fullerene：in vitro and in vivo studies. Nanomedicine，2014，9：253-266.

[95]　Zhang Y S，Dai T H，Wang M，et al. Potentiation of antimicrobial photodynamic inactivation mediated by a cationic fullerene by added iodide：in vitro and in vivo studies. Nanomedicine，2015，10：603-614.

[96]　Yu C，Avci P，Canteenwala T，et al. Photodynamic therapy with hexa（sulfo-n-butyl）[60] fullerene against sarcoma in vitro and in vivo. J Nanos Nanotechnol，2016，16：171-181.

[97]　Guan M R，Qin T X，Ge J C，et al. Amphiphilic trismethylpyridylporphyrin-fullerene（C_{70}）dyad：an efficient photosensitizer under hypoxia conditions. J Mater Chem B，2015，3：776-783.

[98]　Guan M R，Ge J C，Wu J Y，et al. Fullerene/ photosensitizer nanovesicles as highly efficient and clearable phototheranostics with enhanced tumor accumulation for cancer therapy. Biomaterials，2016，103：75-85.

[99]　Li Q，Liu C G，Li H G. Induction of endogenous reactive oxygen species in mitochondria by fullerene-based photodynamic therapy. J Nanos Nanotechnol，2016，16：5592-5597.

[100]　Kim S，Lee D J，Kwag D S，et al. Acid pH-activated glycol chitosan/fullerene nanogels for efficient tumor therapy. Carbohydr Polym，2014，101：692-698.

[101]　Hu Z，Zhang C H，Huang Y D，et al. Photodynamic anticancer activities of water-soluble C_{60} derivatives and their biological consequences in a HeLa cell line. Chem-Biol Interact，2012，195：86-94.

[102]　Yang X L，Fan C H，Zhu H S. Photo-induced cytotoxicity of malonic acid [C_{60}] fullerene derivatives and its mechanism. Toxicol In Vitro，2002，16：41-46.

[103]　Asada R，Liao F，Saitoh Y，et al. Photodynamic anti-cancer effects of fullerene C_{60}-PEG complex on fibrosarcomas preferentially over normal fibroblasts in terms of fullerene uptake and cytotoxicity. Mol Cell Biochem，2014，390：175-184.

[104]　Takizawa S Y，Aboshi R，Murata S. Photooxidation of 1,5-dihydroxynaphthalene with iridium complexes as singlet oxygen sensitizers. Photochem Photobiol Sci，2011，10：895-903.

[105]　Zhao J Z，Xu K J，Yang W B，et al. The triplet excited state of Bodipy：formation，modulation and application. Chem Soc Rev，2015，47：8904-8939.

[106]　Yamakoshi Y，Umezawa N，Ryu A，et al. Active oxygen species generated from photoexcited fullerene（C_{60}）as potential medicines：$O_2^{-\bullet}$ versus $^1O_2$. J Am Chem Soc，2003，125：12803-12809.

[107]　Park Y，Singh N J，Kim K S，et al. Fullerol-titania charge-transfer-mediated photocatalysis working under visible light. Chem Eur J，2009，15：10843-10850.

[108]　Yu J G，Ma T T，Liu G，et al. Enhanced photocatalytic activity of bimodal mesoporous titania powders by C_{60} modification. Dalton Trans，2011，40：6635-6644.

[109]　Mu S，Long Y Z，Kang S Z，et al. Surface modification of TiO_2，nanoparticles with a C_{60}，derivative and enhanced photocatalytic activity for the reduction of aqueous Cr（Ⅵ）ions. Catal Commun，

2010，11：741-744.

[110] Long Y Z，Lu Y，Huang Y，et al. Effect of C_{60} on the photocatalytic activity of TiO_2 nanorods. J Phys Chem C，2009，113：13899-13905.

[111] Chen X B，Mao S S. Titanium dioxide nanomaterials：synthesis，properties，modifications，and applications. Chem Rev，2007，107：2891-2959.

[112] Shiraishi Y，Hirakawa H，Togawa Y，et al. Rutile crystallites isolated from degussa（Evonik）P_{25} TiO_2：highly efficient photocatalyst for chemoselective hydrogenation of nitroaromatics. ACS Catal，2013，3：2318-2326.

[113] Tsutsumi K，Uchikawa F，Sakai K，et al. Photoinduced reduction of nitroarenes using a transition metal-loaded silicon semiconductor under visible light irradiation. ACS Catal，2016，6：4394-4398.

[114] Coro J，Suárez M，Silva L S R，et al. Fullerene applications in fuel cells：A review. Int J hydrogen energy，2016，41：17944-17959.

第5章 非经典富勒烯的结构和性质

自从发现富勒烯 C_{60} 以来，经典富勒烯（仅由五边形和六边形组成的碳笼）得到了广泛的研究，几十种异构体已经在实验中被分离出来，并且其结构也得到了表征。所报道的富勒烯的形貌都有一个显著的共同特征，即它们都满足五边形分离原则（IPR）[1]。从理论的角度看，从 C_{20} 到 C_{100} 且在数学上可能存在的所有经典结构都已经得到了计算研究，稳定性高的经典异构体通常都遵循一个普遍规律，即邻接五边形的数目尽可能小[2]。目前，从化学和材料学的视角看，经典富勒烯的结构和性质已经研究得很透彻，研究的重心已经从早期的基础研究向应用研究转变，即研究富勒烯作为材料或原料在太阳能电池、生物医药、超导等领域的应用。然而越来越多的实验和理论研究结果表明，含有七边形的非经典异构体在内嵌金属富勒烯和富勒烯衍生物的形成过程中起着重要作用[3~5]，含有四边形的非经典富勒烯的衍生物也得到合成和报道。另外，非经典富勒烯在结构上可以看作是富勒烯结构和 $(BN)_n$ 笼状团簇材料以及其他笼状团簇材料之间的桥梁。因此，研究非经典富勒烯异构体的结构和性质是富勒烯科学研究向纵深发展或与其他学科实现交叉融合的必然要求。

5.1 小尺寸非经典富勒烯

对于小尺寸非经典富勒烯，在进行系统的量子化学研究之前对其异构体的分布进行概述是有利于后续的系统研究的。在新开发的螺旋算法的帮助下，系统生成了从 C_{20} 到 C_{60} 的分别含有一个四边形和七边形的所有异构体，并按照五边形-五边形邻接数（B_{55}）进行分类统计，各个类别的异构体数如表 5-1 和表 5-2 所示。

表 5-1　含有一个四边形的非经典富勒烯异构体总数
（m）以及分别含有 0～13 个 B_{55} 的异构体数

C_n	m	$0B_{55}$	$1B_{55}$	$2B_{55}$	$3B_{55}$	$4B_{55}$	$5B_{55}$	$6B_{55}$	$7B_{55}$	$8B_{55}$	$9B_{55}$	$10B_{55}$	$11B_{55}$	$12B_{55}$	$13B_{55}$
20	0	0	0	0	0	0	0	0	0	0	0	0	0	0	0
22	1	0	0	0	0	0	0	0	0	0	0	0	0	0	0
24	1	0	0	0	0	0	0	0	0	0	0	0	0	0	0
26	3	0	0	0	0	0	0	0	0	0	0	0	0	0	0
28	5	0	0	0	0	0	0	0	0	0	0	0	0	0	0
30	10	0	0	0	0	0	0	0	0	0	0	0	0	6	0
32	20	0	0	0	0	0	0	0	0	0	0	1	5	8	0
34	37	0	0	0	0	0	0	0	0	0	1	8	15	7	0
36	57	0	0	0	0	0	0	0	0	1	8	23	16	8	0
38	109	0	0	0	0	0	0	0	1	12	35	31	17	11	0
40	163	0	0	0	0	0	0	0	9	36	54	37	21	5	4
42	278	0	0	0	0	0	0	2	42	82	75	45	23	6	3
44	406	0	0	0	0	0	0	22	95	134	88	41	21	4	1
46	656	0	0	0	0	1	10	81	171	195	106	54	26	8	1
48	951	0	0	0	0	6	38	190	271	238	134	46	20	8	0
50	1416	0	0	0	0	6	116	347	397	299	157	61	20	12	0
52	1995	0	0	0	2	56	255	540	556	331	171	57	18	6	0
54	2929	0	0	0	10	133	502	828	708	431	204	76	25	8	4
56	3953	0	0	1	24	288	868	1132	859	487	199	74	12	7	0
58	5647	0	0	8	98	581	1350	1540	1088	599	245	100	26	8	1
60	7475	0	0	14	209	1031	1960	2021	1270	598	280	67	20	4	1

表 5-2　含有一个七边形的非经典富勒烯异构体数以及含有 0～13 个 B_{55} 的异构体数

n	总数	$0B_{55}$	$1B_{55}$	$2B_{55}$	$3B_{55}$	$4B_{55}$	$5B_{55}$	$6B_{55}$	$7B_{55}$	$8B_{55}$	$9B_{55}$	$10B_{55}$	$11B_{55}$	$12B_{55}$	$13B_{55}$
20	0	0	0	0	0	0	0	0	0	0	0	0	0	0	0
22	0	0	0	0	0	0	0	0	0	0	0	0	0	0	0
24	0	0	0	0	0	0	0	0	0	0	0	0	0	0	0
26	0	0	0	0	0	0	0	0	0	0	0	0	0	0	0
28	0	0	0	0	0	0	0	0	0	0	0	0	0	0	0
30	1	0	0	0	0	0	0	0	0	0	0	0	0	0	0
32	2	0	0	0	0	0	0	0	0	0	0	0	0	0	0
34	8	0	0	0	0	0	0	0	0	0	0	0	0	0	0
36	16	0	0	0	0	0	0	0	0	0	0	0	0	0	0
38	42	0	0	0	0	0	0	0	0	0	0	0	0	0	0
40	92	0	0	0	0	0	0	0	0	0	0	0	0	0	4
42	205	0	0	0	0	0	0	0	0	0	0	0	0	8	34
44	264	0	0	0	0	0	0	0	0	0	0	0	3	41	76
46	815	0	0	0	0	0	0	0	0	0	0	12	77	180	211
48	1514	0	0	0	0	0	0	0	0	0	12	105	266	370	341
50	2784	0	0	0	0	0	0	0	0	5	98	351	639	637	503
52	4842	0	0	0	0	0	0	0	3	73	394	892	1143	1014	662
54	8406	0	0	0	0	0	0	2	41	338	1120	1798	1896	1484	900
56	13898	0	0	0	0	0	1	18	202	1080	2431	3198	2853	1999	1147
58	22789	0	0	0	0	1	7	102	813	2690	4572	5116	4149	2761	1467
60	36295	0	0	0	0	2	33	442	2242	5585	7914	7704	5724	3532	1787

表 5-1 结果显示，随着尺寸的增大，异构体总数快速增大，如 C_{60} 的含有一个四边形的异构体总数已经达到 7475 个，远多于 C_{60} 的经典富勒烯的异构体数 1812 个。不过，这些非经典异构体中，没有任何满足独立五边形的异构体，甚至没有只含有一个 B_{55} 键的异构体。实际上，从 C_{20} 到 C_{44}，含有 $0\sim5B_{55}$ 的异构体数都为 0，换句话说，这些尺寸的非经典富勒烯结构中，B_{55} 很多，即五边形-五边形邻接现象频繁。其中，全由五边形围成的 C_{20} 的 B_{55} 数达到经典富勒烯的极限（因五边形数目不大于 12 个，五边形涉及的边数不大于 60，一条边是两个面共有，因此，富勒烯结构中五边形-五边形共享边数最大极限是 30）。因此，可以认为，这些尺寸的富勒烯的稳定性都很差。

从表 5-1 中还可以得到如下规律：对于某个尺寸的 C_n，异构体数随着 B_{55} 数目的增加而先增大后减小。这是因为，在这些非经典富勒烯结构中，由于五边形相对于六边形和四边形的数目而言是较多的，五边形实现分离的可能性小，所以，异构体数随着 B_{55} 的增加而增加。然而，对于含有一个四边形的非经典富勒烯，由于五边形数固定为 10 个，五边形-五边形邻接数越大，形成碳笼的可能性越小，因此，异构体数达到峰值之后开始下降。

从表中还可以得到如下规律：对于非经典富勒烯 C_n，随着 n 的增大，含有最多异构体的 B_{55} 键数从 C_{30} 的 12 组减小到 C_{60} 的 6 组。这个现象显然是随着碳笼尺寸的增大，六边形数增多，五边形得到更好的分散所致。

对应含有一个七边形的非经典富勒烯，从表 5-2 可以看出，异构体数随着 n 的增大而以更快的速度增大，当 $n=60$ 时，异构体数达到 36295 个，远远大于 C_{60} 的经典结构的异构体数。从 C_{20} 到 C_{28}，根本就没有异构体（从数学上讲，从 C_{24} 开始就有可能构造出含有一个七边形的非经典结构）。相对于含有一个四边形的非经典富勒烯，表的上方和左方以及左上方区域，有更大的区域的异构体数目为 0。这是因为，含有一个七边形的非经典结构的五边形数是 13，比含有一个四边形结构的多 3 个。因此，五边形-五边形邻接现象更加严重，B_{55} 数目更多。与含有一个四边形的非经典结构相比，峰值异构体数对应的 B_{55} 键数也随着 n 的增加自右向左移动，这个变化趋势是相同的，也是因为随着碳笼尺寸的增大，六边形增多，五边形得到更好的分散所致。

最小的富勒烯结构是 C_{20}，这个结构全部是由五边形围成，有 30 条五边形-五边形共享的边，是表面弯曲度最大的富勒烯，因此，化学活性高，稳定性差。由于该分子在中性时，HOMO 和 LUMO 是简并轨道，要发生

Jahn-Teller 畸变，不能够保持 I_h 对称性。从分子轨道分析可知，要保持 I_h 对称性，分子需要带 2 个单位正电荷或 6 个单位负电荷。这表示可以用吸电子或拉电子基团对 I_h-C_{20} 进行衍生化而得到富勒烯 C_{20} 的稳定衍生物。2000 年，H. Prinzbach 等[6]首先制备得到稳定的富勒烯氢化物 $C_{20}H_{20}$，再将氢原子替换为溴原子，得到 C_{20} 的溴化物。在此基础上，通过阳离子质谱首次检测富勒烯 I_h-C_{20}，也就是最小的经典富勒烯，见图 5-1(a)。从数学上讲，1 个四边形、10 个五边形和 1 个六边形也可以围成笼形的非经典富勒烯 C_{20}，实际上，这样的组合并不能够形成笼状富勒烯。由数学分析可知，由于原子数过少，C_{20} 无法形成含有七边形的非经典富勒烯。所以，有关 C_{20} 富勒烯的研究，基本集中于研究 I_h-C_{20}，并与非笼状的 C_{20} 碎片（如碗形）进行比较。对于碗形的碎片，由于边沿碳原子的配位数低，整个分子的稳定性差。

从数学上讲，C_{22} 应该是第一个同时含五边形和六边形的经典富勒烯，五边形和六边形的个数分别是 12 和 1。实际上，C_{22} 没有富勒烯异构体，也就是说，12 个五边形和 1 个六边形根本无法围成一个封闭的笼形结构。从简单的数值计算可知，如果引入四边形或七边形的话，其中一个异构体的面的组成可以是 1 个四边形、10 个五边形和 2 个六边形，结构生成显示，这样的结构是存在的；另外一个异构体的组成可以是 1 个四边形、11 个五边形和 1 个七边形，实际构造结果显示，这样的笼状结构不存在。密度泛函理论和微扰理论计算结果显示[7]，含有 1 个四边形的笼状结构的能量是最低的，见图 5-1(b)。整体上讲，笼状结构比环状和碗状结构的能量更低。

(a) I_h-C_{20} (b) C_{22}-10-1

图 5-1　富勒烯 I_h-C_{20} 和 C_{22}-10-1 的结构

非经典富勒烯异构体命名方法：C_n-xy-k，n 表示原子数；

x 表示四边形的个数；y 表示七边形的个数；k 表示序列出现的序号

从 C_{24} 开始，每个富勒烯 C_n 的异构体数随着 n 的增大而快速增大。根据富勒烯的定义，C_{24} 是第 1 个同时含有五边形和六边形的真正意义上的富勒烯，含有 12 个五边形和 2 个六边形。W. An 等对该富勒烯进行了全局最小化搜索，发现能量最低的 4 个异构体中，第 1 个是经典的富勒烯异构体，另外 3 个是含有至少 1 个四边形的非经典结构[8]。关于 C_{24}，由于原子数特殊，根据欧拉定理，C_{24} 的其中之一异构体可以是由 6 个四边形和 8 个六边形围成，对称性为 O_h。由于含有四边形，该分子的立体张力大，活性高，不可能稳定存在。但是，这个结构中，6 个四边形位于高对称的位置，如果选取这样的结构单元构建三维空间结构，可以向空间展开而形成周期性的高对称结构，在材料研究上或许是很有价值的模型体系，图 5-2 为 C_{24} 的结构图。

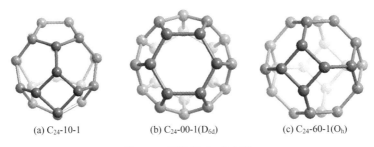

(a) C_{24}-10-1   (b) C_{24}-00-1(D_{6d})   (c) C_{24}-60-1(O_h)

图 5-2　富勒烯 C_{24} 的结构

（a）含有 1 个四边形；（b）经典异构体；（c）含有 6 个四边形

C_{26} 是第一个受到最全面而系统研究的碳笼，其经典富勒烯结构由 12 个五边形和 3 个六边形围成。采用修改后的 GAGE 软件[9]，生成了由四～七边形构成的 C_{26} 的所有异构体。利用 HF 方法和 DFT 方法的计算结果显示，能量最低的异构体是含有 1 个四边形的非经典异构体，接下来是 C_{26} 的唯一的经典异构体（D_{3h} 对称性）[10]。能量最低的前三个异构体的优化结构见图 5-3。进一步的计算显示，能量最低的非经典结构是三重态，而能量排第二的经典结构是四重态。结构分析显示，非经典结构之所以能量低，主要原因是碳笼嵌入四边形后其 B_{55} 键数较大程度地减小。这些结果表明，在小尺寸富勒烯中嵌入四边形而形成的非经典富勒烯结构与经典富勒烯结构在热力学稳定性上是竞争性的。关于 C_{26} 的计算结果，需要指出的是，尽管计算得到了 C_{26} 的最低能量异构体，由于这些结构是开壳层，反应活性高，在实验上分离、纯化得到这个异构体的可能性基本没有。

C_{28} 也是一个很有独特性的小富勒烯，其经典结构是由 12 个五边形和 4 个六边形围成，能量最低的经典和非经典 C_{28} 结构如图 5-4 所示。螺旋算法计算显示，有 2 个经典异构体，对称性分别是 D_2 和 T_d。其中，T_d 对称性的异构体中性时的 HOMO 和 LUMO 是简并轨道，因此，趋向于发生结构畸

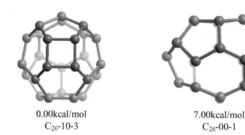

| 0.00kcal/mol | 7.00kcal/mol | 14.98kcal/mol |
| C₂₆-10-3 | C₂₆-00-1 | C₂₆-10-2 |

图 5-3　C₂₆的能量最低的前三个异构体的优化结构

变。这是从分子层面上的特性。从前线分子轨道的对称性分析可知，如果 T_d-C_{28} 获得 4 个电子，轨道简并消除，可能得到稳定结构。实际上，质谱实验已经显示，T_d-C_{28} 内嵌有四价金属 Ti 的 Ti@C_{28} 已经被检测到[11]。J. M. L. Martin 在理论计算支持下，也认为 ⁵A_2 态的 T_d-C_{28} 可能是最小的稳定富勒烯[12]。更为有趣的是，该分子具有 4 个处于对称位置的由 3 个五边形共享的顶点，这 4 个顶点的锥化程度最大，化学活性最高。如果将 T_d-C_{28} 作为结构单元，可以构建基于 T_d-C_{28} 的类金刚石结构。在这样的类金刚石结构中，每两个相邻的分子之间的原子是 sp³ 杂化，其余原子是 sp² 杂化，这样的杂化方式注定相应结构的性质与金刚石和富勒烯都会不同。因此，对这样的结构的研究，具有重要的理论意义。

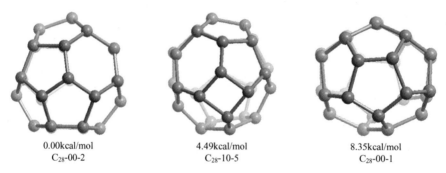

| 0.00kcal/mol | 4.49kcal/mol | 8.35kcal/mol |
| C₂₈-00-2 | C₂₈-10-5 | C₂₈-00-1 |

图 5-4　C₂₈能量最低的经典和非经典结构

　　C₃₀的经典结构是由 12 个五边形和 5 个六边形围成。有 3 个异构体，其中之一是 D_{5h} 对称性，另外两个是 C_{2v} 对称性。这些经典结构中，具有最小 B_{55} 键数的异构体是 C₃₀-00-3，B_{55} 键数为 17。由于 B_{55} 键对应的碳原子是高活性的，这些分子的稳定性都不高。如果在笼上引入一个四边形，则 B_{55} 键数可以减小到 12。分子结构参见图 5-5。计算结果显示，含有一个四边形的非经典结构只比能量上最有利的经典结构高 1.37kcal/mol。含有七边形的最有利结构比经典结构高出 43.98kcal/mol，表明在 C_{30} 上引入七边形是极为不利的。

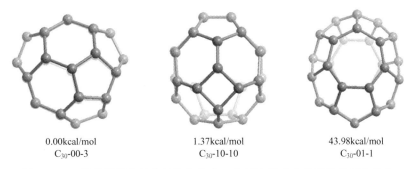

| 0.00kcal/mol | 1.37kcal/mol | 43.98kcal/mol |
| C_{30}-00-3 | C_{30}-10-10 | C_{30}-01-1 |

图 5-5　C_{30} 能量最低的经典结构和含有一个四边形或七边形的非经典结构

C_{32} 的经典结构是由 12 个五边形和 6 个六边形围成，共有 6 个异构体，具有最小 B_{55} 数的异构体是 C_{32}-00-6，B_{55} 数是 15。分子结构参见图 5-6。实验结果显示，C_{32} 是小富勒烯中丰度最高的[13]，且 HOMO-LUMO 能隙达到 1.3eV。计算结果显示，经典结构的能量最低的是 C_{32}-00-6；含有一个四边形和一个七边形的最低能量的非经典结构分别是 C_{32}-10-19 和 C_{32}-01-1。关于 C_{32}，其富勒烯的碳原子数是 32，π 电子数满足整数平方的 2 倍，按照 $2(N+1)^2$ 原则[14]，该组成对应的分子具有球形芳香性，稳定性高。

| 0.00kcal/mol | 6.14kcal/mol | 50.68kcal/mol |
| C_{32}-00-6 | C_{32}-10-19 | C_{32}-01-1 |

图 5-6　C_{32} 能量最低的经典结构和含有一个四边形或七边形的非经典结构

C_{34} 有 6 个经典异构体，具有最小 B_{55} 键的是 C_{34}-00-5，B_{55} 数为 14。分子结构参见图 5-7。相对而言，关于这个富勒烯的研究较少。计算显示，含有一个四边形的非经典结构中，C_{34}-10-33 是能量最低的；含有一个七边形的非经典结构中，C_{34}-01-5 是能量最低的。这三个异构体的相对能量分别是 0.00kcal/mol、1.56kcal/mol 和 10.06kcal/mol。

C_{36} 是受到较多关注的小富勒烯，有 15 个经典异构体，能量最低的经典

0.00kcal/mol   1.56kcal/mol   10.06kcal/mol
C_{34}-00-5   C_{34}-10-33   C_{34}-01-5

图 5-7   C$_{34}$能量最低的经典结构和分别含有一个四边形或七边形的非经典结构

异构体是 C$_{36}$-00-14，该结构中，B$_{55}$ 的数目是 12。分子结构参见图 5-8。第一性原理计算显示，能量最低的前三个异构体分别是 D$_{2d}$-C$_{36}$-00-14，C$_{2v}$-C$_{36}$-00-15，C$_{36}$-00-12。其中，含有一个四边形的最低能量的非经典结构比能量最低的经典结构高 78.9kcal/mol[15]。系统的计算结果显示，含有一个四边形的最有利的非经典结构只是比最有利的经典结构高 20.68kcal/mol。C$_{36}$ 受到较多关注的原因是一度报道被合成出来。从张力的观点看，由于结构中含有 B$_{55}$ 键，这个分子仍然是高活性的。目前公认的看法是，C$_{36}$ 的纯碳笼富勒烯是不稳定的，也是不能分离出来的。然而，其衍生物或其聚合物是稳定的。实际上，C$_{36}$H$_6$ 等衍生物已经通过激光气化法合成出来[16]。

0.00kcal/mol   20.68kcal/mol   41.50kcal/mol
C_{36}-00-14   C_{36}-10-50   C_{36}-01-5

图 5-8   C$_{36}$能量最低的经典结构和分别含有一个四边形或七边形的非经典结构

关于 C$_{38}$ 的研究较少。目前的研究显示，能量最低的异构体是含有 11 个 B$_{55}$ 的经典结构 C$_{38}$-00-17[17]。分子结构参见图 5-9。计算显示，能量最低的含有一个四边形的非经典结构是 C$_{38}$-10-94，比经典结构高 8.97kcal/mol。能量最低的含有一个七边形的非经典结构是 C$_{38}$-01-11，比经典结构高 44.14kcal/mol。

C$_{40}$ 是受到较多关注的小富勒烯之一，该分子有 40 个异构体，分子结构参见图 5-10。P. W. Fowler 等系统研究了由四、五和六边形形成的碳笼的结

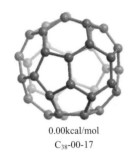  

0.00kcal/mol　　　　　　8.97kcal/mol　　　　　　44.14kcal/mol
C_{38}-00-17　　　　　　C_{38}-10-94　　　　　　C_{38}-01-11

图 5-9　C_{38} 能量最低的经典和分别含有一个四边形或七边形的非经典结构

构和能量。结果显示，能量最低的异构体是 C_{40}-00-38[18]；另外，含有一个四边形（减少两个五边形并增加一个六边形）的结构的平均能量比经典结构的平均能量高 160kcal/mol。这个研究表明，即使是中小尺寸的富勒烯，引入四边形通常也是不利的。计算结果显示，在笼上增加一个四边形后，最有利结构的能量比最有利的经典结构高 29.51kcal/mol。

0.00kcal/mol　　　　　　27.03kcal/mol　　　　　　29.51kcal/mol
C_{40}-00-38　　　　　　C_{40}-01-11　　　　　　C_{40}-10-158

图 5-10　C_{40} 能量最低的经典和分别含有一个四边形或七边形的非经典结构

关于 C_{42} 的研究相对较少。计算显示，C_{42} 能量最低的异构体是 C_{42}-00-45；含有一个四边形的能量最低的结构是 C_{42}-10-261；含有一个七边形的最低能量结构是 C_{42}-01-25。分子结构参见图 5-11。

关于 C_{44} 的研究相对较少。计算显示，能量最低的异构体是 C_{44}-00-75，其次是 C_{44}-00-89；能量差在 1.0kcal/mol 以内。含有一个四边形和一个七边形的能量最低的非经典结构分别是 C_{44}-10-369 和 C_{44}-01-140，分子结构参见图 5-12。

关于这些小尺寸富勒烯，需要说明的是，由于引入四边形会减少五边形的数目，而引入七边形需要增加五边形的数目，在笼上同时引入四边形和七边形的结构有一定的互补性，能量上应该是处于相应尺寸的经典结构所在的

| 0.00kcal/mol | 30.12kcal/mol | 33.62kcal/mol |
| C_{42}-00-45 | C_{42}-10-261 | C_{42}-01-25 |

图 5-11　C_{42} 能量最低的经典和分别含有一个四边形或七边形的非经典结构

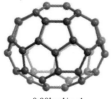  

| 0.00kcal/mol | 31.41kcal/mol | 39.52kcal/mol |
| C_{44}-00-75 | C_{44}-10-369 | C_{44}-01-140 |

图 5-12　C_{44} 能量最低的经典和分别含有一个四边形或七边形的非经典结构

范围。不过，由于四边形的张力大，而七边形引入会增加五边形的数目，这两种环都不及六边形有利，因此，出现稳定性更高的结构的同时含有四边形和七边形的非经典结构的可能性不是没有，但是应该是极低的。

5.2　中等尺寸非经典富勒烯

5.2.1　$C_{44} \sim C_{56}$

对于小尺寸的碳笼 C_n，其异构体数不是特别巨大，在筛选工具或判据的辅助下利用量子化学计算进行系统研究尚是可能的。然而，对于中等或以上尺寸的富勒烯，即便是利用简单判据排除掉一部分异构体，利用量子化学方法进行系统的研究在目前来看也是不可能的。同时，因碳的最稳定的同素异形体——石墨全由六边形镶嵌而成，可以将富勒烯笼上的六边形看作富勒烯稳定性的源头或基石。富勒烯的 12 个五边形可以看作是促使富勒烯之所以是球形的源头和基石，是不稳定的因素。

欧拉定理指出，增加四边形会减少五边形的数量，相反，增加七边形会增加五边形的数量。也就是说，四边形和七边形的效应是相反的。另外，增加七边形还伴随六边形的减少，即稳定化因素减少。因此，从原理上讲，由于四边形张力巨大，将四边形和七边形同时嵌到碳笼上不可能提高富勒烯的稳定性。为此，在几何结构上限制异构体的结构类别基础上的分而治之的研究思路就是必需的。鉴于中等尺寸富勒烯的多数五边形可实现彼此分离，在中等尺寸富勒烯上引入四边形的稳定化效应不很明显。基于计算的可行性和必要性考虑，选择含有七边形的非经典富勒烯 $C_{46} \sim C_{52}$ 作为考察对象，采用密度泛函理论系统地研究了这些尺寸的经典结构和非经典结构[19]。能量最低异构体的优化结构如图 5-13 所示。

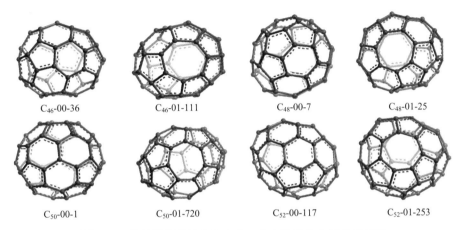

C$_{46}$-00-36　　　C$_{46}$-01-111　　　C$_{48}$-00-7　　　C$_{48}$-01-25

C$_{50}$-00-1　　　C$_{50}$-01-720　　　C$_{52}$-00-117　　　C$_{52}$-01-253

图 5-13　能量最低的经典和含有 1 个七边形的非经典异构体

表 5-3　C_n 的异构体数以及最小 B_{55} 键数，N_{567}（1hep）表示含有 1 个七边形的异构体数

多面体	N_{56}	N_{567}（1hep）	N_{567}	B_{55} 数目（经典）	B_{55} 数目（非经典）
C$_{46}$	116	815	9838	8	10
C$_{48}$	199	1514	29317	7	9
C$_{50}$	271	2784	65535	5	8
C$_{52}$	437	4842	253693	5	7

从表 5-3 可以看出，经典富勒烯的异构体数 N_{56} 随着 n 的增大而快速增大，如果是含有 1 个七边形的非经典富勒烯，其异构体数 N_{567} 增长更加迅速，对于由五边形-七边形围成的非经典富勒烯，其异构体数目呈指数式增长。从表中可看出，C_{52} 的含有 1 个七边形的非经典富勒烯异构体数目就达到 20 多万个，要进行全面的量子化学计算也是极端耗时的。为此，采用已经证明是行之有效的模型进行筛选，大大降低了目标异构体的搜索范围。

利用修改的 CaGe 软件，生成所有异构体并得到异构体的键参数 B_{55}、B_{56}、B_{57}、B_{66}、B_{67} 和 B_{77} 的数量，将键参数的数量代入模型方程进行计算，得到各个异构体的相对能量并排序，将能量较低的那些异构体进行进一步的密度泛函理论计算。结果表明，C_n 的经典富勒烯异构体的最低能量的异构体满足五边形比邻最小化原则。意料之外的是，当 B_{55} 的数量一样时，非经典结构比经典结构的能量更低，甚至出现少数 B_{55} 多的非经典结构比经典结构更稳定的情况，即非经典富勒烯违反五边形比邻数最小化原则。结构分析显示，之所以出现这样的情况是因为七边形可释放五边形比邻导致的立体张力，从而使得含有七边形的非经典富勒烯比经典富勒烯在能量上更有利。

以上是关于经典富勒烯和含有 1 个七边形的非经典富勒烯的研究结果。实际上，对于富勒烯 C_{46}，还系统研究了含有一个四边形的非经典结构[20]。研究结果显示，具有 C_{2v} 对称性的，含有一个四边形的非经典结构 C_{46}-10-1 是最低能量结构，其能量比最优的经典结构低 3.0kcal/mol，比第二优的经典结构低 5.1kcal/mol。出现这个反常现象的原因是由于引入四边形之后大大减少了五边形比邻数，从 8 个减少为 4 个；而且含有四边形的这个异构体的对称性高，球形性好，四边形引入而导致的能量升高被以上因素抵消，导致整体能量具有优势。图 5-14 为能量上有利的 C_{46} 的经典和非经典结构图。

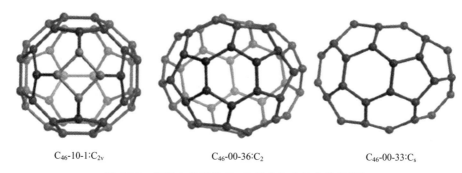

C_{46}-10-1:C_{2v} C_{46}-00-36:C_2 C_{46}-00-33:C_s

图 5-14　能量上有利的 C_{46} 的经典和非经典结构[20]

C_{54} 富勒烯含有 580 个经典异构体。S. Diaz-Tendero 等[21]对其经典结构进行了系统的计算研究。结果显示，能量最低的结构是 C_{2v} 对称性的，具有最小 B_{55} 数（4 组）的异构体。对含有一个四边形或一个七边形的结构进行了系统的研究[22]，发现 C_{54} 的经典异构体满足五边形比邻能量惩罚原则。对于含有一个或两个四边形的非经典异构体，虽然其 HOMO-LUMO 能隙普遍比经典的大，但是总能上仍然显著地高于经典结构的，能量上最有利的含有一个四边形和一个七边形的非经典结构的能量分别比最优的经典结构的能量高 29.9kcal/mol 和 32.6kcal/mol。

C_{56} 是研究得较多的富勒烯。D. L. Chen 等[23]采用半经验方法和密度泛函理论方法，系统研究 C_{56} 的 924 个经典异构体，发现 D_2 对称的具有最小 B_{55}（4 组）的异构体是能量最低的，能量处于第二、第三的分别是具有最小 B_{55}（4 组）的 C_s 和 C_2 对称的异构体。图 5-15 为 C_{56} 的能量上最有利的三个异构体。

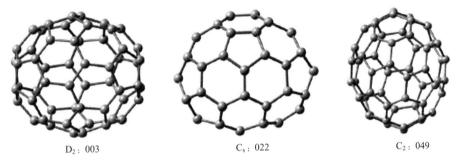

D₂: 003   Cₛ: 022   C₂: 049

图 5-15　C_{56} 的能量上最有利的三个异构体[23]

富勒烯 C_{58} 是受到较为广泛研究的物种。D. L. Chen 等[24]采用半经验方法和密度泛函理论方法系统研究了 C_{58} 的 1205 个经典异构体和 1 个含有七边形的非经典异构体。结果显示，C_{3v} 对称的，具有最小 B_{55} 键数的 $C_{58}:1205$ 是能量最低的。不过，含有一个七边形的非经典结构的能量只比最有利的经典结构高 2.5kcal/mol。在高温时，这样小的能量差表示这些物种之间都是共存关系。

富勒烯 C_{60} 应该是受到最广泛、最深入研究的物种。该富勒烯含有 1812 个异构体，其中，只有一个异构体是满足 IPR 原则的，即 I_h-C_{60}，这个异构体即是实验上第一个被发现的富勒烯，也是电弧放电法和激光气化法生产富勒烯中产率最高的物种。关于其经典结构和含有一个四边形或七边形的非经典结构，下一小节将涉及，在此不赘述。

在经典结构中插入五边形和六边形之外的碳环就会形成非经典结构，其中，插入三边形或四边形会导致整个分子的五边形数的降低，而插入七边形或以上的碳环会导致结构中五边形的增加而六边形减小。非经典富勒烯的一个极限情况就是，七边形增加导致六边形减少直到整个分子都是由五边形和七边形围成，形成所谓的 F_5F_7 非经典富勒烯。对由五边形和七边形围成的非经典富勒烯进行系统的计算研究[25]，结果显示，虽然这些非经典富勒烯的能量都远远高于经典结构的，但是其含有部分内嵌式 C-H 键的氢化物的能量比 IPR-C_{60} 的氢化物的能量低 350kcal/mol 以上。这个理论计算结果表明，富勒烯氢化物的稳定化机制与富勒烯的有根本的差异，且为寻求新的低能量的富勒烯衍生物提供了启示。

5.2.2 $C_{58} \sim C_{62}$

鉴于 C_{60} 的独特稳定性和高产量且其紧邻的富勒烯 C_{58} 和 C_{62} 在数学上不可能存在 IPR 结构，研究 C_{58}、C_{60} 和 C_{62} 的结构依赖性有望揭示富勒烯的形成机理，或可揭示四边形和七边形在富勒烯形成过程中的作用。鉴于以上原因，对 C_{58}、C_{60} 和 C_{62} 的经典异构体和包含 1 个四边形或七边形的非经典异构体进行量子化学研究。

5.2.2.1 计算方法

使用 CaGe 软件生成所有富勒烯异构体，这些异构体分为三类：含有 1 个四边形和 10 个五边形；含有 12 个五边形；含有 1 个七边形和 13 个五边形。也就是 C_{58}、C_{60} 和 C_{62} 的所有经典结构和含有一个四边形或七边形的非经典结构。这里使用"四边形"仅表示 1 个面有四条边，再没有其他特殊的几何含义，五边形、六边形和七边形也同样仅仅表示 1 个面的边数，这些面不一定是规则的，甚至不一定在同一个平面上。

新开发的螺旋算法程序可以生成经典富勒烯和非经典富勒烯。就本书涉及的异构体而言，螺旋算法可以生成全部异构体。螺旋算法程序的自带程序生成相应异构体的直角坐标，有了这些坐标，就可以直接作为量子化学计算的输入文件，从而对这些异构体的结构进行优化并在此基础上进行性质的模拟或计算。

因为面内相邻键合电子对之间的排斥会产生张力[26]，若富勒烯结构中含有四边形则会有明显的能量损失；若富勒烯结构中含有七边形或八边形，根据欧拉定理，该结构需要增加五边形或四边形而减少六边形，通常在能量上也是不利的。过去的研究表明，随着七边形[27]及更大多边形[28]数目的增多，碳笼的能量会迅速增加。因此，在搜索能量上有利的结构时限制了结构中最多含有 1 个四边形或七边形。

C_{58}、C_{60} 和 C_{62} 的经典异构体分别有 1205 个、1812 个、2385 个；含有 1 个四边形的 C_{58}、C_{60} 和 C_{62} 非经典异构体分别有 5647 个、7475 个和 10323 个；含有 1 个七边形的相应非经典异构体分别有 22789 个、36295 个和 56950 个。5.2.2 中所有异构体用 C_n-x-k、C_n^{1h}-x-k 和 C_n^{1s}-x-k 表示，其中 1h 和 1s 分别表示含有 1 个七边形和含有 1 个四边形的非经典富勒烯，x（也称为 B_{55}）表示相邻五边形共用的边数，k 表示软件生成异构体的序号，这是经典富勒烯 IUPAC 命名法的延伸。先采用半经验方法 PM3 优化含有较少 B_{55} 异构体的初始坐标，得到的结构再使用密度泛函理论方法先后在 B3LYP/3-21G 和 B3LYP/6-31G* 水平上进行优化。所有的计算均通过 Gaussian 09[29] 软件来完成。优化后得到的能量和结构参数列于表 5-4 中，C_{58}、C_{60} 和 C_{62} 能量最低和次低的两个异构体的结构如图 5-16 所示，能量最低异构体的 Schlegel 图如图 5-17 所示。最优结构在 B3LYP/6-31G* 水平上进行频率计算，以检验优化后的结构是否对应于势能面的极小值；在优化结构的基础上计算了非球性参数和锥化角；使用 SYSMO 软件[30] 模拟 π 电子在磁场作用下形成的环电流。

表 5-4 C_{58}、C_{60} 和 C_{62} 的相对能量（ΔE），非球性参数（AS），HOMO-LUMO 能隙（gap）和基于螺旋算法的 IUPAC 编号

C_{58}	ΔE/(kcal/mol)	AS	能隙/eV	IUPAC	C_{60}	ΔE/(kcal/mol)	AS	能隙/eV	IUPAC	C_{62}	ΔE/(kcal/mol)	AS	能隙/eV	IUPAC
C_{58}-3-1	0.0	0.06	0.92	1205	C_{60}-0-1	0.0	0.00	2.76	1812	C_{62}-3-3	0.0	0.19	1.29	2378
C_{58}-4-1	12.4	0.31	1.40	1078	C_{60}-2-1	38.9	0.06	1.96	1809	C_{62}-3-2	0.8	0.19	1.12	2377
C_{58}-4-4	13.4	0.07	1.29	1198	C_{60}-3-3	57.9	0.09	2.00	1804	C_{62}-3-1	2.4	0.22	1.27	2194
C_{58}-4-2	15.0	0.11	1.15	1195	C_{60}-3-2	58.3	0.05	2.00	1803	C_{62}-4-16	11.1	0.16	1.66	2182
C_{58}-4-3	15.6	0.16	0.93	1196	C_{60}-3-1	75.2	0.18	0.96	1789	C_{62}-4-21	11.3	0.44	1.49	2336
C_{58}-5-21	29.4	0.21	1.38	1155	C_{60}-4-14	77.2	0.09	1.97	1806	C_{62}-4-17	14.1	0.20	1.39	2184
C_{58}-5-14	30.0	0.30	1.44	1105	C_{60}-4-13	77.2	0.17	1.96	1805	C_{62}-4-1	14.3	0.61	1.25	1914
C_{58}-5-16	30.1	0.37	1.41	1107	C_{60}-4-16	78.5	0.16	1.72	1808	C_{62}-4-8	16.1	0.63	2.08	1997
C_{58}-5-12	31.6	0.27	1.27	1079	C_{60}-4-17	78.9	0.19	1.59	1810	C_{62}-4-20	16.2	0.28	1.52	2277
C_{58}-5-3	34.3	0.52	1.74	898	C_{60}-4-15	80.0	0.13	1.53	1807	C_{62}-4-23	17.7	0.50	1.84	2338
C_{58}^{1s}-2-6	28.6	0.56	2.22	4337	C_{60}^{1s}-2-12	108.9	0.18	1.03	6223	C_{62}^{1s}-0-1	−10.4	0.13	1.84	9620
C_{58}^{1s}-2-8	30.1	0.30	1.57	4464	C_{60}^{1s}-2-14	115.1	0.24	1.34	6792	C_{62}^{1s}-1-1	10.2	0.25	1.86	8255
C_{58}^{1s}-2-4	32.5	0.52	1.92	4329	C_{60}^{1s}-2-11	115.7	0.34	1.04	5897	C_{62}^{1s}-2-34	24.8	0.09	1.24	9899
C_{58}^{1s}-2-5	38.6	0.53	1.96	4332	C_{60}^{1s}-3-169	123.0	0.46	1.56	5772	C_{62}^{1s}-2-35	25.5	0.24	1.98	10323
C_{58}^{1s}-3-88	43.1	0.27	1.96	4713	C_{60}^{1s}-3-162	124.4	0.44	1.56	5688	C_{62}^{1s}-2-23	25.7	0.24	2.07	8256
C_{58}^{1s}-3-89	44.0	0.23	1.67	4715	C_{60}^{1s}-3-161	124.9	0.46	1.67	5687	C_{62}^{1s}-2-33	28.1	0.17	1.57	9618
C_{58}^{1s}-2-7	45.6	0.36	0.84	4379	C_{60}^{1s}-3-189	125.0	0.17	1.60	6216	C_{62}^{1s}-2-32	29.5	0.17	1.74	9611
C_{58}^{1s}-3-86	46.3	0.32	1.56	4644	C_{60}^{1s}-3-190	125.9	0.19	1.39	6219	C_{62}^{1s}-1-2	31.2	0.24	1.03	9117
C_{58}^{1s}-3-57	48.2	0.51	1.58	3790	C_{60}^{1s}-3-188	126.4	0.25	1.48	6214	C_{62}^{1s}-2-21	31.6	0.20	1.98	8157
C_{58}^{1s}-3-79	51.3	0.39	1.64	4463	C_{60}^{1s}-3-142	127.8	0.54	1.68	5262	C_{62}^{1s}-2-20	35.3	0.26	1.64	8156
C_{58}^{1h}-4-1	2.5	0.11	1.55	2003	C_{60}^{1h}-4-1	87.3	0.32	1.37	15855	C_{62}^{1h}-3-1	−13.5	0.12	1.38	4644
C_{58}^{1h}-5-4	10.6	0.12	1.33	2055	C_{60}^{1h}-5-8	89.0	0.17	1.66	6807	C_{62}^{1h}-4-4	−2.0	0.11	1.36	4697
C_{58}^{1h}-5-3	11.0	0.10	1.33	2010	C_{60}^{1h}-4-2	91.2	0.22	1.00	16050	C_{62}^{1h}-4-5	−1.1	0.08	1.25	4718
C_{58}^{1h}-5-1	22.2	0.21	1.71	1902	C_{60}^{1h}-5-1	91.5	0.10	1.25	2942	C_{62}^{1h}-4-3	1.7	0.20	1.62	4564
C_{58}^{1h}-5-2	24.5	0.18	1.43	2001	C_{60}^{1h}-5-7	96.6	0.08	1.20	3142	C_{62}^{1h}-4-1	12.8	0.17	1.79	4118
C_{58}^{1h}-6-31	28.4	0.16	1.51	2052	C_{60}^{1h}-6-114	99.1	0.33	1.42	6791	C_{62}^{1h}-4-12	14.0	0.35	1.42	48087
C_{58}^{1h}-6-30	29.3	0.23	1.64	2051	C_{60}^{1h}-5-33	100.5	0.22	1.29	35540	C_{62}^{1h}-5-67	14.7	0.12	1.35	4747
C_{58}^{1h}-6-23	30.2	0.14	1.32	2011	C_{60}^{1h}-5-21	101.2	0.30	0.02	16044	C_{62}^{1h}-5-68	15.1	0.08	1.44	4736
C_{58}^{1h}-6-27	30.5	0.17	1.52	2026	C_{60}^{1h}-5-6	103.4	0.18	1.15	3097	C_{62}^{1h}-5-70	15.2	0.13	1.33	4753
C_{58}^{1h}-6-4	31.3	0.19	1.24	1910	C_{60}^{1h}-5-31	104.4	0.44	1.63	30364	C_{62}^{1h}-5-69	16.8	0.13	1.32	4737

注：计算方法为 B3LYP/6-31G*。

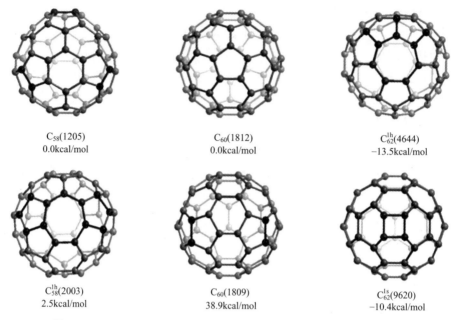

图 5-16　C_{58}、C_{60} 和 C_{62} 最优异构体以及相对能量 （B3LYP/6-31G*）

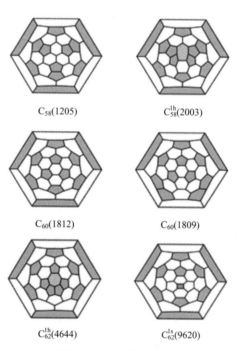

图 5-17　能量最低的 C_{58}、C_{60} 和 C_{62} 异构体的 Schlegel 图

5.2.2.2　结果与讨论

从表5-4和图5-16中可以看出，在一定范围内，经典富勒烯并不一定包含能量最低的候选碳笼。对于C_{58}而言，能量最低的候选碳笼是经典结构，不过有1个非经典异构体的相对能量只比它高2.5kcal/mol；对于C_{60}而言，能量最低的前十个异构体里没有非经典结构；对于C_{62}而言，能量最低的前四个异构体是非经典结构。下面进一步讨论C_{58}、C_{60}和C_{62}的计算结果。

$C_n(n=58、60、62)$经典异构体分别具有至少3、0、3个相邻五边形结构单元（B_{55}键），其中含3个相邻五边形单元的C_{58}的经典异构体只有1个，C_{60}有1个满足五边形分离原则的经典异构体，含3个相邻五边形的C_{62}经典异构体有3个。在B3LYP/6-31G*水平上优化每个$C_n(n=58、60、62)$的经典结构，发现能量最低的异构体都具有最少的B_{55}。从表中可以看出，C_{58}、C_{60}和C_{62}的经典富勒烯每增加一对相邻五边形，能量至少增加10kcal/mol，这些结果与之前报告的计算结果是一致的[31,32]。因此，对于每个C_n而言，B_{55}可以作为异构体能量排序的参考指标：含有较少邻接五边形的C_{58}经典异构体比含较多相邻五边形的C_{58}经典结构的能量低；对于C_{60}和C_{62}经典异构体而言，除部分异构体外，大多数异构体也遵循这个原则。

含有1个四边形、10个五边形和若干个六边形的C_{58}和C_{60}非经典富勒烯均至少具有两个相邻五边形结构（$B_{55}\geqslant2$），而含1个四边形的C_{62}非经典异构体只有1个满足IPR的异构体，即C_{62}^{1s}-0-1(9620)，其对称性为C_{2v}，并且没有B_{45}键或B_{55}键。就C_{58}而言，C_{58}-2-6(4337)（$B_{55}=2$）的能量比最稳定的经典异构体C_{58}-3-1(1205)（$B_{55}=3$）高28.6kcal/mol。含1个四边形且$B_{55}=3$的C_{58}非经典富勒烯共有98个异构体，它们的能量比最稳定的C_{58}经典结构（$B_{55}=3$）至少高43kcal/mol。就C_{60}而言，含有1个四边形的非经典异构体最稳定的结构是C_{60}^{1s}-2-12(6223)，它的能量比最稳定的经典异构体C_{60}-0-1(1812)高108.9kcal/mol，比次稳定经典异构体C_{60}-2-1(1809)（$B_{55}=2$）高70kcal/mol。计算结果表明，向C_{60}引入1个四边形本质上对碳笼的稳定性是不利的。因为增加1个四边形可以减少相邻五边形的数目，含有1个四边形可能对小富勒烯的稳定性是有利的。然而，向C_{60}引入1个四边形所需要增加的能量显然与B_{55}减少而降低的能量不能抵消。就C_{62}而言，含1个四边形的最稳定非经典富勒烯C_{62}^{1s}-0-1(9620)比最稳定的经典异构体能量低10.4kcal/mol。然而，其他所有含四边形的C_{62}非经典异构体的能量都要比具有相同B_{55}数目的经典异构体至少高35.0kcal/mol。

换句话说，四边形嵌入碳笼表面在能量上通常是不利的。到目前为止，实验上还没有分离出含有四边形的富勒烯空笼，这与计算结果是一致的。对于含有 1 个四边形的异构体 C_n（$n=58$、60、62）而言，B_{55} 较多异构体的能量一般比含 B_{55} 较少异构体的能量高，因此，含 1 个四边形的非经典异构体仍然满足五边形比邻数最小化原则，并且每对相邻五边形的能量惩罚超过 10kcal/mol。

含有 1 个七边形、13 个五边形和若干个六边形的 C_{58} 和 C_{60} 非经典富勒烯均至少具有四个相邻五边形结构（$B_{55} \geq 4$），而含有 1 个七边形的 C_{62} 非经典富勒烯至少有 3 个相邻五边形结构（$B_{55} \geq 3$）。含 1 个七边形且能量最低的 C_{58} 非经典异构体是 C_{58}^{1h}-4-1（2003），它的能量比最稳定的经典富勒烯高 2.5kcal/mol，比能量排第二的经典富勒烯 C_{58}-4-1（1078）（$B_{55}=4$）低 9.9kcal/mol。含 1 个七边形最稳定的 C_{60} 异构体是 C_{60}^{1h}-4-1，它的能量比最稳定的经典碳笼高 87.3kcal/mol，比含有邻接五边形数目相同的最稳定经典异构体高 10.1kcal/mol。然而，含 1 个七边形最稳定的 C_{62} 异构体是 C_{62}^{1h}-3-1（4644），它的能量比最稳定的 C_{62} 经典富勒烯低 13.5kcal/mol。另外两个含有 1 个七边形且 $B_{55}=4$ 的异构体 C_{62}^{1h}-4-4 和 C_{62}^{1h}-4-5 的能量均比最稳定的经典异构体低。含有 1 个七边形富勒烯的能量通常随着 B_{55} 的增多而升高。因此，含 1 个七边形的 C_{62} 非经典富勒烯成为能量最低的候选碳笼。

（1）五边形比邻能量惩罚原则

如上所述，对于每种类型的 C_n 而言，B_{55} 的最小化为相对稳定性提供了有效的参照。然而，在经典富勒烯和非经典富勒烯之间比较相对能量时，不能简单地用这个原则。不同类型的键都会有相应能量的损失或补偿，这表明富勒烯稳定性是一系列因素平衡的结果。增加 B_{44}、B_{55} 都会带来很大的张力，而 B_{57} 有利于降低体系的能量，这种类型的键与奠类化合物很相似，它们具有局域平面性和 10 个 π 电子。目前已经提出不利于碳笼稳定的 B_{55} 与利于碳笼稳定的 B_{57} 之间的相互作用是含 1 个七边形碳笼稳定性的理论基础。即使键的类型还不能对图 5-17 中 6 个不同碳笼具有哪些共同点给出明确的解释，但键的类型可用来解释能量较低异构体的特征。

（2）HOMO-LUMO 能隙

在独立电子模型中，分子的 HOMO-LUMO 能隙与该分子的反应活性、得失电子的难易程度及化学稳定性有直接的关系。目前，HOMO-LUMO 能隙已经成为测量富勒烯和多环芳烃动力学稳定性的一种手段，尤其是考虑了共轭原子数的 HOMO-LUMO 能隙值[33]或相对于参考体系的 HOMO-LUMO 能隙而得到的参数[34]。表 5-4 显示，C_{58} 中 HOMO-LUMO 能隙最宽的 3 个结构依次为 C_{58}^{1s}-2-6(4337)、C_{58}^{1s}-2-5(4332) 和 C_{58}^{1s}-3-88(4713)，它们的能隙分别为 2.22eV、1.96eV、1.96eV，但是这 3 个异构体并不是能量最低的结构。然而，对于 C_{60} 而言，最宽 HOMO-LUMO 能隙值分别为 2.76eV、2.00eV 和 2.00eV，这与相对能量的排序是一致的。C_{62} 的 HOMO-LUMO 能隙最宽异构体分别是 C_{62}-4-8、C_{62}^{1s}-2-23 和 C_{62}^{1s}-1-1，这与相对能量的排序也不一致。总体上来说，根据 HOMO-LUMO 能隙，似乎可以认为含有 1 个四边形的异构体比经典富勒烯或含有 1 个七边形异构体具有更低的能量，然而，实际上情况是相反的。采用密度泛函理论方法计算能隙会存在一些问题。所以，HOMO-LUMO 能隙值不是表征富勒烯热力学稳定性的良好参数，而是仅仅用于粗略衡量动力学稳定性。

（3）非球面性

非球面性（AS 值）是用于表征笼状分子几何特征的参数。越圆的富勒烯异构体具有越小的 AS 值，因为它距理想 sp² 杂化几何形状的偏差较小，从立体张力的角度可以预测该异构体比其他异构体更稳定[35]。非球面参数的定义如下[36]：

$$AS = \sum_i \frac{(r_i - r_0)^2}{r_0^2}$$

其中 r_i 是碳原子 i 到碳笼中心的距离，r_0 是所有碳原子到碳笼中心的平均距离。所有异构体的 AS 值都是在 B3LYP/6-31G* 水平上计算的。C_{58} 的 3 个最稳定异构体并不是 AS 值最小的 3 个结构，但 AS 值是比较 B_{55} 相同的经典富勒烯稳定性的有效参数。3 个能量最低的 C_{60} 异构体（均为经典富勒烯）具有最小的 AS 值。然而，对于 B_{55} 数目相同的 C_{60} 非经典富勒烯，不遵循 AS 值最小原则。C_{62} 的 3 个最稳定异构体的 AS 值同样也不是最小，并且也仅有 B_{55} 数目相同的经典异构体才满足 AS 最小原则。总之，非球面性是判断 B_{55} 数目相同的经典富勒烯稳定性的辅助参数，但是对判断含有四边形或七边形的非经典富勒烯稳定性则不适用。

（4）锥化角

富勒烯是由 sp² 杂化的碳原子组成的，sp² 杂化碳原子的理想几何构型是平面的。正如 R. C. Haddon 所指出的[37]，经典富勒烯中存在非六边形，对碳原子的杂化有着重要意义。只要给出相交于 1 个顶点的 3 条边的方向，就可以求出 π 轨道轴向量（POAV）方向，由此可以计算出相应顶点碳原子锥化角。这里对优化后碳笼中所有原子进行了锥化角计算，计算得到的值与假设 3 个相邻面为规则多边形条件下计算得到的数值没有什么差别：经典和非经典富勒烯中各种顶点的锥化角分别为（466）18.4°、（555）20.9°、（556）16.7°、（557）13.1°、（566）11.6°、（567）6.3°、（666）0°、（667）−9.5°。通过以下数学表达式[38]计算得到的曲率几乎精确地再现了相同的趋势：

$$\varphi(i) = 1 - \frac{1}{2}d_i + \sum_{j=1}^{d_i}\frac{1}{f_{ij}}$$

式中，d_i 是顶点 i 的角度；f_{ij} 是顶点 i 处的第 j 个面的边数。通过该表达式计算得到的曲率分别为（466）1/12、（555）1/10、（556）1/15、（557）3/70、（566）1/30、（567）1/105、（666）0、（667）−1/42。

改变 sp^2 杂化碳原子的角度会削弱 π 键，同时也会产生张力 σ，因为每个角度都偏离了理想的 120°。将每个顶点类型的 POAV 角度平均值作为影响碳多面体稳定性的指标参数，这些平均值遵循如下顺序：$V_{466} > V_{556} > V_{557} > V_{566} > V_{567} > V_{666}$。这个顺序合理地解释了四边形对富勒烯的稳定性是不利的，以及五边形-七边形相邻有利于富勒烯稳定性的原因。然而，POAV 观点却不能解释含四边形富勒烯 $C_{62}^{1s}(C_{2v})$ 的能量较低，即使如此，POAV 观点仍可成功解释 C_{62} 的最优经典结构和含 1 个七边形的最优非经典结构的稳定性（它们都具有 3 组相邻五边形），相邻五边形连接处顶点的张力可以通过五边形-七边形相邻而部分释放，因此能量最低的含 1 个七边形非经典碳笼遵循 POAV 原则。POAV 原则比 AS 值更能够反映碳多面体的局域结构特征，并可以更直接地进行图论处理，即用图论的方法直接计算或评估这些碳多面体的性质。

（5）结构关系

通过直接观察多面体碳笼的结构，可以发现优势碳笼具有相同的结构单元。能量最低的 6 个 C_{58}、C_{60} 和 C_{62} 异构体在异构化或插入/挤出 C_2 单元的过程中都保留着大部分相同的结构，两个最稳定的 C_n 异构体通过一次 Stone-Wales 旋转可以相互转化，图 5-18 为具体的结构关系图。

正如我们所看到的，HOMO-LUMO 能隙和 AS 原则均不能合理解释含有 1 个七边形或四边形非经典富勒烯的特殊稳定性，POAV 对计算结果仅能给出部分解释。正如本节所介绍的，具有相同结构单元可以作为衡量稳定性的有效指标。最近，有研究人员发现内嵌金属富勒烯的能量上有利的结构之间的情况也是类似的，即含有相同的结构单元[39]。

含有 1 个四边形的异构体只含有 10 个五边形，这样增大了异构体的五

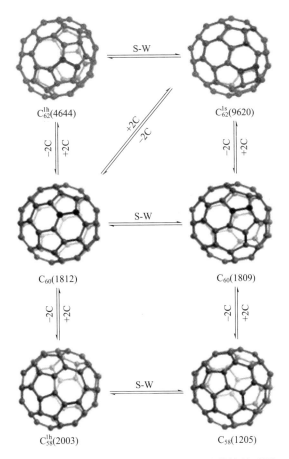

图 5-18　能量最低的 C_{58}、C_{60} 和 C_{62} 的结构关系图

水平箭头表示 Stone-Wales 旋转，垂直和对角箭头表示按 Endo-Kroto 机理直接插入/挤出一对碳原子

边形相互分离的可能性。事实上，如前所述，对于小富勒烯，如 C_{24} 和 C_{26}，含有 1 个或 2 个四边形的异构体比经典碳笼更稳定。就目前的研究体系而言，C_{58} 最小，可以预测含四边形的最优异构体更有可能出现于 C_{58}，而不是较大的 C_{62}。然而，含四边形的 C_{58} 最优异构体的能量比最稳定的经典碳笼高 28.6kcal/mol，并且该碳笼的能量在所有异构体中排名第 12 位，而含四边形的 C_{62} 最优异构体 C_{62}^{1s}-0-1（9620）的能量比最稳定经典异构体低 10.4kcal/mol。

根据欧拉定理，富勒烯每增加 1 个七边形就会增加 1 个五边形，因为这会使结构增加更多的相邻五边形，这通常对碳笼的稳定性是不利的。含有七边形的 C_{58} 和 C_{62} 均含有 13 个五边形，它们也分别至少含有四对和三对相邻五边形。然而，含有七边形的 C_{58}^{1h}-4-1（2003）和 C_{62}^{1h}-3-1（4644）分别是次稳定异构体和最稳定异构体。如前所述，增加五边形与七边形相邻的边通常对结构的稳定性是有利的。

I_h-C_{60} 是第 1 个满足 IPR 原则的富勒烯异构体，并且在该碳笼中，所有碳原子都具有相同的化学环境。C_{58}^{1h}-4-1（2003）和 C_{62}^{1h}-3-1（4644）都具有 13 个五边形，并且分别具有 4 组和 3 组不利于稳定的邻接五边形对。然而，所有结构都可以通过在 I_h-C_{60} 上直接挤出/插入 B_{56} 键而得到。相邻五边形与七边形共享 1 个碳原子，从而形成局域近平面结构。七边形处 V_{557} 顶点的锥化角明显小于 V_{556} 顶点处碳原子的锥化角，这在一定程度上释放了邻接五边形处的张力。

一些含四边形的异构体也很接近 I_h-C_{60} 的结构，比如异构体 C_{62}^{1s}-0-1（9620），虽然它含有 1 个张力较大的四边形，但该异构体满足 IPR 原则，并可通过 I_h-C_{60} 或 C_{2v}-C_{60} 中与 B_{66} 键平行的位置处插入 C_2 单元而得到（图 5-18）。换句话说，这个结构等效于对 I_h-C_{60} 进行局部修改，这意味着最稳定的经典异构体和非经典异构体都从 I_h-C_{60} 中继承了稳定性。

（6）环电流效应

当存在外部磁场时，能够维持抗磁环电流通常被认为 π-单环芳烃具有芳香性[40]，并且这个观点也可以拓展应用到多环和三维结构中。虽然使用从头算法计算电流密度图[41~43] 是一种公认的经济方法，但计算较大的体系仍然是昂贵的。再现二维分子电流图基本特征的一个简单办法就是赝 π 电子方法[44]，其中共轭体系的碳中心被氢中心所替代，从而将 π 体系转化为 σ 体系。这种 σ/π 类比也可以推广应用到三维体系[45]。这里，抗磁（芳香）环电流按照习惯用逆时针表示，顺磁（反芳香）环电流用顺时针表示。

在多面体体系中，比如富勒烯，关于磁响应的表示存在两种标准的方式：一种是外部磁场方向是单一的，将多个原子层的响应叠加起来（类似于平板堆积模型[46]）；另一种是取出每个面，并施加定向的径向磁场以寻找每个面的局部环电流。这里采用了第二种方式，这样可以凸显富勒烯每个面的"芳香性"。计算 I_h-C_{60} 时，赝 π 电子方法的计算结果与以前的计算结果都一致，其中相邻六边形的局部环电流本质上是由顺磁性五边形引起的。在 Hückel-London 经验水平上[47,48] 的计算也表明五边形有较强的顺磁环电流，六边形有较弱（一个数量级）的抗磁环电流。使用从头算法在 Hartree-Fock 和密度泛函水平上计算全电子电流[49,50]，结果表明，碳笼外部电流的图像与以上的赝 π 电子方法一致。此外，密度泛函理论计算表明，碳笼内部

"面"上的电流会发生逆转。环内部和外部的不同行为以及环相对于外部场的不同取向都有可能明显降低分子的磁化率。

　　用赝 π 电子方法计算得到的富勒烯结构中不同类型的多边形的环电流特征如图 5-19 所示。图 5-19(a) 所示为四边形的环电流，从图中可以看出四边形具有较强的顺磁电流，因此，这是反芳香性的环。从图 5-19(b) 可以看出分离五边形具有相同的反芳香性特征。图 5-19(c) 所示并环戊二烯单元形成了一个 8π 循环顺磁环电流，所以也是反芳香性的。相反，I_h-C_{60} 中的分离六边形对总环电流是几乎没有贡献的 [图 5-19(d)]：从图中看出部分抗磁环电流来源于 3 个组成部分，但是中间出现了中断，实际上这些是相邻环（五边形）的顺磁环电流中的一部分。六边形的这种局部的几乎无环电流的特征可能是富勒烯异构体稳定性的起源。

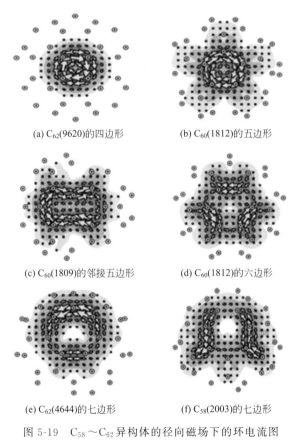

(a) $C_{62}(9620)$的四边形　　(b) $C_{60}(1812)$的五边形

(c) $C_{60}(1809)$的邻接五边形　　(d) $C_{60}(1812)$的六边形

(e) $C_{62}(4644)$的七边形　　(f) $C_{58}(2003)$的七边形

图 5-19　C_{58}～C_{62}异构体的径向磁场下的环电流图

　　C_{62}^{1h}-3-1(4644) 是 C_{62} 能量最低的异构体，该异构体含有 1 个七边形，并且七边形周围有 4 个相邻的五边形、2 个分离六边形和 1 个分离五边形。该异构体的电流图 [图 5-19(e)] 表明七边形上存在 1 个逆时针方向的（抗磁）环电流，并且电流较强的位置集中在邻近五边形的周边区域。如图 5-19(f) 所示，在邻近五边形的协同作用下，C_{58} 异构体的七边形周围形成了两段抗磁电流，这与 I_h-C_{60} 六边形面上的电流模式是相似的。

有关富勒烯 C_{60} 是否具有芳香性是存在争议的[51]。因为 C_{50} 含有的电子数满足 $2(N+1)^2$ 原则而被认为可能是富勒烯具有 "球形芳香性"[52] 的唯一实例。C_{58}、C_{60} 和 C_{62} 经典异构体和非经典异构体的局域电流模式表明这些最优异构体与稳定的 C_{60} 分子有较强的结构相似性。

对 C_{58}、C_{60} 和 C_{62} 的经典和非经典异构体进行系统的密度泛函理论计算，探讨这些稳定异构体的结构相似性。结果显示，细微的改变可以使稳定结构转化为不稳定结构，同时，几何结构单元与稳定性有紧密关系。含 1 个七边形最优异构体倾向于含有更多的 V_{557}，而含 1 个四边形最优异构体倾向于含有较少的 V_{455} 和 V_{456}。环电流计算表明，在径向磁场下，四边形和五边形都具有顺磁电流（反芳香性），而六边形和七边形是在相邻较小环的磁响应驱动作用下形成环电流。结构分析表明，异构体中有利于稳定的结构单元具有遗传性，C_{58}、C_{60} 和 C_{62} 的最优异构体之间存在结构转化关系。

5.3　大尺寸非经典富勒烯

关于大尺寸非经典富勒烯的研究相当缺乏。主要原因有两点：一是大尺寸非经典富勒烯的异构体数量巨大，要进行第一性原理的计算基本上是不可能的；二是非经典结构的构造比经典结构的复杂得多，难以系统处理。最近，与英国谢菲尔德大学 P. W. Fowler 合作，修改了他们的经典富勒烯生成程序，拓展了其功能，使得该程序能够系统生成非经典富勒烯的所有异构体。更为重要的是，对程序结构进行了修改和优化，使得我们能够选择性地生成需要的异构体，这为系统研究非经典富勒烯奠定了基础。

根据修改的螺旋算法，发现随着富勒烯尺寸的增大，异构体数目爆炸式增长。但是，整体上看，非经典结构的平均能量比经典结构的高，而且随着结构中四边形或七边形的增加而增加。因此，要搜索能量上有利的非经典结构，只需要搜索含有一个四边形或一个七边形的结构即可。

5.1 节已经提及，对于非经典富勒烯，含有一个四边形的结构从 C_{22} 开始才有，而含有一个七边形的结构从 C_{30} 开始才有。然而，当尺寸达到 C_{60}

时，异构体数分别达到 7475 个和 36295 个。实际上，随着尺寸的进一步增大，异构体数的增长更加迅速。尽管异构体数达到天文数字，然而，这些结构中，五边形-五边形邻接是普遍的现象，也就是说，结构的稳定性不高。

对于含有四边形的非经典富勒烯，从 C_{62} 开始才有第一个满足独立五边形原则的非经典富勒烯。计算研究显示，含有一个四边形的且满足独立五边形原则的 C_{2v}-C_{62} 的能量比经典结构的低，但是比含有一个七边形的能量最有利的 C_{62} 的高。实际上，大量的计算显示，四边形的内部张力大于七边形的内部张力，导致的结果是，当富勒烯的尺寸较大时，五边形可以得到较好分散的情况下，含有一个七边形的结构比含有一个四边形的结构更有利。因此，这里只是考虑含有一个七边形的非经典结构。

对于含有七边形的非经典富勒烯，由于异构体数目巨大，无法进行系统的计算研究，如果想要得到有价值的结果，需要施加几何判据或电子判据，选择性地进行。众所周知，独立五边形原则是判断富勒烯稳定性的最有效、最快速的判据，即使极少数的富勒烯异构体违反这一原则，其能量也仅仅只有一点优势。鉴于以上原因，就需要研究那些满足独立五边形且含有一个七边形的非经典富勒烯，以获得有关含有七边形的大尺寸富勒烯的结构和稳定性的信息。

根据拓展的螺旋算法，直到 C_{78} 才有第一个满足独立五边形原则且含有一个七边形的非经典富勒烯。即便是在这个几何条件的束缚下，异构体数随着尺寸的增加也是快速增加，以下为 C_{78}、C_{80} 和 C_{82} 的计算研究结果，如表 5-5、图 5-20 所示。

表 5-5 含有一个七边形的非经典富勒烯异构体数以及含有 0~10 个 B_{55} 的异构体数

n	总数	$0B_{55}$	$1B_{55}$	$2B_{55}$	$3B_{55}$	$4B_{55}$	$5B_{55}$	$6B_{55}$	$7B_{55}$	$8B_{55}$	$9B_{55}$	$10B_{55}$
78	1193705	1	24	602	6729	38965	119228	219993	262998	229077	156803	87293
80	1655562	1	71	1438	13957	70341	194323	324004	364838	299144	195932	106740
82	2271952	6	177	3165	27088	121361	303944	470049	492306	387510	242567	127696

从形貌上看，对于含有一个七边形的 IPR 异构体，在七边形中插入 C_2 单元可以得到新的 IPR 结构。非经典的 IPR 结构在同类结构中具有相对较高的稳定性，因此，非经典的 IPR 结构可能在富勒烯的形成中发挥了重要作用。

初步的计算结果显示，具有相同 B_{55} 的非经典结构中，B_{55} 键趋向于分布在七边形周围，也就是形成尽可能多的 V_{557} 顶点。另外，需要说明的是，尽

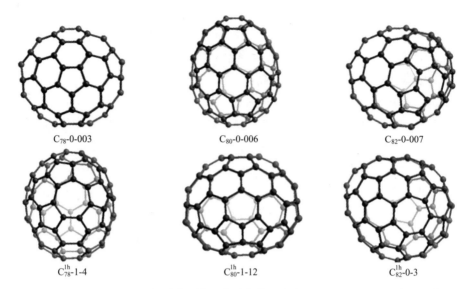

图 5-20 C_{78} 、 C_{80} 和 C_{82} 的最有利的经典异构体和含有一个七边形的非经典异构体

两短线之间的数字表示 B_{55} 的数目

管都是 IPR 结构，含有七边形的非经典 IPR 结构的能量都比经典的 IPR 结构的高。这个结果表明，在大尺寸富勒烯中嵌入七边形通常是不利的。

5.4 普适性的稳定性判据

对于经典富勒烯，其稳定的异构体满足独立五边形原则。如果没有满足独立五边形原则的异构体，则满足五边形比邻惩罚原则（pentagon adjacency penalty rule，PAPR），即五边形比邻数最小化原则[53]。在这些原则中，只需要根据富勒烯异构体的形貌参数就可以判断该异构体的稳定性。因此，独立五边形原则对于经典富勒烯的稳定性判断是极其方便和有效的。到目前为止，没有合成、报道任何违反独立五边形原则的纯富勒烯异构体。所有合成报道的异构体的结构特征都是每个五边形的周围是六边形，即五边形是相互分离的。

然而，近期的研究显示，含有 1 个七边形的 C_{62} 比最稳定的经典 C_{62} 的能量还低。显然，需要探索包含非经典富勒烯在内的碳多面体的稳定化原则，以便于快速有效预测碳多面体的结构和稳定性。

为此，考察了一系列由四边形、五边形、六边形和七边形组成的碳多面体，通过建立和求解矩阵方程，得到了碳多面体的稳定化原则，即稳定的碳多面体满足张力分离原则（isolated strain rule，ISR）[54]。所提出的张力分离原则能够快速有效预测碳多面体的稳定性，并比其他的几何原则具有更大的适用范围。

（1）体系分析与计算

无论是经典富勒烯还是非经典富勒烯，其异构体数都随着原子数的增加而迅速增加。与由三边形、四边形、五边形、六边形、七边形和八边形构成的非经典富勒烯相比，由五边形和六边形构成的经典富勒烯的异构体数只是非经典富勒烯的特殊一类，其数目只占很小的比例。比如，由三至八边形围成的 C_{20} 的异构体有 4119 个，C_{28} 的异构体则有 2411762 个。然而，C_{20} 和 C_{28} 的经典异构体分别是 1 个和 2 个。很显然，即使是对于 C_{28} 也是不可能通过从头计算法来对其每个异构体都进行考察的。因此，需要开发新的模型来评估这些异构体的稳定性。因碳三角形的键之间有巨大的张力 σ，稳定的碳多面体中不可能含有三角形。因如下两个原因，稳定的碳多面体中也不可能含有八边形。原因之一是八边形的 π 电子稳定化能低于六边形；另外一个原因是，增加八边形则要求增加张力环（三边形、四边形或五边形）。这里，选择由四～七边形围成的 C_{28} 和 C_{36} 作为模型体系，采用密度泛函理论方法对它们进行了系统的计算。

所考察的异构体坐标通过修改的 CaGe 软件[55]而得到。接下来，采用密度泛函理论方法（B3LYP/6-31G*）对 C_{28} 和 C_{36} 进行了几何优化。为了对比，也对 C_{28} 和 C_{36} 的其他异构体以及已经报道的 C_{62} 的 3 个异构体进行了同样理论水平的计算。异构体 C_n-xy-k 的编号原则如下：n 表示碳原子数、x 表示四边形数、y 表示七边形数、k 是异构体的出现顺序。对于每个 C_n，当 x 和 y 一定时，五边形和六边形的数目已经确定。因此，五边形和六边形的数目没有在编号系统中显示出来。这些计算采用的是 Gaussian03 软件完成的。

（2）结果与讨论

结果显示，最低能量的经典结构也是所有异构体的最低能量的结构，这些结果与 C_{40} 的一致[56]。C_{28}-00-1 有 18 组 B_{55}，C_{28}-00-2 有 20 组 B_{55}，前者的能量比后者低 21.7kcal/mol。对于 C_{36} 的经典异构体，B_{55} 越少者，能量越低。也就是说，这些异构体遵循五边形比邻数最小化原则。

C_{28} 的第二个（C_{28}-20-10）和第三个（C_{28}-10-1）最低能量的异构体分别含有 2 个和 1 个四边形，与近富勒烯结构 C_{22} 相似[57]。小富勒烯的表面弯曲严重，同时，表面上存在许多 B_{55}。增加 1 个四边形将减少 2 个五边形，从而减少五边形相邻的数目；相反，增加 1 个七边形将增加五边形的数目。因此，对于小尺寸富勒烯，一些含有四边形的非经典异构体或可成为能量最低的异构体之一。

C_{28}-10-1、C_{28}-11-3 和 C_{28}-12-1 分别是所属类别的非经典富勒烯的最低能量的结构，这些结构中，没有 B_{45} 键或只有最少的 B_{45} 键。C_{28}-21-4 和 C_{28}-22-2 也是所属非经典富勒烯类别的最稳定的结构。虽然 C_{28}-22-2 的 B_{45} 不是最少的，但该结构中无 B_{46}。因此，可以得到这样的结论，稳定的异构体服从 B_{45} 最小化原则和四边形分离原则。对于 C_{36} 的异构体，C_{36}-00-2、C_{36}-01-2、C_{36}-02-3 和 C_{36}-03-2 是所属异构体类中最稳定的，所有这些异构体都含有最少的 B_{55}。也就是说，这些异构体服从五边形比邻数最小化原则。不过，由于碳多面体结构极端多样，在判断稳定性时，怎样选取判据以及使用的优先顺序就很关键。另外，即使知道了要选择什么判据及其使用顺序，得到的结果也只是定性的。因此，得到一个能够定量评估这些多面体的稳定性的数值原则是必需而重要的。为此，拟合了 178 个异构体的能量（结合能 ΔE）与结构参数（即 B_{44}、B_{45}、B_{46}、B_{47}、B_{55}、B_{56}、B_{57}、B_{66}、B_{67} 和 B_{77} 键的数目）的关系。结合能定义在式(5-1) 中：

$$nC \longrightarrow C_n + \Delta E$$
$$\Delta E = E(C_n) - nE(C_1) \tag{5-1}$$

M 定义如下：

$$M = \sum_{i=1}^{n} (Aa_i + Bb_i + Cc_i + Dd_i + Ee_i + Ff_i + Gg_i + Hh_i + Ii_i + Jj_i - y_i)^2$$

$$\tag{5-2}$$

式中 a_i、b_i、c_i、d_i、e_i、f_i、g_i、h_i、i_i、j_i 表示 B_{44}、B_{45}、B_{46}、B_{47}、B_{55}、B_{56}、B_{57}、B_{66}、B_{67} 和 B_{77} 的键数，y_i 是第 i 个异构体的结合能 ΔE。如果 M 要最小化，需要满足式(5-3)：

$$\frac{\partial M}{\partial A} = \frac{\partial M}{\partial B} = \frac{\partial M}{\partial C} = \frac{\partial M}{\partial D} = \frac{\partial M}{\partial E} = \frac{\partial M}{\partial F} = \frac{\partial M}{\partial G} = \frac{\partial M}{\partial H} = \frac{\partial M}{\partial I} = \frac{\partial M}{\partial J} = 0 \tag{5-3}$$

基于上述方程，A、B、C、D、E、F、G、H、I、J 的值能够得到，如表 5-6 所示，$A > B > C > D$ 表示四边形趋向于靠近七边形，其次是六边形，接下来才是五边形和四边形；$E > F > G$ 表示五边形趋向于优先与七边形比邻，其次才是六边形，最后才是五边形。相应地，由四边形、五边形、六边形和七边形围成的多面体服从四边形分立原则、四边形-五边形最小化原则和五边形-五边形比邻最小化原则，最后才是五边形分立原则。在这些

模型参数中 D 是最小的，因增加七边形会要求增加张力环，同时减少六边形的数目。通常，一个中等或以上尺寸的碳笼含有四边形在能量上是不利的。因此，可以这样说，能量上有利的异构体都是服从张力分离原则的，五边形比邻数最小化原则仅仅是张力分离原则的特殊情况。

表 5-6　碳多面体的相对能量拟合中采用的模型参数及其数值解

符号	参数	数值/(kcal/mol)	符号	参数	数值/(kcal/mol)
B_{44}	A	-31.29	B_{56}	F	-105.75
B_{45}	B	-65.15	B_{57}	G	-107.66
B_{46}	C	-92.06	B_{66}	H	-104.01
B_{47}	D	-111.79	B_{67}	I	-102.26
B_{55}	E	-90.31	B_{77}	J	-106.58

这里提出的模型不仅仅能够解释经典富勒烯中独立五边形原则和五边形比邻数最小化原则的合理性，还能够解释/预测更复杂的碳多面体的稳定性。这个模型预测指出，含有 1 个七边形，且这个七边形周围邻接了 4 个五边形的 C_{62} 的异构体比所有经典异构体都稳定，这个结果与已有的文献报道的密度泛函理论计算的结果一致，也进一步证实了五边形趋向于与七边形相邻，其次才是六边形和五边形。

基于模型，当筛选 C_n 的稳定异构体时，只需要知道异构体的形貌参数即可，也就是说只需要知道每一类键的数量即可。结合获得的模型参数以及键的种类和数量，某个异构体的结合能可以通过下面的方程进行计算：

$$\Delta E = Aa_i + Bb_i + Cc_i + Dd_i + Ee_i + Ff_i + Gg_i + Hh_i + Ii_i + Jj_i \quad (5-4)$$

拟合得到的结合能越低，异构体越稳定。

为了验证所提出的模型，对 C_{28} 和 C_{36} 的 190 个异构体进行了密度泛函理论水平的计算。计算得到的相对能量和拟合得到的结合能有良好的一致性。

尽管提出的模型具有极广的适用范围，但是，与独立五边形原则相似，此模型不能够区分那些具有相同键种类和数量的异构体。实际上，几何原则都有类似的不足。在这种情况下，需要考虑 π 键电子效应，如共振能和芳香性，才能够区分这些异构体的稳定性差异。

（3）结论与展望

对由四～七边形形成的 178 个异构体进行了密度泛函理论计算。计算结果表明，最稳定的异构体依次服从独立四边形原则、四边形-五边形比邻数最小化原则、独立五边形原则以及五边形比邻数最小化原则。简言之，这些异构体服从张力分离原则，而众所周知的独立五边形原则和五边形比邻数最小化原则只是张力分离原则中的特殊情况。拟合了这些异构体的结合能与键参数 B_{44}、B_{45}、B_{46}、B_{47}、B_{55}、B_{56}、B_{57}、B_{66}、B_{67} 和 B_{77} 之间的关系而得到了一个可用于预测球形碳分子的稳定性的模型。这里提出的模型比众所周知的独立五边形原则和五边形比邻数最小化原则具有更大的适用范围。

关于提出的这个模型，不仅适用范围广，使用也极其方便。因为新开发的螺旋算法程序可以在生成螺旋序列后直接输出这个模型需要的键参数，所以这里的模型可以直接融合进入新开发的螺旋算法程序中，在新开发的螺旋算法的帮助下，只需要再设定初始的几何条件就可以直接运行得到各个异构体的相对能量和形貌坐标。

另外，在模型建立和参数求解过程中采用的思路和方法有重要的推广价值。例如，欲考察多面体的稳定性与组成多面体的顶点之间的关系，只需要将键种类参数替换为顶点种类参数，并将异构体中某种键的个数替换为某种顶点的个数即可，整个求解的思路都可以不变。

5.5 硼氮多面体(BN)$_n$

本章已比较详细地讨论和总结了非经典富勒烯的研究结果。应该说，非经典富勒烯的研究已经趋于成熟，如果将考察对象仅限于富勒烯，且研究的视角仅停留在富勒烯的结构和性质层面的话，不可能得到具有重要意义的新结果或结论。三十多年以来，新兴学科不断产生，学科之间的交叉融合日渐加强。类富勒烯的笼状多面体团簇材料与非经典富勒烯在结构上有很多共通之处，研究方法也可相互借鉴，典型代表是硼氮多面体。

5.5.1 引言

C_{60} 发现以后，类富勒烯硼团簇 (BN)$_n$ 在实验和理论上受到广泛的研究。作为碳富勒烯的等电子体，硼氮团簇材料具有特殊的性质（如耐高温、介电常数低、导热性好以及抗氧化）使得这些材料无论是科学研究还是器件构造上都十分诱人。已有报道显示，由四边形和六边形形成的 (BN)$_n$ 团簇 [简记为 (BN)$_n$-F$_4$F$_6$] 比由五边形和六边形形成的结构更稳定[58~60]。而且，(BN)$_n$-F$_4$F$_6$ 团簇满足独立四边形原则 (ISR)[61]。对于那些不满足独立四边形原则的异构体，也就是含有四边形-四边形共享键 (B_{44}) 的异构体，B_{44} 的数量越小，分子的能量越低，换句话说，这些异构体满足四边形比邻数最小化原则（SAPR）[62]。这些结构上的特征与 C_{2n}-F_5F_6 富勒烯所满足的独立五边形原则和五边形比邻数最小化原则是高度相似的。而且，能量上有利的 $(BN)_n$-F_4F_6 团簇的 HOMO-LUMO 能隙较大[63]。

　　然而，最近发现少数含有八边形的硼氮团簇比仅仅由四边形和六边形形成的硼氮团簇更有利[64~66]，如 $(BN)_{13}$、$(BN)_{20}$ 和 $(BN)_{24}$。对于 $(BN)_{13}$，研究显示，含有 1 个八边形、对称性为 C_1 的异构体在热力学上比 $(BN)_{13}$-F_4F_6 的任何异构体都稳定。对于 $(BN)_{20}$，研究显示，$(BN)_{20}$ 的异构体中，含有 2 个八边形，对称性为 C_{4h} 的异构体在能量上比 $(BN)_{20}$-F_4F_6 的任何异构体都稳定。对于 $(BN)_{24}$，许多研究都显示，有 2 个八边形、8 个四边形和 16 个六边形，对称性为 S_8 的结构比 $(BN)_{24}$-F_4F_6 的任何异构体都稳定。而且，$(BN)_{24}$ 已经通过激光解析飞行质谱检测到。

　　到目前为止，对由四边形、六边形和八边形形成的 $(BN)_n$-$F_4F_6F_8$ 多面体的结构和稳定性的理解还是相对粗浅的。为此，对所有可能的 $(BN)_n$-$F_4F_6F_8$（$n=15\sim24$）的异构体进行了系统的密度泛函理论研究[67]。计算结果表明，$(BN)_n$-$F_4F_6F_8$ 团簇满足 ISR 和 SAPR。有 4 个含有八边形的硼氮团簇比只是由四边形和六边形构成的结构 $(BN)_n$-F_4F_6 更稳定。下面对 B_{44} 键、正球性（SP）、非球性（AS）、锥化角（PA）、HOMO-LUMO 能隙等参数以及温度对 $(BN)_n$-$F_4F_6F_8$ 团簇稳定性的影响进行详细的讨论。

5.5.2　硼氮多面体的数学基础以及计算过程

　　过去的理论研究显示，能量低的 $(BN)_n$ 多面体是由四边形和六边形围成的[68]。根据欧拉定理，由四边形、六边形围成的 B_nN_n 多面体满足如下关系：

$$V=2n \tag{5-5}$$
$$E=3n \tag{5-6}$$
$$n_4+n_6=n+2 \tag{5-7}$$

　　式中，n、V 和 E 分别表示 B 或 N 的原子数、顶点数和边数；n_4 和 n_6 分别表示四边形、六边形的个数。与富勒烯的定义类似，经典的 BN 多面体是由四边形和六边形围成的。经典结构中四边形是 6 个，六边形的个数依赖于 BN 笼的原子数。当引入八边形时，四边形的数量也相应增加。引入八边形后的 BN 笼状分子可以看成是非经典 BN 笼。

　　利用 CaGe 软件生成 $(BN)_n$-$F_4F_6F_8$ 团簇的所有异构体的坐标。根据欧拉定理，$(BN)_n$-$F_4F_6F_8$ 团簇满足如下关系：

$$n_4-n_8=6 \tag{5-8}$$

$$n_4 + n_6 + n_8 = n + 2 \tag{5-9}$$

式中，n、n_4、n_6 和 n_8 分别表示 BN、四边形、六边形和八边形的数量。对于所有 $(BN)_n\text{-}F_4F_6$ 团簇，n_4 等于 6。$(BN)_n\text{-}F_4F_6F_8$ 的能量通常随着八边形的数量的增加而增加[69]。同时，含有八边形的异构体数目远远多于没有八边形的异构体数。因此，为了避免过高的计算代价，这里仅仅研究至多含有 2 个八边形的异构体，而直接过滤掉含有更多八边形的异构体。按照八边形的数量，将异构体分为三类。第一类是不含八边形的，第二类是含有 1 个八边形的，第三类是含有 2 个八边形的，分别表示为 $(BN)_n\text{-}0F_8\text{-}i$、$(BN)_n\text{-}1F_8\text{-}i$、$(BN)_n\text{-}2F_8\text{-}i$。

首先，对这些异构体进行半经验水平（PM3）的几何优化，根据得到的能量进行分类。对那些相对能量为 150kcal/mol 以内的异构体进行 HF/3-21G 和 B3LYP/6-31G* 水平的几何优化。为了测试 B3LYP/6-31G* 的可靠性，对 $(BN)_{15}\text{-}F_4F_6F_8$ 的能量最低的异构体还进行了 BHandHLYP/6-31G*、B3LYP/6-311+G* 和 MP2/6-31G* 水平的计算。结果显示，用不同方法计算得到的相对能量几乎一样。为了证实优化得到的结构是热力学上的稳定结构（处于势能面上的极小点），还进行了振动频率计算。

5.5.3 结果与讨论

频率计算结果显示，$(BN)_n\text{-}F_4F_6F_8$ 最稳定的异构体是势能面上的极小点结构，能量最低的异构体的优化结构显示在图 5-21 中。

对于 $(BN)_{15}\text{-}F_4F_6F_8$，最稳定的异构体是 $(BN)_{15}\text{-}0F_8\text{-}01$，这个异构体是 C_{3h} 对称性，其次是 C_1 对称的 $(BN)_{15}\text{-}1F_8\text{-}13$，比第 1 个异构体的能量高 55.46kcal/mol。对于 $(BN)_{16}$，最稳定的异构体是 T_d 对称的 $(BN)_{16}\text{-}0F_8\text{-}02$，其次是 C_1 对称的 $(BN)_{16}\text{-}0F_8\text{-}01$，比第 1 个的能量高了 17.10kcal/mol。对于 $(BN)_{17}\text{-}F_4F_6F_8$，最稳定的异构体是 C_s 对称的 $(BN)_{17}\text{-}0F_8\text{-}01$，其次是 C_1 对称的 $(BN)_{17}\text{-}1F_8\text{-}026$，比第 1 个高出 28.88kcal/mol。对于 $(BN)_{18}$ 最稳定的异构体是 S_6 对称的 $(BN)_{18}\text{-}0F_8\text{-}02$，其次是 C_2 对称的 $(BN)_{18}\text{-}1F_8\text{-}022$，比第 1 个高出 9.01kcal/mol。对于 $(BN)_{21}\text{-}F_4F_6F_8$，最稳定的异构体是 C_{3h} 对称的 $(BN)_{21}\text{-}0F_8\text{-}01$，紧接着是 C_1 对称的 $(BN)_{21}\text{-}1F_8\text{-}046$，比第 1 个高出 7.26kcal/mol。

对于 $(BN)_{19}$、$(BN)_{20}$、$(BN)_{23}$ 和 $(BN)_{24}$，它们的最稳定的异构体都含有八边形。对于 $(BN)_{19}$，最稳定的异构体是含有 1 个八边形的 $(BN)_{19}\text{-}1F_8\text{-}049$，其能量比不含有八边形的最稳定的异构体 $(BN)_{19}\text{-}0F_8\text{-}06$ 低

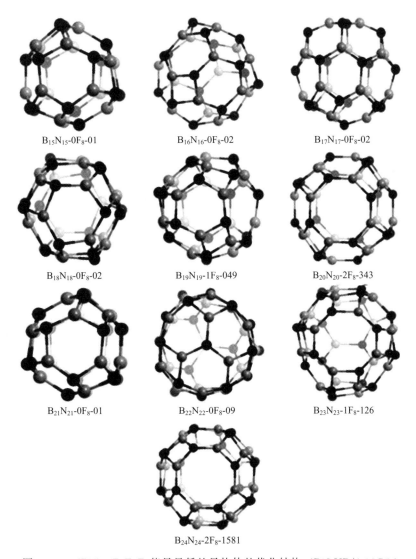

B₁₅N₁₅-0F₈-01   B₁₆N₁₆-0F₈-02   B₁₇N₁₇-0F₈-02

B₁₈N₁₈-0F₈-02   B₁₉N₁₉-1F₈-049   B₂₀N₂₀-2F₈-343

B₂₁N₂₁-0F₈-01   B₂₂N₂₂-0F₈-09   B₂₃N₂₃-1F₈-126

B₂₄N₂₄-2F₈-1581

图 5-21 $(BN)_n$-$F_4F_6F_8$ 能量最低的异构体的优化结构（B3LYP/6-31G*）

15.55kcal/mol。对于 $(BN)_{20}$，最稳定的异构体是含有 2 个八边形的 $(BN)_{20}$-$2F_8$-343，接下来是 $(BN)_{20}$-$2F_8$-160，比第 1 个的能量高 16.14kcal/mol；第 3 个是 $(BN)_{20}$-$0F_8$-06，比第 1 个高出 18.60kcal/mol。对于 $(BN)_{22}$-$F_4F_6F_8$，最稳定的异构体是 $(BN)_{22}$-$0F_8$-09，即只由四边形和六边形围成而不含八边形。对于 $(BN)_{23}$，最稳定的是含有 1 个八边形的 $(BN)_{23}$-$1F_8$-126，其次是 $(BN)_{23}$-$0F_8$-03，其能量比第 1 个高出 11.43kcal/mol；第 3 个是 $(BN)_{23}$-$1F_8$-067，比第 1 个高出 21.78kcal/mol。对于

$(BN)_{24}$，最稳定的结构是含有 2 个八边形的 $(BN)_{24}$-2F_8-1581；其次是 $(BN)_{24}$-0F_8-01，能量仅仅比第 1 个高出 2.08kcal/mol；第 3 个是 $(BN)_{24}$-2F_8-3789，其能量比第 1 个高出 18.69kcal/mol。根据以上结果，很显然，含有八边形的异构体在能量上与 $(BN)_n$-F_4F_6 是有竞争性的。为了理解这些计算结果，从键长、结合能等九个方面对 BN 多面体进行了分析和讨论。

（1）键长

考察能量最低结构的键长，结果显示，最低能量的异构体的平均键长都比同样理论水平上计算得到的 H_3B-NH_3 的 B-N 单键（1.667Å）短，但是比 H_2B=NH_2 的 B=N 双键（1.391Å）长，暗示笼状多面体的 B-N 是介于单键和双键之间，这一现象与富勒烯的 C-C 键长具有相似的特征，即长度介于单双键之间。整体而言，不同异构体的平均键长遵循如下顺序：B_{48}＞B_{46}＞B_{66}＞B_{68}。

（2）结合能

为了比较不同多面体的稳定性，将所考察的多面体想象成全是由 BN 单元组装而成，并定义了每个 BN 单元的结合能（BE）：

$$BE = \frac{E_{(BN)_n} - n(E_B + E_N)}{n} \tag{5-10}$$

式中，n 是 BN 单元数；$E_{(BN)_n}$ 是 $(BN)_n$-$F_4F_6F_8$ 的某个异构体的能量，E_B 和 E_N 分别是 B 原子和 N 原子的能量。计算结果显示，不同 $(BN)_n$-$F_4F_6F_8$（$n = 15 \sim 24$）团簇的结合能分别是 -339.60kcal/mol、-342.24kcal/mol、-343.95kcal/mol、-345.76kcal/mol、-346.84kcal/mol、-347.94kcal/mol、-348.65kcal/mol、-348.44kcal/mol、-351.11kcal/mol 和 -351.81kcal/mol。这些数值表明，随着 n 的增加，$(BN)_n$-$F_4F_6F_8$ 团簇的稳定性缓慢增加。而且，所有考虑的含有不同八边形数目（0、1 和 2 个）的异构体的平均结合能分别是 -347.84kcal/mol、-346.90kcal/mol、-346.32kcal/mol。这些数据显示，八边形的增加会导致所有异构体的平均能量增加，但是，这种增加是缓慢的。因此，在搜索 $(BN)_n$ 团簇的最低能量异构体的过程中，八边形是需要考虑的。

（3）B_{44} 键数

$(BN)_n$-$F_4F_6F_8$ 的稳定性受到 B_{44} 键数的影响。$(BN)_n$-$F_4F_6F_8$ 的最低能量的异构体是那些含有 0 个 B_{44} 键的异构体，这些异构体中，所有的四边形都是被六边形所分割开来的。因此，能量上有利的 $(BN)_n$-$F_4F_6F_8$ 团簇满足四边形分离原则。那些含有 1 个或更多个 B_{44} 键的异构体的能量比满足四边形分离原则的异构体的能量高，表明这些异构体满足四边形比邻数最小化原则。考察 $(BN)_n$-$F_4F_6F_8$ 团簇的能量与 B_{44} 键的关系，结果显示，大致的趋势是 B_{44} 键越多，相对能量越大；而且随着 B_{44} 键数的增加，对于不同尺寸的 $(BN)_n$-$F_4F_6F_8(n=15\sim24)$ 团簇，平均能量增加值分别是 44.72kcal/mol、24.28kcal/mol、35.75kcal/mol、15.81kcal/mol、11.75kcal/mol、24.30kcal/mol、17.33kcal/mol、35.22kcal/mol、23.72kcal/mol 和 9.44kcal/mol。这些事实表明四边形比邻会降低 $(BN)_n$-$F_4F_6F_8$ 团簇的稳定性。总之，$(BN)_n$-$F_4F_6F_8$ 团簇满足四边形分离原则和四边形比邻数最小化原则，这与富勒烯的稳定结构遵循独立五边形原则和五边形比邻数最小化原则相似。

（4）HOMO-LUMO 能隙

众所周知，宽的 HOMO-LUMO 能隙意味着该分子具有高动力学稳定性。许多研究者也发现，$(BN)_n$-F_4F_6 团簇的高稳定性也与宽的 HOMO-LUMO 能隙有关[70]。计算结果显示，能量低的异构体的能隙通常比能量高的异构体的能隙宽。如 $(BN)_{15}$-$F_4F_6F_8$，最低能量的异构体是 $(BN)_{15}$-0F_8-01，其能隙也是最大的（6.58eV），接下来的 3 个异构体的能隙分别是 6.02eV、6.14eV 和 6.08eV，同时，余下的所有异构体的能隙都小于 6.00eV。大致趋势是，结合能越低，该异构体的能隙越大。另外，当相对能量降低时，HOMO 能级几乎恒定而 LUMO 的能级升高，暗示最低能量的异构体比其他异构体更难获得电子。

（5）球形（SP）和非球形（AS）

团簇的稳定性与它们的形状相关，这些形状可以用球形参数（SP）和非球形参数（AS）[71]来表示，这些参数越小，$(BN)_n$ 团簇越圆，所有优化的 $(BN)_n$-$F_4F_6F_8$ 团簇的 SP 和 AS 通过如下公式得到：

$$SP=\sqrt{(A-B)^2+(A-C)^2+(B-C)^2} \tag{5-11}$$

$$AS=\sum_i\frac{(r_i-r_0)^2}{r_0^2} \tag{5-12}$$

式中，A、B 和 C 表示旋转常数；r_i 和 r_0 是原子 i 到笼中心的径向距离和所有原子到碳笼中心的平均径向距离。

对于 $(BN)_{15}$-$F_4F_6F_8$，最低能量的异构体是 $(BN)_{15}$-0F_8-01，该异构体具有最小的 SP(0.11) 和 AS(0.30)。这些情况也发生在 $(BN)_{16}$-$F_4F_6F_8$、$(BN)_{20}$-$F_4F_6F_8$、$(BN)_{22}$-$F_4F_6F_8$、$(BN)_{23}$-$F_4F_6F_8$ 和 $(BN)_{24}$-$F_4F_6F_8$ 团簇中。对于其他的异构体，最低能量的异构体的 SP 和 AS 也是比较低的。总的趋

势是，结合能越低，SP 和 AS 越小。整体上讲，SP 和 AS 的顺序遵循如下趋势：$(BN)_n$-$0F_8$ < $(BN)_n$-$1F_8$ < $(BN)_n$-$2F_8$。对于同样尺寸的团簇，由于引入 1～2 个八边形将引入张力的四边形，这会增加 B_{44} 键，结果导致能量升高。然而，对于 $(BN)_{19}$-$F_4F_6F_8$ 团簇，最低能量的异构体是 $(BN)_{19}$-$1F_8$-049，其 SP 和 AS 分别是 0.07 和 0.39，接下来是 $(BN)_{19}$-$0F_8$-06，SP 和 AS 分别是 0.08 和 0.65；同时，这两个结构都没含有 B_{44} 键。这个现象也发生在 $(BN)_n$-$F_4F_6F_8$（$n=20$、23 和 24）异构体中。在这些情况中，引入八边形后的 $(BN)_n$-$F_4F_6F_8$ 的 B_{44} 键数与 $(BN)_n$-F_4F_6 的一样，而这些八边形减少了这些笼的局域弯曲度，因此，这些含有八边形的结构的 SP 和 AS 更小，能量也比其他异构体低。概括起来，$(BN)_n$-$F_4F_6F_8$ 团簇中，八边形在决定 $(BN)_n$-$F_4F_6F_8$ 的稳定性上发挥了重要的作用。

（6）球形芳香性

大家知道，对于稠环芳烃，球形芳香性是分子化学稳定性的重要指示性参数，芳香性的分子比那些非芳香性的或反芳香性的分子更稳定。具有最大的球形芳香性的分子通常是那些 p 轨道填充了 $2(N+1)^2$ 电子的具有 I_h 对称性的富勒烯[14]。对于富勒烯，核独立化学位移（NICS）也被广泛认为是反映芳香性的可靠参数[72,73]。为了评估这些结构的化学稳定性，计算了笼心处的 NICS。结果显示，最稳定的异构体通常具有最大的芳香性和更低的 NICS 值。然而，NICS 的大小顺序与不同异构体的相对能量顺序不一致，如 $(BN)_{15}$-$F_4F_6F_8$ 的最低能量的两个异构体的 NICS 分别是 -3.36 和 -3.73。这些结果表明，以 NICS 为表征参数的球形芳香性不能够用于解释 $(BN)_n$-$F_4F_6F_8$ 团簇的稳定性。

（7）锥化角

众所周知，锥化角 PA 可以用于解释碳富勒烯的稳定性。锥化而导致的张力能的大小可以表示为 $\frac{1}{2}k(PA)^2$，k 为力常数。对于碳富勒烯，五边形邻接会导致碳笼表面的张力能增加。因此，对于由碳形成的表面，弯曲度越小越能够使 σ 键形成的骨架获得近乎理想的 sp^2 杂化结构且相应的 p 轨道得到最大的重叠。锥化角可以用于评估 sp^2 杂化碳原子相对于临近的 3 个碳原子形成的平面的偏移程度。锥化角越大，相应的 sp^2 杂化碳形成的结构的稳定性越低。对于那些含有五边形邻接的富勒烯，在五边形邻接处的碳原子的锥化角比其他原子的大。作为富勒烯的等电子体的 $(BN)_n$-F_4F_6 团簇，B 原子趋向于形成平面结构（sp^2 杂化），而 N 原子趋向于形成锥化结构以便于在 N 上有 1 个孤对电子[74]。计算所有异构体的锥化角，每 1 个异构体的每 1 个原子的锥化角是基于 B3LYP/6-31G* 水平的优化结构的基础上进行计算的，锥化角定义为：

$$PA = \theta_{\sigma\pi} - 90° \tag{5-13}$$

在此，$\theta_{\sigma\pi}$ 表示相应原子的 p 轨道与相邻的 3 个 B-N 键之间的夹角。

B 原子的平均锥化角（表示为 PA_B）和 N 原子的平均锥化角（表示为 PA_N）的计算结果显示，能量最低的异构体的 PA_B 和 PA_N 是所有异构体中最小的。而对于 $(BN)_{15}$-$F_4F_6F_8$，最低能量的异构体 $(BN)_{15}$-0F_8-01 的 PA_B 和 PA_N 分别是 10.28° 和 24.76°；第二个异构体 $(BN)_{15}$-1F_8-13 的 PA_B 和 PA_N 分别是 9.87° 和 24.07°。很显然，前者的 PA_B 和 PA_N 比后者的大，不过前者的 HOMO-LUMO 能隙大，B_{44} 键数更小且 SP 和 AS 更小。这种情况也发生在 $(BN)_{21}$-$F_4F_6F_8$ 团簇上。对于其余的异构体，最低能量异构体的 PA_B 和 PA_N 通常较小。

对于所有异构体，PA_B 明显小于 PA_N，这些结果表明 $(BN)_n$-$F_4F_6F_8$ 团簇的表面是褶皱的，这一点也可以从图 5-21 中看出。这个现象与碳富勒烯的明显不同。在碳富勒烯中，碳原子趋向于形成球形表面，相邻的碳原子之间的锥化角之差通常是很小的。$(BN)_n$-$F_4F_6F_8$（$n=15\sim24$）的平均锥化角 PA_B/PA_N 分别是 10.45°/24.69°、9.98°/23.65°、9.62°/23.00°、9.30°/22.27°、9.01°/21.80°、8.73°/21.21°、8.53°/20.73°、8.70°/20.78°、8.16°/19.81°、8.04°/19.54°，B 原子和 N 原子的平均锥化角的差异分别是 14.24°、13.67°、13.38°、12.97°、12.80°、12.48°、12.19°、12.08°、11.65° 和 11.50°。随着原子数增加，锥化角差异在逐渐减小，表明随着 BN 笼的增大，局域张力能逐渐降低。

结果还显示，对于每一类异构体，最低能量的异构体的 PA_B 和 PA_N 小于其他异构体的，而相对能量通常随着 PA_B 和 PA_N 的升高而升高。

（8）八边形的效应

为了考察八边形对 $(BN)_n$ 团簇的结构和稳定性的影响，计算了不同种类的顶点（V_{446}、V_{448}、V_{466}、V_{468}、V_{666} 和 V_{668}）的锥化角，下标 4、6 和 8 分别表示四边形、六边形和八边形。结果显示，B 和 N 的平均锥化角满足如下顺序：$V_{446} > V_{448} > V_{466} > V_{468} > V_{666} > V_{668}$。这些顺序表示 $(BN)_n$-$F_4F_6F_8$ 异构体含有 V_{446} 和 V_{448} 顶点在能量上是高度不利的。由于 V_{446} 和 V_{448} 顶点毫无疑问会涉及 B_{44} 键，也就是说，含有 B_{44} 键在能量是不利的，这些结果与前面得到的 BN 团簇遵循独立四边形原则和四边形比邻数最小化原则是一致的。另外，$V_{466} > V_{468}$ 和 $V_{666} > V_{668}$ 表明八边形能通过降低锥化角来减小笼的立体张力。对于小团簇，虽然引入八边形能够减小相应笼的表面弯曲度，但是会提高在能量上不利的 B_{44} 键的数目。随着团簇尺寸的增加，四边形之间越来越分开，最终，B_{44} 单元在整个笼骨架中消失。在这种情况下，引入少数八边形不会导致 B_{44} 键的产生，但是能够释放笼的局域张力，从而稳定了相应的团簇。因此，一些含有八边形的异构体的能量比纯的 $(BN)_n$-F_4F_6 团簇更有利。

这些发现表明，在搜索 $(BN)_n$ 团簇的最低能量的异构体中，八边形应该被考虑。对于那些 n 大于 24 的 $(BN)_n$-$F_4F_6F_8$ 团簇，含有八边形的异构体很可能在能量上比纯 $(BN)_n$-F_4F_6 笼更有利。

（9）温度效应

因为异构体的吉布斯自由能会随着温度升高而改变，量子化学计算（0K）得到的能量顺序在高温时很可能发生改变，因此，不能根据量化计算得到的异构体能量来预测异构体的相对含量。对于最稳定的异构体中含有八边形的四组异构体 $(BN)_n$-$F_4F_6F_8$（$n=19$、20、23 和 24），计算温度变化时的相对浓度，以便于确定高温时的热力学稳定性，并为合成实验提供帮助。计算中，在 B3LYP/6-31G* 水平上计算了吉布斯自由能而考虑了熵效应。考虑到高的计算代价，仅仅对每个组内的 3 个能量最低的异构体进行了统计热力学分析。某个异构体的相对浓度（摩尔分数）x_i 能够通过配分函数 q_i 和基态能量 $\Delta H_{0,i}^{\ominus}$ 表示为如下方程[75]：

$$x_i = \frac{q_i \exp[-\Delta H_{0,i}^{\ominus}/(RT)]}{\sum\limits_{j=1}^{m} q_j \exp[-\Delta H_{0,j}^{\ominus}/(RT)]} \tag{5-14}$$

式中，R 是气体常数；T 是热力学温度；$\Delta H_{0,i}^{\ominus}$ 是基态相对能量；i，j 是异构体的编号；m 是所考察的异构体的总数。

结果显示，对于 $(BN)_n$-$F_4F_6F_8$（$n=19$、23、24），最低能量的异构体在整个考虑的温度范围都是占据主导地位的，而余下的异构体只是占据非常小的比例，表示最低能量的异构体比其他两个低能量的异构体在热力学上更稳定。然而，对于 $(BN)_{20}$-$F_4F_6F_8$，第二个低能量的异构体在 4600K 时超过了第一个而成为含量最高的异构体。这一情况也发生在 $(BN)_{24}$-$F_4F_6F_8$ 中，该组异构体中，第三个低能量的异构体在约 2700K 时超过了第二个，表明 0K 时最低能量的异构体在高温时并不一定是含量最高的。

5.5.4 结论

密度泛函理论计算表明，$(BN)_n$-$F_4F_6F_8$ 团簇通常满足独立四边形原则和四边形比邻数最小化原则。$(BN)_n$-$F_4F_6F_8$ 团簇的稳定性通常随着八边形的增加而降低，能量上最有利的异构体通常含有更少的 B_{14} 键、更大的能隙、更低的 SP 和 AS 以及更低的 PA_B 和 PA_N。$(BN)_n$-$F_4F_6F_8$ 中，当 $n=19$、20、23、24 时，少数含有八边形的结构在热力学上是更有利的。进一步的结构分析表明，引入的八边形能释放硼氮笼的张力能。当 n 增大时，可以发现更多的含有八边形的异构体的能量比纯 $(BN)_n$-F_4F_6 团簇更低。

5.6 非经典富勒烯研究展望

（1）理论研究方面

从基础研究的角度讲，研究非经典富勒烯及其衍生物是具有重大意义的，它是富勒烯科学与硼氮团簇材料之间的桥梁，可以实现富勒烯科学研究与硼氮团簇材料研究的融合，从更大的视角审视富勒烯科学，实现学科的交叉融合。这是非经典富勒烯研究的意义所在。实际上，如前所述，已经开发出系统而快速的生成非经典富勒烯的新程序，为非经典富勒烯的系统的理论研究扫清了一个关键的障碍。然而，由于异构体数目巨大，要真正进行系统而全面的研究，目前的计算方法显得力不从心，目前的计算资源也是难以承受的。这些制约富勒烯科学研究的困难已经不是富勒烯科学本身的问题，而是量子力学和计算机科学的问题。

（2）实验研究方面

正如前面的讨论所提及，尽管从数学上讲其数量极其庞大，但非经典富勒烯结构在能量上有利的异构体并不多。因此，在化学合成和分离上是极其困难的，在看不出非经典富勒烯比经典富勒烯在性质或性能上有独特而重要的优越性之前，实验研究者一般不会花大的力气从事相关研究。没有了实验研究者的参与，只是理论研究者的计算和分析是很难走远的。实际上，从目前来看，理论研究者对非经典富勒烯的研究已经远远超过实验研究者感兴趣的范畴，因此，研究活动不可能有进一步的强化。

（3）研究对象方面

对于非经典富勒烯的衍生物，目前报道的分子很少。从结构上看，可以为富勒烯和富勒烯衍生物的形成提供线索。但是，从性质上看不出这些富勒烯衍生物与经典富勒烯的衍生物有什么重要的或实质性的差异，因而在应用上没有不可替代性。另外，非经典富勒烯衍生物的合成和分离难度通常大于经典富勒烯衍生物的合成和分离难度。鉴于以上原因，非经典富勒烯衍生物的合成、分离活动也不大可能得到进一步的强化。

对于非经典内嵌金属富勒烯，目前报道的结构也是个别的，系统的计算研究也表明，除了高电荷转移的团簇外，绝大多数的内嵌金属富勒烯都采用经典富勒烯作为母笼。对非经典内嵌金属富勒烯的研究的意义在于有助于深化研究人员对内嵌金属富勒烯形成机理的理解。然而，到目前为止，看不出非经典内嵌金属富勒烯在性质上与经典内嵌金属富勒烯有重要而独特的差异，面向应用的研究的动力也就不会增加。

总之，从狭义范围看，非经典富勒烯及其衍生物的研究前景不很乐观。从广义范围看，非经典富勒烯及其衍生物的研究需要跳出富勒烯科学的范畴而与其他无机非金属团簇材料的研究相融合，将富勒烯科学研究过程中产生的思路和形成的方法在相近学科的研究中引以为鉴，这或许是非金属富勒烯及其衍生物研究走向新阶段，为整个团簇材料研究领域做出贡献的一种途径。

参 考 文 献

[1] Kroto H W. The stability of fullerene C_n, with $n=24$, 28, 32, 36, 50, 60 and 70. Nature, 1987, 329: 529-531.

[2] Diaz-Tendero S, Martin F, Alcami M. Structure and electronic properties of fullerenes C_{52}^{q+}: is C_{52}^{2+} an exception to the pentagon adjacency penalty rule. Chem Phys Chem, 2005, 6: 92-100.

[3] Tan Y Z, Chen R T, Liao Z J, et al. Carbon arc production of heptagon-containing fullerene. Nat Commun, 2011, 2: 420-425.

[4] Zhang Y, Ghiassi K B, Deng Q, et al. Synthesis and structure of $LaSc_2N@C_s$ (hept) -C_{80} with one heptagon and thirteen pentagons. Angew Chem Int Ed, 2015, 54: 495-499.

[5] Gan L H, Lei D, Fowler P W. Structural interconnections and the role of heptagonal rings in endohedral trimetallic nitride template fullerenes. J Comput Chem, 2016, 37: 1907-1913.

[6] Prinzbach H, Weiler A, Landenberger P, et al. Gas-phase production and photoelectron spectroscopy of the smallest fullerene, C_{20}. Nature, 2000, 407: 60-63.

[7] Killblane C, Gao Y, Shao N, et al. Search for lowest-energy nonclassical fullerenes Ⅲ: C_{22}. J Phys Chem A, 2009, 113: 8839-8844.

[8] An W, Shao N, Bulusu S, et al. Ab initio calculation of carbon clusters. Ⅱ. Relative stabilities of fullerene and nonfullerene C_{24}. J Chem Phys, 2008, 128: 084301.

[9] Brinkmann G, Friedrichs O D, Lisken S, et al. CaGe-a virtual environment for studying some special classes of plane graphs-an update. Math Comput Chem, 2010, 63: 533-552.

[10] An J, Gan L H, Zhao J Q, et al. A global search for the lowest energy isomer of C_{26}. J Chem Phys, 2010, 132: 154304.

[11] Dunk P W, Kaiser N K, Mulet-Gas M, et al. The smallest stable fullerene, $M@C_{28}$ ($M = Ti$, Zr, U): stabilization and growth from carbon vapor. J Am Chem Soc, 2012, 134: 9380-9389.

[12] Martin J M L. C_{28}: the smallest stable fullerene. Chem Phys Lett, 1996, 255: 1-6.

[13] Kietzmann H, Rochow R, Ganteför G, et al. Electronic structure of small fullerenes: evidence for the high stability of C_{32}. Phys Rev Lett, 1998, 81: 5378-5381.

[14] Hirsch A, Chen Z, Jiao H. Spherical aromaticity in I_h symmetrical fullerenes: the $2(N+1)^2$ rule. Angew Chem Int Ed, 2000, 39: 3915-3917.

[15] Slanina Z, Zhao X, Osawa E. C_{36} fullerenes and quasi-fullerenes: computational search through 598 cages. Chem Phys Lett, 1998, 290: 311-315.

[16] Koshio A, Inakuma M, Sugai T, et al. A preparative scale synthesis of C_{36} by high-temperature laser-vaporization: purification and identification of $C_{36}H_6$ and $C_{36}H_6O$. J Am Chem Soc, 2000, 122: 398-399.

[17] Sun G, Nicklaus M C, Xie R H. Structure, stability, and NMR properties of lower fullerenes C_{38}-C_{50} and azafullerene $C_{44}N_6$. J Phys Chem A, 2005, 109: 4617-4622.

[18] Fowler P W, Heine T, Manolopoulos D E, et al. Energetics of fullerenes with four-membered rings. J Phys Chem, 1996, 100: 6984-6991.

[19] Gan L H, Zhao J Q, Hui Q. Nonclassical fullerenes with a heptagon violating the pentagon adjacency penalty rule. J Comput Chem, 2010, 31: 1715-1721.

[20] An J, Gan L H, Fan X, et al. Fullerene C_{46}: an unexpected non-classical cage. Chem Phys Lett, 2011, 511: 351-355.

[21] Diaz-Tendero S, Martin F, Alcami M. Structure and reactivity of $C_{54}{}^{q+}$ (q = 0, 1, 2 and 4) fullerenes. Phys Chem Chem Phys, 2005, 7: 3756-3761.

[22] Gan L H, Zhao J Q, Pan F. Theoretical study on non-classical fullerene C_{54} with square (s) or heptagon (s). J Mol Struct: THEOCHEM, 2010, 953: 24-27.

[23] Chen D L, Tian W Q, Feng J K, et al. Theoretical investigation of C_{56} fullerene isomers and related compounds. J Chem Phys, 2008, 128: 044318.

[24] Chen D L, Tian W Q, Feng J K, et al. Structures, stabilities, and electronic and optical properties of C_{58} fullerene isomers, ions, and metallofullerenes. Chem Phys Chem, 2007, 8: 1029-1036.

[25] Gan L H, Deng D R, Zhou J, et al. Theoretical investigataion on the saturated hydrides of F_5F_7-C_{60} with in-out isomerism. Comput Theore Chem, 2012, 1000: 6-9.

[26] Gan L H. Theoretical investigation of polyhedral hydrocarbons $(CH)_n$. Chem Phys Lett, 2006, 421: 305-308.

[27] An J, Gan L H, Zhao J Q, et al. A global search for the lowest energy isomer of C_{26}. J Chem Phys, 2010, 132: 154304.

[28] Fowler P W, Mitchell D, Seifert G, et al. Energetics of fullerenes with octagonal rings. Fullerene Sci Technol, 1997, 5: 747-768.

[29] Frisch M J. Gaussian 09, Revision A 02. Gaussian Inc: Pittsburgh, PA, 2009.

[30] Lazzeretti P, Zanasi R. SYSMO Package. University of Modena: Modena, Italy, 1980.

[31] Ayuela A, Fowler P W, Mitchell D, et al. C_{62}: Theoretical evidence for a nonclassical fullerene with a heptagonal ring. J Phys Chem, 1996, 100: 15634-15636.

[32] Cui Y H, Chen D L, Tian W Q, et al. Structures, stabilities, and electronic and optical properties

of C_{62} fullerene isomers. J Phys Chem A，2007，111：7933-7939.

[33] Aihara J I. Weighted HOMO-LUMO energy separation as an index of kinetic stability for fullerenes. Theor Chem Acc，1999，102：134-138.

[34] Aihara J I. Reduced HOMO-LUMO gap as an index of kinetic stability for polycyclic aromatic hydrocarbons. J Phys Chem A，1999，103：7487-7495.

[35] Schmalz T G，Seitz W A，Klein D J，et al. Elemental carbon cages. J Am Chem Soc，1988，110：1113-1127.

[36] Fowler P W，Heine T，Zerbetto F. Competition between even and odd fullerenes：C_{118}，C_{119}，and C_{120}. J Phys Chem A，2000，104：9625-9629.

[37] Haddon R C. Comment on the relationship of the pyramidalization angle at a conjugated carbon atom to the σ bond angles. J Phys Chem A，2001，105：4164-4165.

[38] Fowler P W，Nikolić S，De L. RR.，et al. Distributed curvature and stability of fullerenes. Phys Chem Chem Phys，2015，17：23257-23264.

[39] Wang Y，Diaz-Tendero S，Martin F，et al. Key structural motifs to predict the cage topology in endohedral metallofullerenes. J Am Chem Soc，2016，138：1551-1560.

[40] Schleyer P R，Maerker C，Dransfeld A，et al. Nucleus-independent chemical shifts：a simple and efficient aromaticity probe. J Am Chem Soc，1996，118：6317-6318.

[41] Keith T A，Bader R F W. Calculation of magnetic response properties using a continuous set of gauge transformations. Chem Phys Lett，1993，210：223-231.

[42] Coriani S，Lazzeretti P，Malagoli M，et al. On CHF calculations of second-order magnetic properties using the method of continuous transformation of origin of the current density. Theor Chim Acta，1994，89：181-192.

[43] Steiner E，Fowler P W. Patterns of ring currents in conjugated molecules：a few-electron model based on orbital contributions. J Phys Chem A，2001，105：9553-9562.

[44] Fowler P W，Steiner E. Pseudo-π currents：rapid and accurate visualization of ring currents in conjugated hydrocarbons. Chem Phys Lett，2002，364：259-266.

[45] Soncini A，Viglione R G，Zanasi R，et al. Efficient mapping of ring currents in fullerenes and other curved carbon networks. C R Chim，2006，9：1085-1093.

[46] Fowler P W，Soncini A. Visualising aromaticity of bowl-shaped molecules. Phys Chem Chem Phys，2011，13：20637-20643.

[47] Elser V，Haddon R C. Icosahedral C_{60}：an aromatic molecule with a vanishingly small ring current magnetic susceptibility. Nature，1987，325：792-794.

[48] Pasquarello A，Schluter M，Haddon R C. Ring currents in lcosahedral C_{60}. Science，1992，257：1660-1661.

[49] Zanasi R，Lazzeretti P，Fowler P W. Magnetic properties of C_{60} calculated by continuous transformation of the origin of the current density. Chem Phys Lett，1997，278：251-255.

[50] Johansson M P，Juselius J，Sundholm D. Sphere currents of buckminsterfullerene. Angew Chem Int Ed，2005，44：1843-1846.

[51] Gomes J A，Mallion R B. Aromaticity and ring currents. Chem Rev，2001，101：1349-1383.

[52] Matias A S，Havenith R W，Alcami M，et al. Is C_{50} a superaromat? Evidence from electronic struc-

ture and ring current calculations. Phys Chem Chem Phys, 2016, 18: 11653-11660.

[53] Albertazzi E, Domene C, Fowler P W, et al. Pentagon adjacency as a determinant of fullerene stability. Phys Chem Chem Phys, 1999, 1: 2913-2918.

[54] Gan L H, Liu J, Hui Q, et al. General geometrical rule for stability of carbon polyhedral. Chem Phys Lett, 2009, 472: 224-227.

[55] Brinkmann G, Delgado Friedrichs O, Lisken S, Peeters A, Cleemput van N. CaGe-a Virtual Environment for Studying Some Special Classes of Plane Graphs-an Update. MATCH Commun Math Comput Chem, 2010, 63: 533-552.

[56] Fowler P W, Heine T, Manolopoulos D E, et al. Energetics of fullerenes with four-membered rings. J Phys Chem, 1996, 100: 6984-6991.

[57] Domene M C, Fowler P W, Mitchell D, et al. Energetics of C_{20} and C_{22} fullerene and near-fullerene carbon cages. J Phys Chem A, 1997, 101: 8339-8344.

[58] Wu H S, Xu X H, Zhang F Q, et al. New boron nitride $B_{24}N_{24}$ nanotube. J Phys Chem A, 2003, 107: 6609-6612.

[59] Strout D L. Fullerene-like cages versus alternant cages: isomer stability of $B_{13}N_{13}$, $B_{14}N_{14}$, and $B_{16}N_{16}$. Chem Phys Lett, 2004, 383: 95-98.

[60] Wu H S, Xu X H, Strout D L. The structure and stability of $B_{36}N_{36}$ cages: a computational study. J Mol Model, 2005, 12: 1-8.

[61] Fowler P W, Heine T, Mitchell D, et al. Boron-nitrogen analoguesof the fullerenes: the isolated-square rule. J Chem Soc Faraday Trans, 1996, 92: 2197-2201.

[62] Li R, Gan L H, Li Q, et al. Structure and stability of $B_{13}N_{13}$ polyhedrons with octagon (s). Chem Phys Lett, 2009, 482: 121-124.

[63] Sun M L, Slanina Z, Lee S L. Square/hexagon route towards the boron-nitrogen clusters. Chem Phys Lett, 1995, 233: 279-283.

[64] Wu H S, Jiao H J. Boron nitride cages from $B_{12}N_{12}$ to $B_{36}N_{36}$: square-hexagon alternants vs boron nitride tubes. J Mol Model, 2006, 12: 537-542.

[65] Zope R R, Baruah T, Pederson M R, et al. Electronic structure, vibrational stability, infra-red, and Raman spectra of $B_{24}N_{24}$ cages. Chem Phys Lett, 2004, 393: 300-304.

[66] Wu H S, Jiao H J. What is the most stable $B_{24}N_{24}$ fullerene. Chem Phys Lett, 2004, 386: 369-372.

[67] Gan L H, Li R, An J. The structures and stability of BnNn clusters with octagon (s), RSC Adv, 2012, 2: 12466-12473.

[68] Strout D L. Structure and stability of boron nitrides: isomers of $B_{12}N_{12}$. J Phys Chem A, 2000, 104: 3364-3366.

[69] Gan L H, Li R, Gao L X. (BN)$_n$ polyhedrons with octagon (s) obeying the square adjacency penalty rule. J Mole Struct Theochem, 2010, 945: 8-11.

[70] Seifert G, Fowler P W, Mitchell D, et al. Boron-nitrogen analogues of the fullerenes: electronic and structural properties. Chem Phys Lett, 1997, 268: 352-358.

[71] Haddon R C. Chemistry of the fullerenes: the manifestation of strain in a class of continuous aromatic molecules. Science, 1993, 261: 1545-1550.

[72] Lu X, Chen Z, Thiel W, et al. Properties of fullerene [50] and D_{5h} decachlorofullerene [50]: a computational study. J Am Chem Soc, 2004, 126: 14871-14878.

[73] Chen Z F, King R B. Spherical aromaticity: recent work on fullerenes, polyhedral boranes, and related structures. Chem Rev, 2005, 105: 3613-3642.

[74] Zhu H Y, Schmalz T G, Klein D J. Alternant boron nitride cages: a theoretical study. Int J Quantum Chem, 1997, 63: 393-401.

[75] Slanina Z. Equilibrium isomeric mixtures: potential energy hypersurfaces as the origin of the overall thermodynamics and kinetics. Int Rev Phys Chem, 1987, 6: 251-267.

附录Ⅰ 国内主要研究机构及主要贡献

（1）厦门大学

厦门大学是国内最早从事富勒烯科学研究的机构之一，主要研究人员包括郑兰荪、谢素原、吕鑫、谭元植等。主要贡献是合成、分离和表征了一系列高活性富勒烯的氯化物，并阐明了富勒烯氯化物的稳定化机制，也对富勒烯的反应特性进行了深入研究。从研究力量上看，厦门大学是富勒烯领域少数能够同时进行实验研究和理论研究的机构。在富勒烯衍生物这个方向上，厦门大学已经成为世界上最重要的研究机构。近些年来，研究活动拓展到富勒烯衍生物的化学合成以及在太阳能电池领域的应用。

课题组网址：http：//chem. xmu. edu. cn/teacher. asp？ id＝242

http：//chem. xmu. edu. cn/teacher. asp？ id＝180

http：//chem. xmu. edu. cn/teacher. asp？ id＝350

（2）北京大学

北京大学是国内最早从事富勒烯科学研究的机构之一，主要研究人员包括顾镇南、施祖进研究组和甘良兵研究组。顾镇南、施祖进等的主要贡献是利用金属合金作为反应的原料之一，开发了金属富勒烯的高产量合成方法，为金属富勒烯的更广泛实验研究奠定了基础，近年来的研究活动拓展到与富勒烯紧密相关的碳纳米管、石墨烯的制备和应用研究。甘良兵等的主要贡献是通过化学合成的方法，深入研究了富勒烯的化学反应特性。

单位网址：http：//www. chem. pku. edu. cn

（3）中国科学院化学研究所

中国科学院化学研究所是较早从事富勒烯科学研究的机构之一，主要研究人员包括王春儒、舒春英、王太山和吴波等。在富勒烯基础研究上主要贡献是合成、分离并表征了一系列新奇结构的富勒烯基化合物。目前，在继续深化富勒烯基础研究的同时，该课题组将大部分精力聚焦于开发基于金属富勒烯的药物应用，期望将金属富勒烯用于癌症的早期诊断和治疗上。该课题组在从事基础研究的同时，力推富勒烯和金属富勒烯的产业化应用，成立了相应的集研发和生产于一体的公司，已经成为基础研究和应用研究并举的研发机构。

课题组网址：http：//mnn. iccas. ac. cn/wangchunru/

公司网址：http：//www. funano. com. cn/

（4）国家纳米科学中心

国家纳米科学中心是我国富勒烯科学研究的重要基地之一，主要研究人员有赵宇亮研究员等。近些年的研究重心是进行金属富勒烯等碳基纳米材料的生物效应分析和放射化学的研究，并已取得重要进展。

课题组网址：http：//sourcedb. nanoctr. cas. cn/zw/zxrck/201106/t20110602 _ 3281536. htmL

（5）中国科学技术大学

中国科学技术大学在富勒烯科学领域的研究有些特殊，研究人员来自多个不同的研究组。较早期，侯建国、杨金龙研究组通过扫描隧道显微镜和量子化学计算，研究了富勒烯的自组装行为，并取得了重要进展。王官武研究组通过有机合成的方法对富勒烯进行衍生化，研究富勒烯的化学反应特性，也取得了重要进展。近年来，杨上峰研究组在金属团簇富勒烯和富勒烯衍生物的合成和结构表征上取得了系列进展，同时也正开展基于富勒烯和金属富勒烯的应用研究，已经成为国内富勒烯科学研究的重要力量。

单位网址：http：//scms. ustc. edu. cn

（6）华中科技大学

华中科技大学从事富勒烯科学研究的时间较短，主要研究人员有卢兴等。尽管起步较晚，但是已经在金属富勒烯的合成和结构表征上取得了重要进展，发展势头强劲。

单位网址：http：//mat. hust. edu. cn

（7）西安交通大学

西安交通大学主要是通过理论计算与模拟的方法来研究富勒烯、金属富勒烯和富勒烯衍生物的结构、性质以及形成机理等，主要研究人员是赵翔等。在富勒烯形成机理和金属富勒烯的结构阐释上取得了重要进展。

课题组网址：http：//xzhao. gr. xjtu. edu. cn/

（8）西南大学

西南大学甘利华研究组主要通过理论计算的方法研究金属富勒烯、富勒烯衍生物和非经典富勒烯的结构、性质和形成机理，在金属富勒烯的结构阐释上取得了不错的成绩，在非经典富勒烯的结构构造以及各种富勒烯基化合物的结构演化关系上取得了系列进展。

单位网址：http：//chemistry. swu. edu. cn/

（9）西南科技大学

西南科技大学主要研究金属富勒烯的合成以及形成机理，主要研究人员包括彭汝芳、金波等。近年来，研究活动已经拓展到碳基材料相关领域。

单位网址：http：//www. clxy. swust. edu. cn/index. jsp

（10）苏州大学

苏州大学的富勒烯研究起步较晚，主要研究人员包括冯莱、谌宁等。近几年来，冯莱课题组已经将研究方向拓展到多孔材料和太阳能电池材料。谌宁课题组聚焦于内嵌金属氧化物富勒烯和锕系金属富勒烯的研究。整体上看，势头喜人。

单位网址：http：//chemistry. suda. edu. cn/main. htm

（11）其他大学和研究机构

除了以上研究组之外，国内从事富勒烯科学研究的课题组还很多。因富勒烯科学不是这些课题组的核心研究方向或长期研究方向，研究力量投入不是很大或正在弱化，因此，在此不做详细介绍。

这些在富勒烯科学研究中取得过重要进展研究组包括（但不限于）中国计量大学刘子阳课题组、吉林大学田维全课题组、中国科学技术大学吴自玉课题组、大连理工大学邱介山课题组、山西师范大学焦海军课题组、河北工业大学金朋课题组等。

附录 II　国外主要研究机构及主要贡献

富勒烯科学研究的开端是 1985 年 H. W. Kroto（已故）等在《Nature》杂志发表了文章而引起的，该文章是英、美两国科学家协同完成的。因此，英国和美国在富勒烯研究上起步最早。紧接着，德国、日本、中国、俄罗斯和西班牙等开展了相应研究。近年来，英国和俄罗斯在富勒烯科学研究上的研发投入不足，日本的研发投入也有所减弱。现在主要的研究活动集中在中国、美国、德国和日本。

（1）德国德累斯顿固体材料研究所

德累斯顿固体材料研究所（IFW）是德国境内从事富勒烯科学研究最早，也是实力最强的研究机构。主要研究人员包括 L. Dunsch（已故）和 A. A. Popov。主要贡献在于合成了一系列的新奇结构的内嵌金属富勒烯。最近，在金属富勒烯的磁性研究上取得了重要进展。研究方向从纯基础研究转向面向应用的基础研究。

课题组网址：https：//www. ifw-dresden. de/de/ueber-uns/mitarbeiter/dr-alexey-popov/

（2）日本名古屋大学

名古屋大学是从事富勒烯科学研究最早的研究组之一，20 世纪 90 年代在金属富勒烯的合成、分离和结构表征上取得过重要进展，对金属富勒烯的内嵌属性做出了实验证明，推动了金属富勒烯科学研究。近年来，在继续从事金属富勒烯基础研究的同时，也开展了与富勒烯紧密相关的碳纳米管的研究。主要研究人员是 H. Shinohara。

课题组网址：http：//nano. chem. nagoya-u. ac. jp/

（3）日本京都大学

京都大学从事富勒烯科学研究的主要人员包括 S. Nagase 等。其主要通过量子化学计算的方法研究金属富勒烯的结构和性质，在金属富勒烯结构和性质上取得了重要进展，主要的贡献在于从理论上揭示了电荷转移相互作用对金属富勒烯的稳定化机制。S. Nagase 目前已进入退休年龄，兼职加盟西安交通大学赵翔课题组。

（4）日本筑波大学

筑波大学从事金属富勒烯科学研究的主要研究人员有 T. Akasaka 等，其研究组合成和表征了一系列金属富勒烯，尤其在金属富勒烯的精细结构表征和阐释上有独到之处。目前已进入退休年龄，兼职加盟华中科技大学卢兴课题组。

（5）美国弗吉尼亚理工学院

弗吉尼亚理工学院是美国富勒烯研究的重要基地，其主要研究人员有 H. C. Dorn 等，该课题组的主要贡献是开发了高产量合成三金属氮化物富勒烯的新方法，并合成报道了违反五边形分离原则的三金属氮化物富勒烯 $Sc_3N@C_{68}$，引发了三金属氮化物内嵌富勒烯研究热潮。目前，该课题组在继续从事金属富勒烯研究的同时，已经将研究方向拓展到与富勒烯科学紧密相关的碳纳米管等领域。

单位网址：http：//www. chem. vt. edu/

（6）英国谢菲尔德大学

谢菲尔德大学是富勒烯领域诺贝尔奖获得者 H. W. Kroto 教授的母校。目前，该校的 P. W. Fowler 教授正在从事富勒烯科学研究，其主要的研究手段是通过数学和量子化学的方法研究富勒烯的结构和性质。主要贡献是开发了生成富勒烯结构的螺旋算法，为经典富勒烯的系统研究扫清了一个关键的障碍，对富勒烯、金属富勒烯和富勒烯衍生物的结构阐释起到重大的支撑作用。

课题组网址：https：//www. sheffield. ac. uk/chemistry/staff/profiles/patrick_fowler

（7）英国伦敦大学玛丽皇后学院

伦敦大学玛丽皇后学院的 J. Dennis 主要从事富勒烯、金属富勒烯的合成、分离和结构表征。该课题组应该是目前英国从事富勒烯科学研究的规模最大的研究组。

课题组网址：http：//ccmmp. ph. qmul. ac. uk/directory/j. dennis

（8）西班牙罗维拉·维尔吉利大学

罗维拉·维尔吉利大学的 J. M. Poblet 课题组在金属富勒烯的合成和结构表征上富有特色，成果颇多，是少数有能力同时通过实验和理论两个手段研究富勒烯科学的研究组，也是该国富勒烯科学研究的主要阵地。

课题组网址：https：//www. researchgate. net/profile/Josep_Poblet

（9）美国印第安娜普度大学

印第安娜普度大学从事富勒烯科学研究的主要研究人员是 S. Stevenson 等。S. Stevenson 早年在弗吉利亚理工学院 H. C. Dorn 课题组从事金属富勒烯的实验研究，是三金属氮化物富勒烯的发现者，最擅长的是金属富勒烯的实验合成。目前的研究方向主要是金属富勒烯的合成和结构表征以及反应特性。

课题组网址：http：//www. stevenstevenson. com/

（10）美国加州大学戴维斯分校

加州大学戴维斯分校 A. L. Balch 课题组主要从事金属富勒烯的合成和结构表征，该组擅长于金属富勒烯晶体生长和结构解析。因此，与主要擅长于金属富勒烯的合成的研究组有广泛的合作。

课题组网址：http：//chemistry. ucdavis. edu/faculty/department_faculty/alan_balch. htmL

（11）美国得克萨斯大学阿尔帕索分校

得克萨斯大学阿尔帕索分校 L. Echegoyen 课题组主要从事金属富勒烯的合成和结构表征，目前的主要研究方向是富勒烯基金属有机骨架化合物的合成和应用。

课题组网址：https：//science. utep. edu/echegoyen/index. php

（12）美国得克萨斯州莱斯大学

莱斯大学是富勒烯科学研究的发祥地，富勒烯科学奠基性的论文就是在莱斯大学完成的，该文作者中的 H. W. Kroto，R. F. Curl 和 R. E. Smalley 分享了 1996 年诺贝尔化学奖。从有机合成的角度看，这个工作的步骤简单，合成难度也不高。但是，这个工作在合成方法创新性和结构分析上的创造性确实是值得钦佩。当时，其报道的化合物 C_{60} 并没有通过无可置疑的实验手段来表征，但是在整个科学界却鲜有质疑；后来，当然被许许多多的实验证据证明了最初报道的结构的正确性。更为重要的是，这个分子所代表的物质是碳的第三种同素异形体，开启了碳元素研究的新时代，并直接促进了纳米科学研究热潮的到来。目前，H. W. Kroto & R. E. Smalley 已经离开这个世界，年逾古稀的 R. F. Curl 教授尚在从事富勒烯科学的研究，Smalley 的研究组尚在继续从事富勒烯、纳米管相关材料的研究。

课题组网址：https：//chemistry. rice. edu/FacultyDetail. aspx? RiceID ＝589 http：//cohesion. rice. edu/naturalsciences/smalley/smalley. cfm？doc ＿ id＝4858

（13）其他研究组

实际上，国外从事富勒烯科学研究的课题组还有很多，只是部分研究组转向到与富勒烯紧密相关的碳纳米管、石墨烯等领域，或富勒烯科学研究不是这些课题组的核心方向。在此不做详细介绍，而只提供部分课题组的网址，以便于大家查阅。

课题组网址：https：//www. chem. fsu. edu/～kroto/kroto ＿ group/

https：//www. chemistry. nat. fau. eu/guldi-group/head-of-the-group/

值得一提的是，最近几年来，富勒烯科学研究领域出现一个显著的也是值得称道的现象，即课题组之间的协作已蔚然成风，人员互访也日渐加强。这种强强联合与优势互补必然加速富勒烯科学研究向更深更广的方向发展。

作 者 简 介

甘利华　研究员　博士生导师

2002 年 9 月师从王春儒教授在中国科学院化学研究所攻读博士学位，2005 年 7 月毕业后到西南大学参加工作。先后在重庆大学、英国谢菲尔德大学、德国德累斯顿固体材料研究所进行博士后、访问学者和高级访问学者研究工作。主要研究方向是富勒烯和金属富勒烯的结构、性质和形成机理。在国内外重要学术刊物发表论文 70 余篇，主持和参与国家自然科学基金项目 4 项。

王春儒　研究员　博士生导师

多年来一直从事富勒烯和金属富勒烯的合成及富勒烯类功能材料的可控构筑和应用研究，取得了多项创新性的研究成果。申请国内外发明专利 150 多项，获得授权 60 余项。在 Nature，Science，Angew. Chem. Int. Ed.，JACS 等国际著名杂志上发表论文 200 余篇。2006 年入选"新世纪百千万人才工程"国家级人选，2016 年入选第二批国家"万人计划"领军人才。作为项目负责人承担科技部 973 项目、863 项目和国家自然科学基金委杰出青年基金项目、重点和面上项目 15 项。